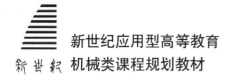

新世纪应用型高等教育
机械类课程规划教材

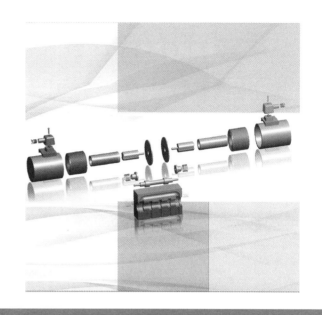

YEYA YU QIYA CHUANDONG

液压与气压传动

（第四版）

U0245172

主　编　钟定清　胡竟湘
副主编　韦建军　巴新华
　　　　安爱琴　毛文贵
　　　　刘克毅
主　审　姜秀萍

运用AR+3D技术，打造互动学习新体验

大连理工大学出版社

图书在版编目(CIP)数据

液压与气压传动 / 钟定清，胡竟湘主编. -- 4 版
. -- 大连：大连理工大学出版社，2022.12(2025.1 重印)
新世纪应用型高等教育机械类课程规划教材
ISBN 978-7-5685-3925-8

Ⅰ. ①液… Ⅱ. ①钟… ②胡… Ⅲ. ①液压传动－高
等学校－教材②气压传动－高等学校－教材 Ⅳ.
①TH137②TH138

中国版本图书馆 CIP 数据核字(2022)第 160867 号

大连理工大学出版社出版
地址：大连市软件园路 80 号　邮政编码：116023
营销中心：0411-84708842　84707410　　邮购及零售：0411-84706041
E-mail：dutp@dutp.cn　　URL：https://www.dutp.cn
辽宁星海彩色印刷有限公司印刷　　大连理工大学出版社发行

幅面尺寸：185mm×260mm　　印张：14.5　　字数：335 千字
2009 年 10 月第 1 版　　　　　　2022 年 12 月第 4 版
2025 年 1 月第 5 次印刷

责任编辑：王晓历　　　　　　　　责任校对：白　露
封面设计：对岸书影

ISBN 978-7-5685-3925-8　　　　　　定　价：47.80 元

前　言

　　《液压与气压传动》(第四版)是新世纪应用型高等教育教材编审委员会组编的机械类课程规划教材之一。

　　本教材是为配合教育部的"本科专业综合改革"试点、"卓越工程师教育培养计划"以及"工程教育专业认证"，为适应应用型本科机械设计制造及其自动化专业人才的培养目标对高等院校人才专业知识的要求，参照目前高等院校专业教学基本要求，在总结近几年教学实践和企业需要的基础上修订而成的。本教材适用于普通工科院校机械设计制造及其自动化专业使用，其他机械类专业可根据实际情况对教材内容进行增减，也适用于其他各类成人高校、电大、自学考试相关专业，并可供从事液压与气压传动相关工作的技术人员参考。

　　在"互联网＋新工科"背景下，我们也在不断探索创新型教材的建设，将传统与创新融合、理论与实践统一，采用AR技术打造实时3D互动教学环境。编者在教材中精选重点和难点知识点，将静态的理论学习与AR技术结合，在教材中凡是印有AR标识的知识点，打开印象书院App对着教材中的平面效果图轻轻一扫，屏幕上便马上呈现出生动立体的实体结构图。随着手指的滑动，可以从不同角度观看各个部位结构，还可以自己动手进行装配，将普通的纸质教材转换成制作精美的立体模型，使观者可以720°观察其中的丰富细节，给教师和学生带来全新的教学与学习体验。

　　本教材共分11章：液压传动概述、液压流体力学基础、液压动力元件、液压执行元件、液压控制元件、液压辅助元件、液压基本回路、典型液压系统、液压传动系统的设计与计算、液压伺服系统、气压传动。每章末配有精选的思考题和习题并附有参考答案，在附录中根据国家现行标准，提供了常用液压及气压传动图形符号。

　　本教材在建设过程中，具有以下特色：

　　1.注重应用：以培养应用型创新人才——卓越工程师

新世纪

为目标,在教材建设上,突出实用性、应用性等特点。以理论够用、注重应用的理念进行修订。

2.**现行规范**:采用液压与气动传动现行国家标准图形符号。

3.**体系结构优化**:本教材在内容的选取和安排上,按照基础理论(第1、2章)—动力元件、执行元件、控制元件、辅助元件(第3~6章)—基本回路(第7章)—系统设计(第8~10章)—气压传动(第11章)的体系编写,条理清晰,循序渐进,由浅入深,层次清楚,系统性强。

4.**实例引导**:对于学生较难掌握的压力阀和调速回路等知识点,编排了例题,有助于学生加深对基本概念的理解,加强基本计算和知识应用能力的训练,以及对重要知识点的掌握。

5.**理念创新**:本教材以少而精的理念取材和编排章节,精写内容,通俗易懂,叙述简单明了,特别适合少课时的液压与气压传动课程的教学。

6.本教材推出视频微课及知识拓展链接,学生可即时扫描二维码进行观看与阅读,真正实现教材的数字化、信息化、立体化。本教材力求增强学生学习的自主性与自由性,将课堂教学与课下学习紧密结合,力图为广大读者提供更为全面且多样化的教材配套服务。

7.本教材编写团队深入推进党的二十大精神融入教材,充分认识党的二十大报告提出的"实施科教兴国战略,强化现代人才建设支撑"精神,落实"加强教材建设和管理"新要求,在教材中加入思政元素,紧扣二十大精神,围绕专业育人目标,结合课程特点,注重知识传授、能力培养与价值塑造的统一。

本教材教学时数为32~48学时,其中实验为6~8学时。

本教材由湖南工程学院钟定清、胡竟湘任主编;由广西工学院韦建军,河南科技学院巴新华、安爱琴,湖南工程学院毛文贵,新疆工程学院刘克毅任副主编。具体编写分工如下:第1章由毛文贵编写;第2章由胡竟湘编写;第3章、第4章由韦建军编写;第5章、第6章由巴新华编写;第7章、第8章由安爱琴编写;第9章、第11章由钟定清编写;第10章及附录由刘克毅编写。本教材由钟定清、胡竟湘统稿并定稿。大连理工大学姜秀萍教授审阅了书稿并提出了宝贵的建议,湖南工程学院刘国荣教授对本教材提出了许多宝贵意见,在此一并表示衷心感谢。

在编写本教材的过程中,编者参考、引用和改编了国内外出版物中的相关资料以及网络资源,在此表示深深的谢意!相关著作权人看到本教材后,请与出版社联系,出版社将按照相关法律的规定支付稿酬。

敬请广大读者对本教材中的疏漏之处予以关注,并将意见、建议反馈给我们,以便及时修订完善。

编 者
2022 年 12 月

所有意见和建议请发往:dutpbk@163.com
欢迎访问高教数字化服务平台:https://www.dutp.cn/hep/
联系电话:0411-84708445 84708462

目 录

第1章

液压传动概述

素质目标

通过对液压传动的应用及其国内外发展史的学习,让学生认识到学习液压技术的重要性,理解科技落后就要挨打,增强其爱国热情,激发其学习兴趣。培养学生科技报国的家国情怀。

液压传动系统的组成及图形符号

以液体为工作介质进行能量传递的传动方式称为液体传动。液体传动按工作原理的不同又分为液压传动和液力传动:液压传动主要利用液体压力能(压强)进行工作(如运土机);液力传动主要以液体动能(速度)进行工作(如离心泵)。

1.1 液压传动的工作原理

图 1-1 所示为液压千斤顶的工作原理,提起杠杆手柄 1 使小活塞 2 向上滑动,小缸体 3 的下腔密封容积增大,下腔内压力降低,形成局部真空,这时单向阀 5 把所在的通路关闭,油箱 10 中的油在大气压力的作用下推开单向阀 4 沿吸油道进入小缸体的下腔,完成一次吸油动作;下压杠杆手柄,小活塞向下滑动,小缸体下腔密封容积减小,下腔压力升高,这时单向阀 4 关闭了油液流回油箱的通道,同时,压力油将单向阀 5 推开,小缸体下腔的油经管道进入大缸体 6 的下腔,迫使大活塞 7 向上移动,顶起重物 8 一段距离。如此反复地提压杠杆手柄,油就能源源不断地压入大缸体的下腔中,使重物慢慢被抬起。若将放油阀 9 旋转 90°,则油液在重物的重力作用下流回油箱,活塞也降到原位。

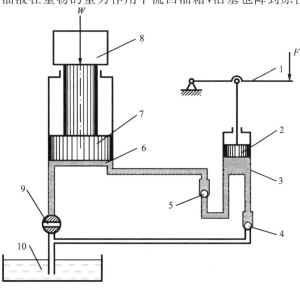

图 1-1 液压千斤顶的工作原理

1—杠杆手柄;2—小活塞;3—小缸体;4、5—单向阀;6—大缸体;7—大活塞;8—重物;9—放油阀;10—油箱

图 1-1 中,由杠杆手柄、小活塞、小缸体、单向阀 4 和 5 组成手动液压泵,大缸体和大活塞为液压执行工作部件(液压缸)。由此可知,液压千斤顶是一个简单的液压传动装置,它依靠液体在密封容积中变化的液压能来实现运动和动力传递。液压传动装置实际上是一种能量转换装置,它先将机械能(杠杆手柄在力 F 作用下的位移)转换为便于传递的液压能,再将液压能转换为机械能(大活塞推举重物上移做功)。

注意: 机械能转换为液压能必要的两个条件是:有密封容积;该密封容积可周而复始地变化。

1.2 液压传动系统的组成及图形符号

图 1-2 所示为驱动机床工作台的液压传动系统的工作原理:如图 1-2(a)所示,液压泵 3 由电动机驱动旋转,从油箱 1 中吸油。油液经过滤器 2 进入液压泵,再进入压力油路,通过节流阀 5,油液被堵在换向阀 6 处,液压油无法进入液压缸 7,此时液压缸中的活塞不能移动,与活塞杆刚性连接的工作台 8 也只能处于停止状态。

当换向阀的手柄移动成图 1-2(b)所示的状态时,液压油通过换向阀进入液压缸左腔,此时液压缸右腔的油液经换向阀和回油管流回油箱,液压缸中的活塞推动工作台向右移动。

当换向阀的手柄移动成图 1-2(c)所示的状态时,液压油将从换向阀进入液压缸的右腔,此时液压缸左腔的油经换向阀和回油管流回油箱,液压缸中的活塞将推动工作台向左移动。

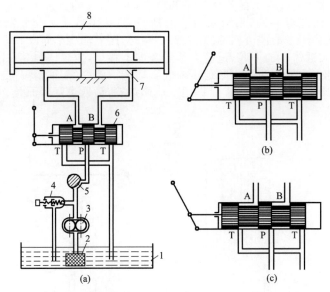

图 1-2 用半结构式绘制的驱动机床工作台的液压系统的工作原理图

1—油箱;2—过滤器;3—液压泵;4—溢流阀;
5—节流阀;6—换向阀;7—液压缸;8—工作台

因此,换向阀的主要功能就是控制液压缸中活塞及工作台的运动方向。

节流阀的主要功能是控制进入液压缸的流量,工作台的移动速度是通过节流阀来调节的：当节流阀的开口大时，进入液压缸的油液流量就大，工作台的移动速度就快；反之，当节流阀的开口小时，工作台的移动速度就慢。因此，也可以说节流阀控制液压缸中活塞的运动速度。

溢流阀 4 的主要功能是控制系统的工作压力。当管道液压力过载，油液将顶开溢流阀中的钢球（阀芯）流回油箱，它起着安全阀的作用；当工作台进入低速磨削状态时，节流阀开口小，进入液压缸的油流量小，液压泵所输出的多余油液在相应的压力下顶开溢流阀的钢球流回油箱，从而稳定了泵的出口压力（等于弹簧的预压力），调节溢流阀中弹簧的预压力就是调节液压泵的最大出口压力，它起稳压、调压的作用。

如图 1-2 所示的液压系统原理图用半结构式绘制各液压元件，这种图形直观，较易理解，但难以绘制。所以，在工程实际中，一般采用图形符号来绘制液压系统原理图，如图 1-3 所示。

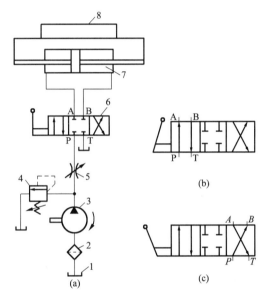

图 1-3　用图形符号绘制的机床工作台液压系统工作原理图

1—油箱；2—过滤器；3—液压泵；4—溢流阀；
5—节流阀；6—换向阀；7—液压缸；8—工作台

注意：在图 1-3 中，图形符号表示元件的功能，不表示元件的具体结构和参数；只反映各元件在油路连接上的相互关系，不反映其空间安装位置；只反映静止位置或初始位置的工作状态，不反映其变化过程。

目前采用 GB/T 786.1—2009 液压图形符号，详见附录。

可见，液压传动系统由以下五个部分组成：

（1）液压动力元件。把机械能转换成液压能的装置，一般指液压泵。

（2）液压执行元件。把液压能转换成机械能的装置，一般指做直线运动的液压缸、做回转运动的液压马达等。

（3）液压控制元件。对液压系统中液体的压力、流量和流动方向进行控制和调节的装置。例如溢流阀、节流阀、换向阀等。这些元件的不同组合，能构成完成不同功能的液压系统。

(4)辅助装置。指除以上三种元件以外的其他装置,如油箱、过滤器、蓄能器、管道等,它们对保证液压系统可靠和稳定地工作有重要作用。

(5)工作介质。在液压系统中传递运动和动力能量的液体,即液压油。

1.3 液压传动的特点及应用

1.3.1 液压传动与电力传动、机械传动相比的主要特点//////////

1. 主要优点

(1)单位质量的设备所能输出的力、功率比较大,即同样体积、质量的装置,液压传动装置可输出更大的力和力矩。

(2)与机械装置相比,操作方便、省力,系统结构空间的自由度大,布局安装灵活,可构成复杂系统,且能在很大范围内实现无级调速,传动比可达(100~2 000)∶1。

(3)传动平稳,便于实现频繁换向和自动防止过载。

(4)与电气控制相配合,可较方便地实现复杂的程序动作和远程控制,以实现自动化。

(5)液压元件易实现标准化、系列化和通用化。

2. 主要缺点

(1)泄漏及油液的可压缩性,使得传动比不恒定,不能进行定比传动。

(2)传动过程中,能量需经两次转换,能量损失(泄漏、摩擦损失等)大,传动效率低。

(3)液压系统出现故障时不易找出原因。

1.3.2 液压传动的应用及发展 ///

近年来,随着工艺制造水平的快速提高,液压传动在国民经济各领域得到广泛的应用,其水平高低已成为衡量一个国家工业发展水平的标志之一。

由于液压传动装置结构简单、体积小、质量轻,而液压缸(或马达)的输出推力(或扭矩)比较大,且操纵方便、布置灵活,与电气配合易实现自动化和遥控,因此在工程机械、农业机械、汽车、矿山机械、压力机械、航空工业和军舰上的许多控制机构中都得到了普遍应用。我国液压传动技术始于 20 世纪 50 年代,在 20 世纪 60 年代发展较快,自 1964 年开始从国外引进液压元件生产技术并自行设计液压产品以来,我国的液压元件已形成系列,采用国际标准和国家标准,大力研制开发国产液压元件新产品(如高压阀、电液比例阀、电液伺服阀、叠加阀、插装阀)。

目前,液压元件正向着高压、高速、大功率、高效、低噪声、经久耐用、高度集成化等方向发展;与计算机科学相结合,新型液压元件和液压系统的计算机辅助设计(CAD)技术、计算机辅助测试(CAT)技术、计算机直接控制(CDC)技术、计算机实时控制技术、机电一体化技术、计算机仿真和优化设计技术、可靠性技术都是当前液压技术发展和研究的方向;与电子学相结合的系统控制技术和机、电、液、气综合技术也是当前研究和开发的方向。

////////////// 习 题 //////////////

1-1 何谓液压传动？液压传动装置通常是由哪几部分组成的？

1-2 液体传动有哪两种形式？它们的主要区别是什么？

1-3 和其他传动方式相比较，液压传动有哪些主要优、缺点？

1-4 液压系统原理图中的图形符号代表了什么？反映了什么？

1-5 如图 1-4 所示的液压千斤顶，小柱塞面积 $A_1 = 100$ mm^2，大柱塞面积 $A_2 = 1\,000$ mm^2，重物产生的力 $W = 5\,000$ N，手压杠杆比 $L : l = 100 : 10$，小柱塞行程 $S = 6$ mm，试求：

(1)此时密封容积中的油液压力 p？

(2)若要举起重物，杠杆端需施加的力 F 应为多大？

(3)杠杆上下动作一次，重物上升高度为多少？

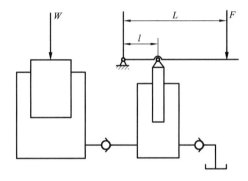

图 1-4 习题 1-5 图

第2章

液压流体力学基础

素质目标

　　由工作介质的应用场合及污染的危害案例引出介质选取的关键要素，培养学生的环保和绿色发展理念，倡导绿色设计。剖析常用的液压装置的设计原理与流体力学三大方程的紧密关系，引导学生理论应用于实践，鼓励学生对现有液压装置进行改造，培养学生敢于挑战、勇于创新、向目标不断迈进的精神。

　　流体力学主要研究流体的宏观运动、平衡规律以及流体与固体的相互作用。液压流体力学是流体力学的组成部分，主要研究液体与液压组件间的相互作用规律，对于了解液体(工作介质)的基本性质，正确理解液压传动原理以及合理设计和使用液压系统是非常必要的。

2.1 工作介质

　　液压传动的工作介质是液压油液或其他合成液体，在液压系统中起传递能量和控制信号的作用。同时，它还具有润滑、冷却和防锈等作用。工作介质对液压系统能否可靠、有效地工作起着重要作用。因此，必须了解工作介质的基本性质，以便正确选用。

2.1.1 使用要求与种类

1. 对工作介质的使用要求

液压传动的工作介质应满足如下使用要求：

(1)黏度适当，黏温特性好(温度变化时黏度变化幅度小)，压力对黏度影响小。

(2)润滑性能好，防锈能力强。

(3)质地纯洁，杂质少，当污染物从外部侵入时能迅速分离。

(4)化学稳定性好，长期工作不易因受热、氧化或水解而变质。

(5)抗泡沫性、抗乳化性好。

(7)对金属、密封件、橡胶软管等具有兼容性。

(8)空气分离压、饱和蒸气压及凝固点低，闪点、燃点高，能防火、防爆。

(9)体积膨胀系数小，比热容大，对人体无害，成本低等。

在实际液压传动系统设计中，从成本考虑，应根据具体情况，以满足液压系统工作需要为原则确定工作介质。

2.工作介质的种类

液压系统中使用工业液压油液为工作介质,其种类如图 2-1 所示。液压油采用统一的命名方式:类-品种-数字,例如 L-HL-68 中,第一个 L 代表润滑剂类;H 代表液压系统的用油,第二个 L 代表防锈、抗氧化型;68 代表运动黏度(mm^2/s)。

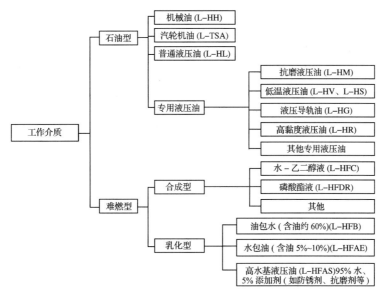

图 2-1　工作介质的种类

目前 90% 以上的液压设备的工作介质采用石油型液压油。石油型液压油是以机械油为基料,精炼后按需要加入适当的添加剂而制成的。添加剂有两种:一种可改善油液的化学性能,如抗氧化剂、防腐剂、防锈剂等;另一种可改善油液的物理性能,如增黏剂、抗泡剂、抗磨剂等。这种油液的润滑性好,但抗燃性差。

机械油为石油润滑油馏分,其氧化稳定性差,使用时易产生黏稠胶质,堵塞组件,常用于压力低及不重要的液压系统。汽轮机油是深度精加工的润滑油,加入了抗氧化、抗泡沫、防锈蚀等添加剂,比机械油好。普通液压油采用汽轮机油馏分作为基础油,加入抗氧化、抗腐蚀、抗磨、抗泡沫、防锈蚀等添加剂调和而成,用于高精密机床或要求较高的中、低压液压系统,但只适于 0 ℃以上的工作环境。专用液压油以普通液压油或深度精制机械油为基础油,在特殊工作要求下,再加入提高特定性能的添加剂,如抗磨剂、增黏剂、防爬剂等。

在高温条件下工作时,可选用难燃型工作介质,其中合成型的价格较高,对密封材料和油漆等有溶解作用;乳化型的价格便宜,属于含水油液,污染小,但润滑性较差。因此,只有在必须使用的场合才选用难燃型工作介质。

在舰船液压系统中,以海水(淡水)作为一种新型工作介质,它成本低,液压系统工作中的水可直接排入海洋(或江河),避免了液压油作为工作介质的舰船液压系统因泄漏而对海洋(或江河)的污染,还可避免潜艇作战时由于液压油泄漏而暴露目标。但水对组件的腐蚀大、润滑条件差等问题制约了它的广泛应用。目前,对以水为工作介质的研究越来越引起人们的重视。

2.1.2　物理性质//

1. 密度

单位体积液体的质量称为该液体的密度,即

$$\rho = \frac{m}{V} \tag{2-1}$$

密度是液体的一个重要的物理参数。随着液体温度或压力的变化,其密度也会发生变化,但这种变化通常不大,可以忽略不计。一般液压油的密度为 900 kg/m³,水的密度为 1 000 kg/m³。

2. 可压缩性

液体受压力作用而体积减小的性质称为液体的可压缩性。体积为 V 的液体,当压力增大 Δp 时,体积减小 ΔV,则液体在单位压力变化下的体积相对变化量为

$$k = -\frac{\Delta V}{\Delta p V} \tag{2-2}$$

式中,k 为液体的压缩系数。由于压力增大时液体的体积减小,因此式(2-2)等号的右边必须加负号,使 k 为正值。

k 的倒数称为液体的体积模量,以 K 表示,即

$$K = \frac{1}{k} = -\frac{\Delta p}{\Delta V}V \tag{2-3}$$

K 表示产生单位体积相对变化量所需要的压力增量。在实际应用中,K 值的大小表示液体抗压缩能力的大小。在常温下,纯净的石油型液压油的体积模量 $K = (1.4 \sim 2) \times 10^3$ MPa,数值很大,它的可压缩性是钢的 100~150 倍,故液压系统在静态(稳态)下工作时可认为油液是不可压缩的。

必须指出,当液压油中混有不溶解性气体(如空气等)时,其抗压缩能力将显著降低,这会严重影响液压系统的工作性能。因此,在要求较高或压力变化较大的液压系统中,应力求减少油液中混入的气体及其他易挥发物质(如汽油、煤油、乙醇和苯等)的含量,并需设有排气装置。

3. 黏性

液体在外力作用下,液层间做相对运动时产生内摩擦力的性质称为液体的黏性。液体只有在流动(或有流动趋势)时才会呈现出黏性,静止液体不呈现黏性。黏性是液体的基本属性,对液压组件的性能和系统的工作特性有极大影响。黏性是选择工作介质的重要依据。

(1)牛顿液体内摩擦定律

如图 2-2 所示,设两平行平板间充满液体,下平板不动,上平板以 u_0 的速度向右平移。由于液体的黏性作用,紧贴下平板的液体层速度为零,紧贴上平板的液体层速度为 u_0,而中间各层液体的速度则根据它与下平板间的距离近似呈线性规律分布。由实验得知,内

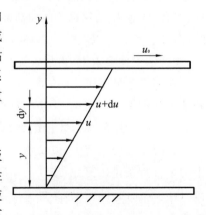

图 2-2　液体黏性示意图

摩擦力 F_f 与液层接触面积 A、液层间的速度梯度 $\mathrm{d}u/\mathrm{d}y$ 成正比,即

$$F_f = \mu A \frac{\mathrm{d}u}{\mathrm{d}y} \tag{2-4}$$

式中,μ 是表征流动液体内摩擦力大小的比例系数,称为黏性系数或动力黏度。

若以 τ 表示液层间的切应力,即单位面积上的内摩擦力,则式(2-4)可表示为

$$\tau = \frac{F_f}{A} = \mu \frac{\mathrm{d}u}{\mathrm{d}y} \tag{2-5}$$

这就是牛顿液体内摩擦定律。

(2)黏性的度量

液体黏性大小用黏度来表示。液体黏度可用动力黏度(又称绝对黏度)、运动黏度和相对黏度三种形式来度量。

①动力黏度 μ

动力黏度是指液体在单位速度梯度下流动时单位面积上产生的内摩擦力。即

$$\mu = \frac{\tau}{\dfrac{\mathrm{d}u}{\mathrm{d}y}} \tag{2-6}$$

在我国法定计量单位制及 ISO 制中,动力黏度 μ 的单位是 $\mathrm{Pa \cdot s}$ 或 $\mathrm{N \cdot s/m^2}$,因其量纲只有动力学要素,故而得名。

②运动黏度

运动黏度 ν 是动力黏度 μ 与液体密度 ρ 之比,即

$$\nu = \frac{\mu}{\rho} \tag{2-7}$$

在我国法定计量单位制及 ISO 制中,运动黏度 ν 的单位是 $\mathrm{m^2/s}$

运动黏度没有明显的物理意义,只是在计算中常出现 μ/ρ,为方便而引入。因其量纲中有运动学要素,故而得名。

我国液压油液的牌号,就是采用液压油液在 40 ℃时的运动黏度平均值来表示的。例如 32 号液压油液,就是指这种油液在 40 ℃时的运动黏度平均值为 32 $\mathrm{mm^2/s}$。

③相对黏度

相对黏度又称条件黏度。它是用特定的黏度计在规定的条件下测得的液体黏度。根据测量条件的不同,各国采用的相对黏度的单位也不同。如中国、德国等国采用恩氏黏度($°E$),美国采用国际赛氏秒(SSU),英国采用雷氏黏度(R)等。

恩氏黏度用恩氏黏度计测量:将 200 mL 温度为 T ℃的被测液体装入黏度计的容器内,使液体从容器下部直径为 2.8 mm 的小孔流出,测出液体流尽所需的时间 t_1(s),再测出同体积的蒸馏水在 20 ℃时流过同一小孔所需的时间 t_2。这两个时间的比值即被测液体在 T ℃下的恩氏黏度,即 $°E_T = t_1/t_2$。一般以 20 ℃、50 ℃、100 ℃作为测定恩氏黏度的标准温度,由此而得来的恩氏黏度分别用 $°E_{20}$、$°E_{50}$、$°E_{100}$ 表示。

恩氏黏度与运动黏度的换算关系式为

$$\nu = \left(A \; °E - \frac{B}{°E}\right) \times 10^{-6} \tag{2-8}$$

当 $1.35 < °E < 3.2$ 时,$A = 8$,$B = 8.64$;当 $°E > 3.2$ 时,$A = 7.6$,$B = 4.0$。

（3）黏性与压力、温度的关系

当液压油液所受的压力增大时，其分子间的距离减小，内聚力增大，黏度亦随之增大。但对于一般的液压系统，当压力在 32 MPa 以下时，压力对黏度的影响不大，可以忽略不计。

液压油液对温度的变化十分敏感，当液体温度升高时，黏度显著下降，液体黏度的变化直接影响液压系统的性能和泄漏量，因此希望黏度随温度的变化越小越好。液体的黏度随温度变化的性质称为液体的黏温特性。图 2-3 为几种典型液压工作介质的黏温特性图。

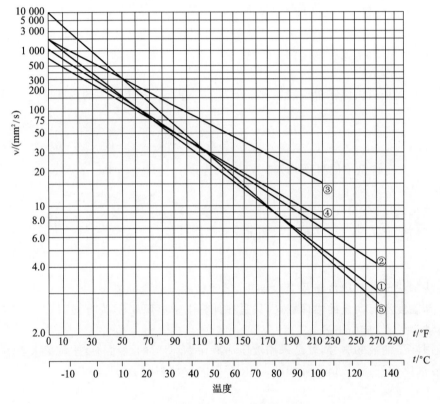

图 2-3　几种典型工作介质的黏温特性图

①—矿油型普通液压油；②—矿油型高黏度指数液压油；

③—水包油乳化液；④—水-乙二醇液；⑤—磷酸酯液

2.1.3　工作介质的选择方法 ///

工作介质的选择主要考虑两个方面：品种和黏度。要根据工作条件（如工作温度范围、有无起火危险等）和液压系统的要求（是否液压专用、工作压力、运行的可靠性等），首先考虑品种的选择。

工作介质的品种确定之后，就应选择黏度等级。黏度等级的选择是十分重要的，因为黏度对液压系统工作的稳定性、可靠性、效率、温升以及摩擦都有显著的影响。

1. 工作压力

工作压力较高的液压系统宜选用黏度较大的工作介质,以减少系统的泄漏。反之,可选用黏度较小的工作介质。

2. 运动速度

当液压系统的工作部件运动速度较高时,宜选用黏度较小的工作介质,以减小液流的摩擦损失。

3. 环境温度

温度较高时宜选用黏度较大的工作介质。

在液压系统所有的组件中,液压泵对工作介质的性能要求最高。因为液压泵内不但压力高、转速高及温度高,而且工作介质被液压泵吸入与压出时要受到剪切作用。因此,常根据液压泵的类型及要求来选择工作介质的黏度。各种液压泵适用的工作介质黏度范围见表 2-1。

表 2-1　　　　　　　　　各种液压泵适用的工作介质黏度范围(40 ℃)

液压泵类型		黏度/(mm²/s)		液压泵类型	黏度/(mm²/s)	
		5～40 ℃	40～80 ℃		5～40 ℃	40～80 ℃
叶片泵	7 MPa 以下	30～50	40～75	齿轮泵	30～70	95～165
	7 MPa 以上	50～70	50～90	径向柱塞泵	30～50	65～240
螺杆泵		30～50	40～80	轴向柱塞泵	30～70	70～150

注:"5～40 ℃"和"40～80 ℃"指液压系统温度。

2.1.4　工作介质的污染及其控制 //

据统计,70%的液压系统故障是由于工作介质受到污染而引起的。因此,控制工作介质的污染十分重要。

1. 污染物的种类与危害

工作介质的污染物是指在工作介质中包含有固体颗粒、水、空气、化学物质、微生物和胶状生成物等杂质。工作介质被污染后对液压系统造成的主要故障和危害包括:

(1)固体颗粒和胶状生成物堵塞过滤器,使液压泵运转困难,产生噪声;堵塞阀类组件的小孔和缝隙,使阀动作失灵。微小固体颗粒会加速零件磨损,擦伤密封件,增加泄漏量。

(2)水的侵入加速了工作介质的氧化变质,并和添加剂反应产生黏性胶质,使过滤器的滤芯被堵塞;空气的混入会降低工作介质的体积模量,产生气蚀,降低工作介质的润滑能力,使组件加速损坏;使液压系统出现振动、爬行等现象。

(3)溶剂、表面活性化合物等化学物质腐蚀金属。

(4)微生物的生成使工作介质变质,降低润滑性能,加速组件腐蚀。对高水基液压油的危害更大。

2. 污染的原因

工作介质被污染的原因很复杂,主要有以下几个方面:

（1）组件残留物污染

组件残留物污染是指液压组件在制造、储存、运输、安装、维修过程中带入的砂粒、铁屑、磨料、焊渣、锈片、棉纱和灰尘等，由于清洗不干净而残留下来所造成的污染。

（2）环境侵入物污染

环境侵入物污染是指周围环境中的污染物（空气、尘埃、水滴等）通过外露的往复运动的活塞杆、油箱的进气孔和注油孔等侵入系统所造成的污染。

（3）液体生成物污染

液体生成物污染是指液压系统在工作过程中产生的金属微粒、密封材料磨损颗粒、涂料剥离片、水分、气泡等物理生成物及工作介质变质后产生的胶状（化学）生成物所造成的污染。

3. 污染度的测定

工作介质的污染度是指单位容积液体中颗粒污染物的含量。测定的方法有称重法和颗粒计数法两种。这里仅讨论工作介质中固体颗粒（简称颗粒）污染度的测定。

（1）称重法

称重法即把 100 mL 工作介质样品进行真空过滤并烘干后，放在精密的天平上称出颗粒的质量，然后对照污染等级标准确定该工作介质的污染等级。这种方法只能反映颗粒污染物的总量，不能反映其大小。这种方法设备简单，操作方便，用于日常性工作介质的质量管理。

（2）颗粒计数法

颗粒计数法是测定单位容积工作液体中含有某一给定尺寸范围的颗粒数。其测定方法有两种：

①显微镜颗粒计数法：将 100 mL 工作介质样品进行真空过滤，并把得到的颗粒进行溶剂处理后，放在显微镜下，测定其尺寸大小及数量，然后依标准确定工作介质的污染度。

②自动颗粒计数法：利用光源照射工作介质样品，再将样品中颗粒在光电传感器上投影所发出的脉冲信号与标准颗粒产生的信号相比较来测定工作介质的污染度以及样品中颗粒的大小和数量。该方法因简便、迅速、精确而得到广泛的应用。

4. 污染度等级

为了描述和评定工作介质污染的程度，制定有工作介质的污染度等级。目前常用的污染度等级标准有两个：一个是国家标准 GB/T 14039—2002（也是国际标准 ISO 4406）；另一个是美国标准 NAS 1638。

（1）国家标准

我国污染度等级代号是由用斜线隔开的两个标号组成的：前面的标号表示 1 mL 工作介质中大于 5 μm 的颗粒数；后面的标号表示 1 mL 工作介质中大于 15 μm 的颗粒数。颗粒数与其标号的对应关系见表 2-2。例如，等级代号 17/10 的工作介质，表示它在 1 mL 工作介质中尺寸大于 5 μm 的颗粒数为 640～1 300，尺寸大于 15 μm 的颗粒数为 5～10。这种双标号表示法很科学，说明了实质性的工程问题。因为 5 μm 左右的颗粒对堵塞组件缝隙的危害最大，而大于 15 μm 的颗粒对组件的磨损作用最为显著，用它们来反映工作介质的污染度最为合适，因而这种标准得到了普遍采用。

表 2-2　　　　　　　　　　　　　　ISO 4406 污染度等级标准

1 mL 油液中的颗粒数	等级代号	1 mL 油液中的颗粒数	等级代号
>2 500 000	>28	>80~160	14
>1 300 000~2 500 000	28	>40~80	13
>640 000~1 300 000	27	>20~40	12
>320 000~640 000	26	>10~20	11
>160 000~320 000	25	>5~10	10
>80 000~160 000	24	>2.5~5	9
>40 000~80 000	23	>1.3~2.5	8
>20 000~40 000	22	>0.64~1.3	7
>10 000~20 000	21	>0.32~0.64	6
>5 000~10 000	20	>0.16~0.32	5
>2 500~5 000	19	>0.08~0.16	4
>1 300~2 500	18	>0.04~0.08	3
>640~1 300	17	>0.02~0.04	2
>320~640	16	>0.01~0.02	1
>160~320	15	≤0.01	0

（2）美国标准 NAS 1638

美国污染度等级标准见表 2-3。它以颗粒浓度为基础，按 100 mL 工作介质中在给定的 5 个颗粒尺寸范围内的最大允许颗粒数划分为 14 个污染度等级，最清洁的为 00 级，污染度等级最高的为 12 级。

表 2-3　　　　　　　　　　　　　美国标准 NAS 1638 污染度等级

尺寸范围/μm	每 100 mL 工作介质中所含颗粒的数目													
	污 染 度 等 级													
	00	0	1	2	3	4	5	6	7	8	9	10	11	12
5~15	125	250	500	1 000	2 000	4 000	8 000	16 000	32 000	64 000	128 000	256 000	512 000	1 024 000
15~25	22	44	89	178	356	712	1 425	2 850	5 700	11 400	22 800	45 600	91 200	182 400
25~50	4	8	16	32	63	126	253	506	1 012	2 025	4 050	8 100	16 200	32 400
50~100	1	2	3	6	11	22	45	90	180	360	720	1 440	2 800	5 760
>100	0	0	1	1	2	4	8	16	32	64	128	256	512	1 024

5. 工作介质污染的控制

控制污染应从保证液压系统能正常工作需要出发，合理、经济地选择工作介质，并采取切实可行的措施把外界环境对工作介质的污染控制在最小范围，实际工作中常从以下几个方面来控制污染：

（1）合理选择工作介质

在进行液压系统设计时，设计者可根据系统的不同类型提出不同的污染度要求，并在油路设计方面采取相应措施（如设置过滤器等）来控制工作介质的污染。

（2）尽可能地减少外来污染

液压组件在加工的每道工序后都应净化，油箱、管道必须认真清洗，液压装置组装前、后必须严格清洗。在油箱通大气处应装空气过滤器，工作介质必须通过过滤器注入油箱或系统。尽量在无尘区维修、拆卸组件。

（3）系统应设置过滤器

过滤器的精度选择要适当，并且要定期检查、清洗或更换滤芯。

（4）工作介质应定期检查更换

应根据液压设备要求检查、更换工作介质，在注入新的工作介质前，整个系统必须彻底清洗。

2.2 液体静力学

液体静力学研究的是静止液体的力学性质。静止是指液体之间没有相对运动，而液体整体可以如刚体一样进行各种运动。

2.2.1 静压力及其特性

作用在液体上的力可归纳为两类：质量力和表面力。质量力是作用在液体内部质点上的力，其大小与受作用液体的质量成正比；作用在所研究的液体外表面上并与液体表面积（A）成正比的力称为表面力。静止液体中所受表面力只有法向力（F）而无切向力，液体单位面积上所受的法向力称为静压力。这一定义在物理学中称为压强，但在液压传动中习惯称为压力，通常以 p 表示。即

$$p = \lim_{\Delta A \to 0} \frac{\Delta F}{\Delta A} \tag{2-9}$$

若法向作用力 F 均匀地作用在液体表面积 A 上，则

$$p = \frac{F}{A} \tag{2-10}$$

液体的压力有如下特性：

(1)液体的压力沿着内法线方向作用于承压面。

(2)静止液体内任意点的压力在各个方向上都相等。

由此可知，静止液体总是处于受压状态，并且其内部的任何质点都受平衡压力作用。

2.2.2 静压力基本方程

如图 2-4(a)所示，密度为 ρ 的液体在容器内处于静止状态。为求任意深度 h 处的压力 p，假想从液面处往下切取一个垂直小液柱作为研究对象，设该液柱的底面积为 ΔA，高为 h，如图 2-4(b)所示。液柱处于平衡状态，于是有

$$p \Delta A = p_0 \Delta A + \rho g h \Delta A$$

因此得

$$p = p_0 + \rho g h \tag{2-11}$$

式(2-11)称为液体静力学基本方程，它表明重力作用下的液体，其压力分布有如下特征：

(1)静止液体内任意点的压力都由两部分组成：一部分是液面上的压力 p_0，另一部分是该点以上液体自重所形成的压力。当液面上只受大气压 p_a 作用时，液体内任意点处的压力为

$$p = p_a + \rho g h \tag{2-12}$$

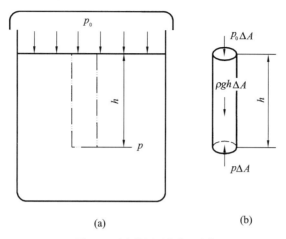

(a) (b)

图 2-4　重力作用下的静止液体

（2）静止液体内的压力随液体深度呈线性规律分布。

（3）深度相同的各点组成了等压面，该等压面为水平面。

2.2.3　压力的表示方法 //

1.绝对压力、相对压力、真空度和表压力

压力的表示方法按度量基准的不同分为两种：绝对压力和相对压力。以绝对零值为基准测得的压力称为绝对压力；以当地大气压力为基准测得的压力称为相对压力。如果液体的绝对压力低于大气压力（负相对压力），则习惯上称为真空，负相对压力的绝对值称为真空度。绝对压力、相对压力和真空度的关系如图 2-5 所示。

常用的液压测试仪表所得压力均为相对压力，又称表压力。

2.压力的单位

液体压力单位常采用以下两种形式：法定计量单位为帕（Pa），$1\ Pa = 1\ N/m^2$，在液压传动中习惯用兆帕（MPa）；工程大气压（at）（即 kgf/cm^2）。

以上两种形式的压力单位换算关系为：$1\ MPa = 1 \times 10^6\ Pa = 10\ kgf/cm^2$。

例 2-1　如图 2-6 所示，密封容器内盛有油液。已知油的密度 $\rho = 900\ kg/m^3$，活塞上的作用力 $F = 1\ 000\ N$，活塞的面积 $A = 1 \times 10^{-3}\ m^2$，假设活塞的质量忽略不计。试求活塞下方深度为 0.5 m 处的压力。

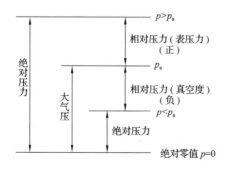

图 2-5　绝对压力、相对压力和真空度的关系

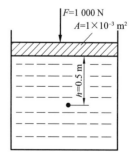

图 2-6　静止液体的压力

解 活塞与液体接触面上的压力

$$p_0 = \frac{F}{A} = \frac{1\ 000}{1 \times 10^{-3}} = 1 \times 10^6\ \text{N/m}^2$$

根据式(2-11),深度为 h 处的液体压力为

$$p = p_0 + \rho g h = 1 \times 10^6 + 900 \times 9.8 \times 0.5 \approx 1 \times 10^6\ \text{N/m}^2 = 1 \times 10^6\ \text{Pa}$$

可见,液体在外力作用下,由液体自重所形成的那部分压力 $\rho g h$ 相对很小,在液压系统中可忽略不计,因此可近似认为整个液体内部的压力是相等的。

2.2.4 帕斯卡原理 //

如图 2-6 所示,在密封容器内的液体,当外力 F 变化引起外加压力 p_0 发生变化时,只要液体仍保持原来的静止状态不变,则液体内任意点的压力将发生同样大小的变化。也就是说,在密封容器内,施加于静止液体的压力可以等值地传递到液体各点。这就是帕斯卡原理,或称静压传递原理。

根据帕斯卡原理,图 2-6 所示密封容器内液体任意点的压力

$$p = p_0 = 常数$$

例 2-2 如图 2-7 所示为相互连通的两个液压缸,已知大缸内径 $D = 120$ mm,小缸内径 $d = 20$ mm,大活塞上放置物体的质量为 5 000 kg。请问在小活塞上所加的力 F_2 有多大才能使大活塞顶起重物?

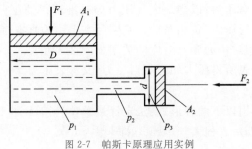

图 2-7　帕斯卡原理应用实例

解 物体的重力为

$$F_1 = mg = 5\ 000 \times 9.8 = 49\ 000\ \text{N}$$

根据帕斯卡原理有: $p_1 = p_2 = p_3$,即外力产生的压力在两缸中相等,则

$$\frac{F_2}{\frac{\pi d^2}{4}} = \frac{F_1}{\frac{\pi D^2}{4}}$$

故为了顶起重物,应在小活塞上加力为

$$F_2 = \frac{d^2}{D^2} F_1 = \frac{20^2}{120^2} \times 49\ 000 = 1\ 361.1\ \text{N}$$

例 2-2 说明了液压千斤顶等液压起重机械的工作原理,体现了液压装置可把力放大的作用。若大活塞上的负载 F_1 为零,忽略活塞自重和其他阻力,则无论怎样推动小液压缸的活塞,也不能在液体中形成压力,即 $p = 0$,这说明液体内的压力是由外负载决定的。这是液压传动中重要的基本概念。

2.2.5　静压力对固体壁面的作用力 ///

1. 液体对平面的作用

当固体壁面为平面时,液体压力在平面上的总作用力 F 的大小等于液体压力 p 与该平面面积 A 之积,其方向与该平面垂直,即

$$F = pA \tag{2-13}$$

2. 液体对曲面的作用

当固体壁面为曲面时,曲面在某个方向(x)上受到液体总作用力的分力 F_x 的大小等于液体压力 p 与曲面在该方向上投影面积 A_x 之积,即

$$F_x = pA_x \tag{2-14}$$

例 2-3　液压缸缸筒如图 2-8(a)所示,试求压力为 p 的压力油对缸筒内壁的作用力。

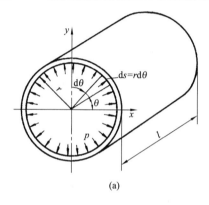 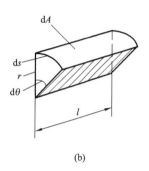

图 2-8　作用在缸筒内壁上的力

解　为求压力油对右半部缸筒内壁在 x 方向上的作用力,需在内壁上取一微小面积 $dA = l\,ds = lr\,d\theta$(l 和 r 分别为缸筒的长度和半径),如图 2-8(b)所示,则油液作用在 dA 上的 dF 的水平分量 dF_x 为

$$dF_x = dF\cos\theta = p\,dA\cos\theta = plr\cos\theta\,d\theta \tag{2-15}$$

式(2-15)积分后得

$$F_x = \int_{-\frac{\pi}{2}}^{\frac{\pi}{2}} dF_x = \int_{-\frac{\pi}{2}}^{\frac{\pi}{2}} plr\cos\theta\,d\theta = 2plr = pA_x$$

即 F_x 等于压力 p 与缸筒在 x 方向上投影 A_x 之积。

例 2-4　如图 2-9 所示,求液体压力作用在锥阀和球阀表面上的液压作用力。

解　球面和锥面在径向方向所受的液压作用力抵消。因此,只要计算出球面和锥面在垂直方向上的受力 F 即可,先计算出曲面在垂直方向上的投影面积 A,然后再与压力相乘,则

(1)如图 2-9(a)所示,锥阀承受液压作用力在 y 方向的投影面积是 $A = \dfrac{\pi d^2}{4}$,故液压作用力为

$$F = p \cdot \frac{\pi d^2}{4}$$

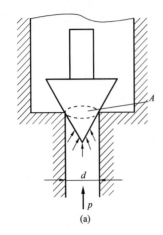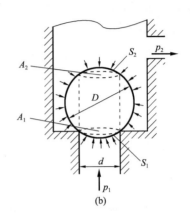

图 2-9　液压作用力的计算

(2)如图 2-9(b)所示，球被阀口所截分为上、下球冠，分别作用有 p_2、p_1。上球冠中只有对着阀口的小部分球冠 S_2 上的液压作用力不能抵消，其有效承压面积在 y 方向上的投影为 $A_2=\dfrac{\pi d^2}{4}$；下球冠 S_1 在 y 方向上的投影面积为 $A_1=\dfrac{\pi d^2}{4}$。则有

$$F=p_1 A_1 - p_2 A_2 = (p_1-p_2)\frac{\pi d^2}{4}$$

液压作用力 F 的方向与压力大的方向相同。

2.3 液体运动学和动力学

液体运动学主要研究液体流动时的运动规律，液体动力学主要研究液体运动与力之间的关系，从而推导出液体运动的连续性方程、伯努利方程以及动量方程。连续性方程可以解决流速、通流截面和流量之间的关系；伯努利方程可以解决压力、流速及能量损失之间的关系；动量方程可以解决流动液体与固体壁面相互作用力之间的关系。

2.3.1 流动液体的基本概念

1. 理想液体和定常流动

把既无黏性又不可压缩的假想液体称为理想液体。在分析时，把液体视为无黏性就是忽略液体的内摩擦力（$\mu=0$），把液体视为不可压缩就是把液体的密度视为常数（$\rho=$ 常数），再通过实验验证的方法对理想结论进行修正。

在液体流动中，任意点的压力、速度和密度都不随时间而变化的流动状态称为定常流动，又称稳定流动或恒定流动。

2. 通流截面、流量和平均流速

(1)通流截面

液体在管道流动时，其垂直于流动方向的截面称为通流截面，它可能是平面（图 2-10 中的 $A—A$ 截面）或曲面（图 2-10 中的 $B—B$ 截面）。

（2）流量

单位时间（Δt）内流过某通流截面的液体体积（ΔV）称为流量（q），即 $q = \Delta V / \Delta t$，单位为 $\mathrm{m^3/s}$，在液压传动中常用 $\mathrm{L/min}$。

流量还可以采用另一种表达方式，如图 2-11（a）所示，在通流截面上取一微小截面积 $\mathrm{d}A$，液流在单位时间 $\mathrm{d}t$ 内以速度 u 流过的液体体积为 $\mathrm{d}V$，那么，其微流量 $\mathrm{d}q$ 为

$$\mathrm{d}q = \frac{\mathrm{d}V}{\mathrm{d}t} = \frac{\mathrm{d}l\,\mathrm{d}A}{\mathrm{d}t} = u\,\mathrm{d}A \tag{2-16}$$

则通过整个通流截面的实际流量为

$$q = \int_A u\,\mathrm{d}A \tag{2-17}$$

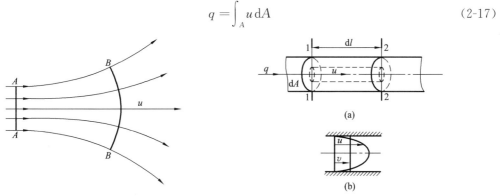

图 2-10　通流截面

图 2-11　流量和平均速度

q 也称体积流量。若把式（2-16）中的 $\mathrm{d}V$ 用微质量 $\mathrm{d}m = \rho\,\mathrm{d}V$ 替代，则可求得质量流量 q_m。质量流量与体积流量的关系是：$q_m = \rho q$。但在液压系统中如不特别注明，所指流量都是指体积流量 q。

（3）平均流速

由于黏性的作用，实际液体流动在通流截面上的流速分布规律有时很难确定，所以用式（2-17）来求流量是很困难的，如图 2-11（b）所示。在工程实际中为了便于计算，引入平均流速的概念。即假设通流截面上流速是均匀分布的，液体以均布流速通过该断面的流量等于以实际速度通过的流量，即

$$q = vA = \int_A u\,\mathrm{d}A$$

由此得出通流截面上的平均流速

$$v = \frac{q}{A} \tag{2-18}$$

平均流速才具有工程应用价值。液压缸工作时，活塞的运动速度就等于缸内液体的平均流速，当液压缸有效面积一定时，活塞运动速度由输入液压缸的流量决定。

3. 层流、紊流和雷诺数

液体的流动有两种状态，即层流和紊流。两种流动状态的物理现象可以通过一个实验观察出来，这就是雷诺实验。

雷诺实验装置如图 2-12 所示。水箱 6 由进水管 2 不断供水，并由溢流管 1 保持水箱液面高度恒定。水杯 3 内盛有红色水，将阀门 4 打开后，红色水即经细导管 5 流入水平玻

璃管 7 中。当调节阀门 8 的开度使水平玻璃管中流速较小时,红色水在其中明显呈一条直线,这条红线和清水不相混杂,如图 2-12(b)所示,这表明此时水流是分层的,层与层之间互不干扰,液体的这种流动状态称为层流。当调节阀门 8 使水平玻璃管中的流速逐渐增大到一定值时,可看到红线开始抖动而呈波纹状,如图 2-12(c)所示,这表明层流状态受到破坏,液流开始紊乱。若使管中流速进一步加大,红色水流便和清水完全混合,红线便完全消失,如图 2-12(d)所示,表明液流已完全紊乱,这时的流动状态称为紊流。此时,如果将阀门 8 逐渐关小,就会看到相反的过程。

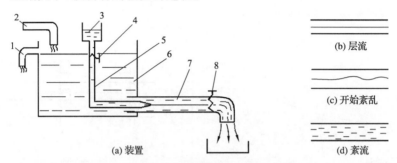

图 2-12　雷诺实验装置

1—溢流管;2—进水管;3—水杯;4、8—阀门;5—细导管;6—水箱;7—水平玻璃管

实验证明,液体在圆管中的流动状态与管内的平均流速 v、管道内径 d 和运动黏度 ν 有关。因此,判断液流状态的依据是由上述三个参数所组成的一个被称为雷诺数 Re 的无量纲数,即

$$Re = \frac{vd}{\nu} \qquad (2\text{-}19)$$

若液流的雷诺数 Re 相同,则其流动状态相同。液流由层流转变为紊流时的雷诺数与由紊流转变为层流时的雷诺数是不同的,后者数值小一些,一般用后者作为判别流动状态的依据,称为临界雷诺数,记为 Re_{cr}。当液体的雷诺数小于临界雷诺数 Re_{cr} 时,液流为层流;反之,液流为紊流。液流管道的临界雷诺数由实验求得,常见光滑金属圆管的临界雷诺数 $Re_{cr} = 2\,320$,橡胶软管的临界雷诺数 $Re_{cr} = 1\,600 \sim 2\,000$。

雷诺数的物理意义:雷诺数是液流的惯性力对黏性力的无因次比。当雷诺数较小时,质点受黏性力制约,不能随意运动,黏性力起主导作用,液体处于层流状态;当雷诺数较大时,黏性力的制约作用减弱,惯性力起主导作用,液体处于紊流状态。

对于非圆截面的管道,Re 的计算公式为

$$Re = \frac{vd_H}{\nu} \qquad (2\text{-}20)$$

式中,d_H 为通流截面的水力直径,其计算公式为

$$d_H = \frac{4A}{x} \qquad (2\text{-}21)$$

式中　A——通流截面的面积;

　　　x——湿周,即通流截面上液体与固体壁面相接触的周长。

例 2-5　如图 2-13 所示,在两个边长为 a、$b(b>a)$ 正方形的夹层管中通过液体,试求其水力直径。

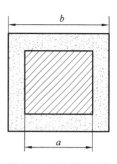

解　液体通过夹层管的湿周为 $4b+4a$,其通流截面的面积为 b^2-a^2,则

$$d_H=\frac{4(b^2-a^2)}{4b+4a}=b-a$$

水力直径的大小对通流能力的影响很大,水力直径大,意味着液流和管壁的接触周长短,管壁对液流的阻力小,通流能力大,管道不易堵塞。在面积相等但形状不同的通流截面中,圆形的水力直径最大。

图 2-13　正方形夹层管

2.3.2　流动液体的连续性方程 //

连续性方程是质量守恒定律在流体力学中的表达形式。

设液体在不等断面的管道中定常流动。如图 2-14(a)所示,任取 1、2 两个通流截面,其面积分别为 A_1 和 A_2,平均速度分别为 v_1 和 v_2,密度分别为 ρ_1 和 ρ_2。根据质量守恒定律,单位时间内液体流过通流截面 1 的质量等于流过通流截面 2 的质量。即

$$\frac{\rho_1 q_1}{\Delta t}=\frac{\rho_2 q_2}{\Delta t} \tag{2-22}$$

式(2-22)两边同乘 Δt,并根据式(2-18)得

$$\rho_1 v_1 A_1=\rho_2 v_2 A_2$$

忽略液体的可压缩性时,$\rho_1=\rho_2$ 则得

$$v_1 A_1=v_2 A_2=q=常数 \tag{2-23}$$

式(2-23)就是流动液体的连续性方程。它说明液体在管道中流动时,流过各断面的流量相等(流量连续),并且流速与通流截面面积成反比。在具有分支的管路中 $q=q_1+q_2$,如图 2-14(b)所示。

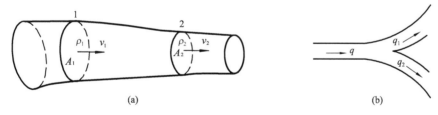

图 2-14　流动液体的连续性原理

注意:运用式(2-23)时,所选取的各个计算截面必须在油路中的同一个连续密封区域内。

例 2-6　如图 2-15 所示,两个相互串联的液压缸,缸 1 无杆腔的面积 $A_1=100\ cm^2$,有杆腔的面积 $A_2=80\ cm^2$,输入流量为 $q_1=10\ L/min$;缸 2 无杆腔的面积 $A_3=40\ cm^2$,有杆腔的面积 $A_4=30\ cm^2$,不计泄漏,求缸 1 活塞的速度 v_1 和缸 2 活塞的速度 v_2 及缸 2 的输出流量 q_3。

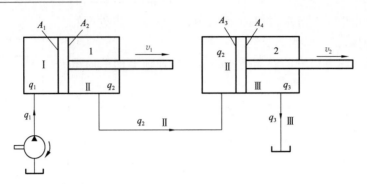

图 2-15　串联的液压缸示意图

分析:图 2-15 中,两个液压缸串联,活塞动作连续,但油路不连续,由活塞把油路分为三段油路密封区域:第一段是进油管(或泵)到缸 1 无杆腔的连续油路 I,流量为 q_1;第二段是由缸 1 有杆腔到缸 2 无杆腔的连续油路 II,流量为 q_2;第三段是由缸 2 有杆腔到回油箱的连续油路 III,流量为 q_3。因此,应分段应用连续性方程进行计算。当缸 1 的活塞向右运动时,由于活塞和活塞杆是同速的,因此,v_1 是缸 1 无杆腔和有杆腔的油液共有的速度。同理,当缸 2 的活塞向右运动时,缸 2 左、右两腔油液的速度 v_2 也相等。

解

缸 1 的速度
$$v_1 = \frac{q_1}{A_1} = \frac{\dfrac{10 \times 10^{-3}}{60}}{100 \times 10^{-4}} \approx 0.016\ 7\ \text{m/s}$$

连续油路 II 可根据连续性方程 $v_1 A_2 = v_2 A_3$ 得

$$v_2 = \frac{v_1 A_2}{A_3} = \frac{0.016\ 7 \times 80 \times 10^{-4}}{40 \times 10^{-4}} = 0.033\ 4\ \text{m/s}$$

缸 2 的输出流量 $q_3 = v_2 A_4 = 0.033\ 4 \times 10 \times 60 \times 30 \times 10^{-2} \approx 6\ \text{L/min}$

2.3.3　伯努利方程 ///

伯努利方程是能量守恒定律在流体力学中的表达形式。要搞清楚流动液体的能量问题,必须先掌握液体的受力平衡方程,也就是它的运动微分方程。

1. 理想液体的运动微分方程

在理想液体恒定流动的管道内,任取管长为 ds 的微元段为控制体,如图 2-16 所示。把该控制体近似看成圆台,并取为研究对象。两通流截面面积分别为 A 和 $A + \mathrm{d}A$,控制体积为 $V = (A + \frac{1}{2}\mathrm{d}A)\mathrm{d}s$($A$ 和 ds 分别为此微元体积的通流截面面积和长度),流速分别为 v 和 $v + \mathrm{d}v$,压力分别为 p 和 $p + \mathrm{d}p$,侧面压力看成两截面上压力的平均值,即 $\dfrac{[p + (p + \mathrm{d}p)]}{2} = p + \frac{1}{2}\mathrm{d}p$,侧面受到的力在流动方向上的投影为 $(p + \frac{1}{2}\mathrm{d}p)\mathrm{d}A$。

下面分析该控制体液体受外力作用引起动量的变化。作用在控制体上的外力有以下两种:

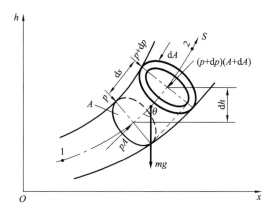

图 2-16　理想液体的一维流动

（1）液体压力在两截面和侧面上所产生的作用力

$$pA - (p+\mathrm{d}p)(A+\mathrm{d}A) + (p+\frac{1}{2}\mathrm{d}p)\mathrm{d}A = -(A\mathrm{d}p + \frac{1}{2}\mathrm{d}p\mathrm{d}A)$$

（2）质量力，控制体内流体的重力在流动方向的投影为

$$-mg\cos\theta = -\rho Vg\cos\theta = -\rho g(A+\frac{1}{2}\mathrm{d}A)\mathrm{d}s\cos\theta = -\rho g(A+\frac{1}{2}\mathrm{d}A)\mathrm{d}h$$

由连续性方程可知，控制体两端面质量流量相等（$m_1 = m_2 = m$），则单位时间流进和流出的动量分别为 $mv = \rho qv = \rho Av^2$ 和 $m(v+\mathrm{d}v) = \rho Av(v+\mathrm{d}v)$。

因理想液体无黏性，故侧表面的摩擦力不予考虑，由于控制体在流动方向上外力的合力等于动量的改变量，故可得

$$-(A\mathrm{d}p + \frac{1}{2}\mathrm{d}p\mathrm{d}A) - \rho g(A+\frac{1}{2}\mathrm{d}A)\mathrm{d}h = \rho Av^2 - \rho Av(v+\mathrm{d}v)$$

化简得

$$\mathrm{d}p + \rho g\mathrm{d}h + \rho v\mathrm{d}v = 0 \qquad (2\text{-}24)$$

式（2-24）就是当液体仅受重力作用时理想液体的运动微分方程，也称一维流动的欧拉运动微分方程。它表达了任意一根流线上流体质点的压力、速度和位移之间的微分关系。

2. 理想液体的伯努利方程

对于理想液体，ρ 为常数，且变量 v、h、p 都是流线 S 的单值连续函数（在流线上任意点都对应有确定的值），则对式（2-24）沿流线 S 积分，可得到单位重力液体在任意点处的能量方程表达式，即

$$\int\mathrm{d}p + \int\rho g\mathrm{d}h + \int\rho v\mathrm{d}v = 0$$

则

$$p + \rho gh + \frac{1}{2}\rho v^2 = C \qquad (2\text{-}25\mathrm{a})$$

或写成

$$p_1 + \rho gh_1 + \frac{1}{2}\rho v_1^2 = p_2 + \rho gh_2 + \frac{1}{2}\rho v_2^2 \qquad (2\text{-}25\mathrm{b})$$

式（2-25）称为理想液体的伯努利方程，式中各项分别是单位质量流体的压力能、位能

和动能。其物理意义是:在密闭管道内做恒定流动的理想液体具有三种形式的能量,即压力能、位能和动能,在流动过程中,三种能量之间可以相互转化,但各个通流截面上三种能量之和恒为定值。

3.实际液体的伯努利方程

由于实际液体具有黏性,产生内摩擦力,消耗能量,并且管道的局部形状和尺寸的骤然变化会使液流产生扰动,亦消耗能量。因此,实际液体流动有能量损失。设单位体积液体在两个断面间流动的能量损失为 Δp_w。

此外,由于实际流速在通流截面上分布不均匀,所以若用平均流速代替实际流速计算动能,必然产生误差,为了修正这个误差,引入了动能修正系数 α(α=实际动能/平均动能)。经理论推导和实验测定,紊流时取 $\alpha=1$,层流时取 $\alpha=2$。因此,实际液体的伯努利方程为

$$p_1 + \rho g h_1 + \frac{1}{2}\rho \alpha_1 v_1^2 = p_2 + \rho g h_2 + \frac{1}{2}\rho \alpha_2 v_2^2 + \Delta p_\text{w} \tag{2-26}$$

伯努利方程是流体力学的重要方程,它揭示了液体流动过程中的能量变化规律。在液压传动中常与连续性方程一起来求解液压系统中的压力和速度问题。

应用伯努利方程时必须注意:

(1)任取两个截面时应顺流向选取(否则 Δp_w 为负值),且应选在缓变的通流截面上。

(2)常选取特殊位置的水平面作为基准面。截面中心在基准面以上时,h 取正值;反之,取负值。

4.伯努利方程的分析和应用

伯努利方程是在有限制条件下推导出来的,所以在应用该方程时也应注意它的应用条件:液体定常流动,因此变加速度为零,惯性项为零;液体不可压缩,即 ρ=常数;适当选取基准面,如取油箱液面为基准面,这时压力 p 一般等于大气压 p_a,速度 $v\approx0$;截面上的压力应取同一种表示法,如都取相对压力,或都取绝对压力;为方便起见,通常把 p 和 h 都取在通流截面的轴心处;流速 v 取平均流速;用动能系数进行修正。

例 2-7 液压泵装置如图 2-17 所示,油箱和大气相通。试分析吸油高度 H 对泵工作性能的影响。

解 设以油箱液面为基准面,在截面 1—1 和泵进口处管道截面 2—2 之间列伯努利方程

$$p_1 + \rho g h_1 + \frac{1}{2}\rho \alpha_1 v_1^2 = p_2 + \rho g h_2 + \frac{1}{2}\rho \alpha_2 v_2^2 + \Delta p_\text{w}$$

因 $p_1=0$,$h_1=0$,$v_1\approx0$,$h_2=H$,故

$$p_2 = -\left(\rho g H + \frac{1}{2}\rho \alpha_2 v_2^2 + \Delta p_\text{w}\right)$$

当泵安装于液面之上时,$H>0$,则 $\rho g H + \frac{1}{2}\rho \alpha_2 v_2^2 + \Delta p_\text{w}>0$,故 $p_2<0$。此时,泵进口处的绝对压力小于大气压力,形成真空,油靠大气压力压入泵内。

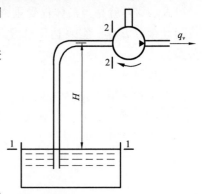

图 2-17 液压泵装置

当泵安装于液面以下时,$H<0$,而当 $|\rho g H|>\dfrac{1}{2}\rho\alpha_2 v_2^2+\Delta p_w$ 时,$p_2>0$,泵进口处不形成真空,油自行灌入泵内。

可见,吸油高度 H 值越大,泵越易吸油。在一般情况下,为便于安装维修,泵应安装在油箱液面以上,依靠进口处形成的真空度来吸油。但工作时的真空度也不能太大,当 p_2 的绝对压力值小于油液的空气分离压时,油中的气体就被析出;当 p_2 小于油液的饱和蒸气压时,油还会汽化。油中有气体析出,或油液发生汽化,油流动的连续性就受到破坏,并产生噪声和振动,影响泵和系统的正常工作。为使真空度不致过大,需要限制泵的安装高度,一般泵的 H 值不得大于 0.5 m。

例 2-8　推导文丘利流量计的流量公式

解　图 2-18 为文丘利流量计的工作原理图。在文丘利流量计上取两个截面 1—1 和 2—2,它们的压力、平均流速和面积分别为 p_1、v_1、A_1 和 p_2、v_2、A_2,以中心线为基准。若不计能量损失,并设动能修正系数 $\alpha=1$,则根据伯努利方程,有

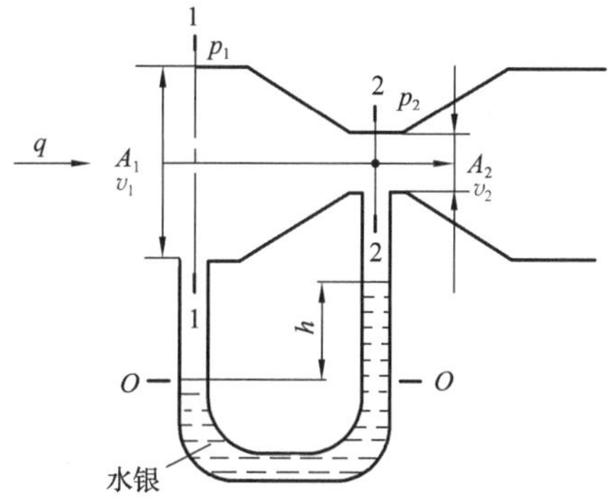

$$p_1+\frac{\rho v_1^2}{2}=p_2+\frac{\rho v_2^2}{2}$$

根据连续性方程,有

$$v_1 A_1=v_2 A_2=q$$

U 形管内截面处的静压力平衡方程为

$$p_1+\rho g h=p_2+\rho' g h$$

图 2-18　文丘利流量计的工作原理图

式中,ρ 和 ρ' 分别为液体和水银的密度。

将上述三个方程联立求解,可得

$$q=A_1 v_1=A_1\cdot\sqrt{\frac{2(p_1-p_2)}{\rho\left[\left(\dfrac{A_1}{A_2}\right)^2-1\right]}}=\frac{\dfrac{\pi}{4}D_1^2}{\sqrt{\dfrac{D_1^4}{D_2^4}-1}}\sqrt{2g\left(\frac{\rho'}{\rho}-1\right)h}=C\sqrt{h}$$

2.3.4　动量方程 ///

动量方程是刚体力学动量定理在液体力学中的应用,常用于求解液流作用在固体壁面上力的大小。

由动量定律可知,在 Δt 时间内,作用在运动着的质点系上外力的总冲量在某一方向上的投影等于该质点系在同一方向上的动量增量,即

$$\left(\sum F\right)\Delta t=\Delta(mv) \tag{2-27}$$

如图 2-19 所示的液流管道中,任意取出被通流截面 1、2 所限制的液体体积,称之为控制体积。截面 1、2 为控制表面。截面 1、2 上的通流面积分别为 A_1、A_2,平均流速分别为 v_1、v_2。经过 Δt 时间后,控制体积 12 的液体变形运动到 $1'2'$ 位置,由于液体定常流动,所以液段 $1'2$ 的动量没有变化。因此,控制体积 12 的液体移到 $1'2'$ 位置的动量增量等于液段 $22'$ 的动量与液段 $11'$ 的动量之差。因在液段上的液体质量 $m=\rho\Delta V=\rho A v\Delta t$,故

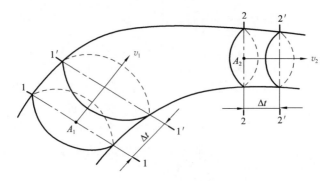

图 2-19　动量方程推导简图

$$\Delta(mv) = [mv]_{22'} - [mv]_{11'} = \rho_2 A_2 v_2 \Delta t v_2 - \rho_1 A_1 v_1 \Delta t v_1$$

因 $v_2 A_2 = v_1 A_1 = q$，故

$$\Delta(mv) = \rho_2 q \Delta t v_2 - \rho_1 q \Delta t v_1 = \rho q \Delta t(v_2 - v_1) \tag{2-28}$$

把式(2-28)代入式(2-27)，在等式两边同除以 Δt，得

$$\sum F = \rho q(\beta_2 v_2 - \beta_1 v_1) \tag{2-29}$$

式(2-29)为动量方程，式中 $\sum F$、v_1、v_2 为矢量，β_1、β_2 为动量修正系数（$\beta =$ 实际动量/平均动量），以修正平均速度 v 带来的速度误差，紊流时 $\beta = 1$，层流时 $\beta = 1.33$，为简化计算，通常均取 $\beta = 1$。

式(2-29)中的 $\sum F$ 是通道固体壁面对液流的总作用力，但在工程实际问题中往往要求液流对通道固体壁面的作用力，即动量方程中 $\sum F$ 的反作用力 F'，称之为稳态液动力。因此，在 x、y 方向上的稳态液动力计算公式分别为

$$F'_x = -\sum F_x = \rho q(\beta_1 v_{1x} - \beta_2 v_{2x}) \tag{2-30}$$

$$F'_y = -\sum F_y = \rho q(\beta_1 v_{1y} - \beta_2 v_{2y}) \tag{2-31}$$

式中，v_{1x}、v_{2x}、v_{1y}、v_{2y} 分别为流速 v_1、v_2 在 x、y 方向上的投影。

例 2-9　求图 2-20 中滑阀阀芯所受的轴向稳态液动力。

解　取进、出油口之间的液体为控制体积，进入、流出控制体积的速度分别为 v_1、v_2，阀开口一定，忽略重力和流体阻力，控制体积仅受固体壁面的作用力 F。根据式(2-30)计算轴向稳态液动力，即

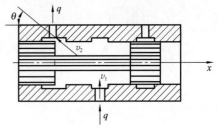

图 2-20　滑阀阀芯上的稳态液动力

$$F'_x = \rho q[\beta_1 v_1 \cos 90° - (-\beta_2 v_2 \cos\theta)] = \rho q \beta_2 v_2 \cos\theta$$

取 $\beta_2 = 1$，得稳态液动力 $F'_x = \rho q v_2 \cos\theta$。

当液流反方向通过该阀时，同理可得相同的结果。因所得 F'_x 皆为正值，故在上述两种情况下的 F'_x 方向都向右。可见，在上述情况下，作用在滑阀阀芯上的稳态液动力始终试图关闭阀口。

🕱 2.4　管路压力损失分析

流动的实际液体具有黏性,在直管中流动时会产生阻力;在液体流过突然弯管和阀口时也会产生阻力。这些阻力都要消耗能量,引起能量损失。由于实际液体的伯努利方程中的各项均为压力的量纲,所以把由各种因素引起的能量(如动能、势能等)损失统称为压力损失,总损失计为 Δp_w。在液压系统中,能量的损耗转变为热量,导致系统的温度升高,从而使泄漏增加,效率降低,液压系统性能下降。因此,在设计液压系统时,应考虑尽量减小压力损失。液流的压力损失分为两种:沿程压力损失和局部压力损失。

2.4.1　沿程压力损失 //

液体在等径直管中流动时由黏性内摩擦力所产生的损失称为沿程压力损失。液体的流动状态不同,产生的沿程压力损失也不同。经理论推导可知,流量为 q、黏度为 μ 的液体以平均流速 v 流过直管段(直径为 d、管长为 l)时的沿程压力损失计算公式为

$$\Delta p_\lambda = \frac{128\mu l}{\pi d^4}q \tag{2-32}$$

将 $\mu = v\rho$,$Re = \dfrac{vd}{\nu}$,$q = \dfrac{\pi}{4}d^2 v$ 代入式(2-32)并整理后得

$$\Delta p_\lambda = \lambda \frac{l\rho v^2}{2d} \tag{2-33}$$

式中　λ——沿程阻力系数;

　　　ρ——液体的密度。

式(2-33)适用于层流和紊流,只是 λ 的取值不同。

层流时,理论值 $\lambda = 64/Re$;考虑到实际圆管截面可能有变形以及近管壁处的液层油温低等问题,因而在实际计算时,金属管取 $\lambda = 75/Re$,橡胶软管取 $\lambda = 80/Re$。

紊流时,当 $2.32 \times 10^3 < Re < 1 \times 10^5$ 时,取 $\lambda = 0.316\,4Re^{-0.25}$;当 $1 \times 10^5 < Re < 3 \times 10^6$ 时,取 $\lambda = 0.032 + 0.22Re^{-0.237}$;当 $Re > 3 \times 10^6$ 或 $Re > \dfrac{900d}{\Delta}$ 时,取 $\lambda = \{2lg[d/(2\Delta)] + 1.74\}^2$,这里 λ 除与雷诺数 Re 有关外,还与管壁的表面粗糙度有关,即 $\lambda = f(Re, \Delta/d)$,$\Delta$ 为管壁绝对表面粗糙度,它与管径 d 的比值(Δ/d)称为相对表面粗糙度。

管壁绝对表面粗糙度 Δ 和管道的材料有关,计算时 Δ 可参考下列数值:钢管取 0.04 mm;铜管取 0.001 5～0.01 mm;铅管取 0.001 5～0.06 mm;橡胶软管 0.03 mm;铸铁管取 0.25 mm。

2.4.2　局部压力损失 //

液体流进管道的弯头、接头、突变截面以及阀口、滤网等局部装置时,流速的大小和方向会发生急剧变化,因而产生旋涡,并发生强烈的紊动现象,于是产生流动阻力,由此而造成的压力损失称为局部压力损失。

如图 2-21 所示为液流管道通流截面突然扩大处的局部压力损失。设管道水平放置，分别列出通流截面 1—1、2—2 处的伯努利方程（取 $\alpha_1 = \alpha_2 = 1$）和 1—1、2—2 间控制体积的动量方程（取 $\beta_1 = \beta_2 = 1$），经推导可得出通流截面突然扩大处的局部压力损失为

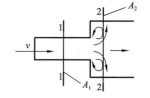

图 2-21　突然扩大处的局部压力损失

$$\Delta p_\xi = \xi \frac{\rho v^2}{2} \qquad (2-34)$$

式中，ξ 为局部阻力系数，局部损失的形式不同，其值也不同。各种局部装置结构的 ξ 值可通过实验来测定，也可查有关手册，还可按公式计算 $\xi = (1 - A_1/A_2)^2$，其中 A_1、A_2 分别为 1—1、2—2 处的截面面积。当 $A_2 \gg A_1$ 时，$\xi = 1$，说明液体从管道流入了大容腔中，液体的全部动能会因液流扰动而全部损失，变为热能而散失。

液体流过各种阀类的局部压力损失，一般可从产品技术规格说明中查得，但所查到的数据是在额定流量 q_n 时的压力损失 Δp_n 值，当实际流量 q 与额定流量不一致时，阀类元件局部压力损失 Δp_f 的计算公式为

$$\Delta p_f = \Delta p_n (\frac{q}{q_n})^2 \qquad (2-35)$$

2.4.3　管路总压力计算 //

整个管路系统的总压力损失应为所有沿程压力损失和所有局部压力损失之和，即

$$\sum \Delta p_w = \sum \Delta p_\lambda + \sum \Delta p_\xi + \sum \Delta p_f = \sum \lambda \frac{l \rho v^2}{2d} + \sum \xi \frac{\rho v^2}{2} + \Delta p_n (\frac{q}{q_n})^2 \qquad (2-36)$$

式(2-36)仅适用于两相邻局部阻碍之间的距离大于管道内径 10 倍的场合。因为局部阻碍距离过小，通过第一个局部阻碍后的流体尚未稳定就进入第二个局部阻碍，液流的扰动更剧烈，阻力系数要高于正常值的 2～3 倍，这样实际压力损失将大于计算出来的压力损失值。

例 2-10　在如图 2-22 所示的液压系统中，已知泵输出的流量 $q = 1.5 \times 10^{-3}$ m³/s，液压缸的内径 $D = 100$ mm，负载 $F = 30\ 000$ N，回油腔压力近似为零，液压缸的进油管是内径 $d = 20$ mm 的钢管，总长即管的垂直高度 $H = 5$ m，进油路总的局部阻力系数 $\sum \xi = 7.2$，液压油的密度 $\rho = 900$ kg/m³，工作温度下的运动黏度 $\nu = 46$ mm²/s。试求：(1) 进油路的压力损失；(2) 泵的供油压力。

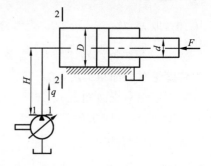

图 2-22　液压系统示意图

解　(1) 计算压力损失

进油管内的流速

$$v_1 = \frac{q}{\frac{\pi}{4} d^2} = \frac{1.5 \times 10^{-3}}{\frac{\pi}{4} (20 \times 10^{-3})^2} = 4.78 \text{ m/s}$$

则
$$Re = \frac{v_1 d}{\nu} = \frac{4.78 \times 20 \times 10^{-3}}{46 \times 10^{-6}} = 2\,078 < Re_{cr} = 2\,320$$

故为层流。

沿程阻力系数
$$\lambda = \frac{75}{Re} = \frac{75}{2\,078} = 0.036$$

故进油路的压力损失为

$$\sum \Delta p = \sum \lambda \frac{l \rho v_1^2}{2d} + \sum \xi \frac{\rho v_1^2}{2} = \left(0.036 \times \frac{5}{20 \times 10^{-3}} + 7.2\right) \times \frac{900 \times 4.78^2}{2} \times 10^{-6} = 0.166 \text{ MPa}$$

（2）求泵的供油压力

对泵的出口油管断面 1—1 和液压缸进口后的断面 2—2 之间列伯努利方程

$$p_1 + \rho g h_1 + \frac{1}{2}\rho \alpha_1 v_1^2 = p_2 + \rho g h_2 + \frac{1}{2}\rho \alpha_2 v_2^2 + \Delta p_w$$

则
$$p_1 = p_2 + \rho g(h_2 - h_1) + \frac{1}{2}\rho(\alpha_2 v_2^2 - \alpha_1 v_1^2) + \Delta p_w$$

p_2 为液压缸的工作压力

$$p_2 = \frac{F}{\frac{\pi}{4}D^2} = \frac{30\,000}{\frac{\pi}{4} \times (100 \times 10^{-3})^2} \times 10^{-6} = 3.82 \text{ MPa}$$

$\rho g(h_2 - h_1)$ 为单位体积液体的位能变化量

$$\rho g(h_2 - h_1) = \rho g H = 900 \times 9.8 \times 5 \times 10^{-6} = 0.044 \text{ MPa}$$

$\frac{1}{2}\rho(\alpha_2 v_2^2 - \alpha_1 v_1^2)$ 为单位体积液体的动能变化量

因
$$v_2 = \frac{q}{\frac{\pi}{4}D^2} = \frac{1.5 \times 10^{-3}}{\frac{\pi}{4} \times (100 \times 10^{-3})^2} = 0.19 \text{ m/s}$$

$$\alpha_2 = \alpha_1 = 2$$

故
$$\frac{1}{2}\rho(\alpha_2 v_2^2 - \alpha_1 v_1^2) = \frac{1}{2} \times 900 \times (2 \times 0.19^2 - 2 \times 4.78^2) \times 10^{-6} = -0.02 \text{ MPa}$$

Δp_w 为进油路总的压力损失

$$\Delta p_w = \sum \Delta p = 0.166 \text{ MPa}$$

故泵的供油压力为

$$p_1 = 3.82 + 0.044 - 0.02 + 0.166 = 4 \text{ MPa}$$

在液压传动中，由液体高度变化和流速变化引起的压力变化量，相对来说是很小的，一般计算时可将 $\rho g(h_2 - h_1)$ 和 $\frac{1}{2}\rho(\alpha_2 v_2^2 - \alpha_1 v_1^2)$ 忽略不计。因此 p_1 的表达式可以简化为

$$p_1 = p_2 + \sum \Delta p \tag{2-37}$$

式（2-37）为一近似公式，虽不能对液流进行精确计算，但在液压系统设计计算中却被普遍采用。

2.5 小孔流量

液压系统中常利用液体流过阀的小孔来控制流量和压力，以达到调速和调压的目的。因而研究小孔流量的计算以及小孔流量与小孔前、后压差的关系，对正确分析液压元件和系统的工作性能非常重要。

小孔可分为三种：当小孔的长径比 $l/d \leqslant 0.5$ 时，称为薄壁小孔；当 $l/d > 4$ 时，称为细长孔；当 $0.5 < l/d \leqslant 4$ 时，称为短孔。如图 2-23 所示为某容器的小孔流动，p_1、p_2 分别为小孔前、后压力，q 为流经小孔的流量，l 为小孔长度，d 为小孔直径。

图 2-23　小孔流动

2.5.1　薄壁小孔的流量 ///

如图 2-24 所示为典型薄壁小孔。由于惯性作用，液流通过小孔时要发生收缩现象，在靠近小孔口的后方出现收缩最大的通流截面 A_2。对于薄壁圆孔，当小孔前通道直径与小孔直径之比 $d_1/d \geqslant 7$ 时，流束的收缩作用不受小孔前通道内壁的影响，这时的收缩称为完全收缩；反之，当 $d_1/d < 7$ 时，小孔前通道对液流进入小孔起导向作用，这时的收缩称为不完全收缩。

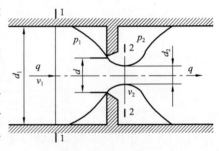

图 2-24　典型薄壁小孔

若以轴心为高度的参考基准，则 $h_1 = h_2$，取小孔前通道断面 1—1 和收缩断面 2—2 之间列伯努利方程

$$p_1 + \frac{1}{2}\rho\alpha_1 v_1^2 = p_2 + \frac{1}{2}\rho\alpha_2 v_2^2 + \Delta p_{\mathrm{w}} \tag{2-38}$$

式中，$v_2 \gg v_1$，v_1 可以忽略不计；收缩断面的流速分布均匀，$\alpha_2 = 1$；而 Δp_{w} 仅为局部压力损失，即 $\Delta p_{\mathrm{w}} = \xi \dfrac{\rho v_2^2}{2}$。代入式(2-38)整理后得

$$v_2 = \frac{1}{\sqrt{1+\xi}}\sqrt{\frac{2}{\rho}(p_1 - p_2)} = c_v\sqrt{\frac{2}{\rho}\Delta p} \tag{2-39}$$

式中：$\Delta p = p_1 - p_2$ 为小孔前、后压差；$c_v = \dfrac{1}{\sqrt{1+\xi}}$ 为小孔流速系数。则流经小孔的流量公式为

$$q = A_2 v_2 = c_c A_{\mathrm{T}} v_2 = c_v c_c A_{\mathrm{T}}\sqrt{\frac{2}{\rho}\Delta p} = c_q A_{\mathrm{T}}\sqrt{\frac{2}{\rho}\Delta p} = C_1 A_{\mathrm{T}} \Delta p^{\frac{1}{2}} \tag{2-40}$$

式中　c_q——流量系数，$c_q = c_v c_c$，系数 $C_1 = c_q\sqrt{\dfrac{2}{\rho}}$；

　　　　c_c——收缩系数，$c_c = A_2/A_{\mathrm{T}} = d_2^2/d^2$；

　　　　A_2——收缩断面面积，$A_2 = \dfrac{\pi}{4}d_2^2$；

　　　　A_{T}——小孔通流截面面积，$A_{\mathrm{T}} = \dfrac{\pi}{4}d^2$。

c_c、c_v、c_q 的数值一般由实验确定。当液流完全收缩时,c_c＝0.61～0.63,c_v＝0.97～0.98,c_q＝0.6～0.62;当不完全收缩时,c_q＝0.7～0.8。

2.5.2　短孔和细长孔的流量

短孔的流量公式与薄壁小孔相同,仍为式(2-40),但流量系数 c_q 不同,一般取 c_q＝0.82。

细长孔中的液流一般为层流,其流量计算与式(2-32)等径直管层流流量公式相同,即

$$q=\frac{\pi d^4}{128\mu l}\Delta p=C_2 A_T \Delta p \tag{2-41}$$

式中:$A_T=\frac{\pi d^2}{4}$ 为细长孔通流截面面积;$C_2=d^2/(32\mu l)$。

纵观各种小孔的流量公式,可以归纳出一个通用公式

$$q=C A_T \Delta p^\varphi \tag{2-42}$$

式中　A_T——小孔的通流截面面积;

　　　Δp——小孔前、后两端的压力差;

　　　C——由孔的形状、尺寸和液体性质决定的系数,对薄壁小孔、短孔,$C=C_1$;对细长孔,$C=C_2$;

　　　φ——由孔的长径比决定的指数,对薄壁小孔、短孔,$\varphi＝0.5$;对细长孔,$\varphi＝1$。

式(2-42)常用于分析小孔的流量压力特性。

2.5.3　三种小孔的特性比较及应用

薄壁小孔的流量与小孔前、后压差 Δp 的 1/2 次方成正比,又因为流程很短,所以沿程阻力损失非常小,流量受黏度影响小,对温度变化不敏感,不易堵塞,其流量稳定,故常作为液压系统的可调节节流器。

短孔的流量压力特性与薄壁小孔相同,但最小流量不如薄壁小孔稳定。由于短孔加工比薄壁小孔容易,所以短孔的实际应用也较多,常作为固定的节流器。

细长孔的流量与前、后压差 Δp 成正比,且系数 C 与黏度有关,流量 q 受液体黏度变化的影响较大,故当温度变化引起液体黏度变化时,流量也发生变化,而且细长孔较易堵塞。因此,细长孔流量不如薄壁小孔、短孔稳定。故细长孔的实际应用较少,一般作为液压系统中某些导管、阻尼小孔及静压支撑中的毛细管节流器等。

2.6　缝隙流动

液压元件内各零件间有相对运动,必然存在缝隙或称间隙,液体流过缝隙就会产生泄漏,这就是缝隙流动。研究液体的缝隙流动,主要是研究液体的泄漏问题。

缝隙流动有两种状况:一种是缝隙两端压力差造成的流动,称为压差流动;另一种是形成缝隙的两个壁面的相对运动造成的流动,称为剪切流动。它们有时会同时发生。

2.6.1 平行平面缝隙 ///

1.固定平行平板缝隙的流量

如图 2-25 所示,在压差 $\Delta p = p_1 - p_2$ 的作用下,液体在固定平行平板缝隙中流动。缝隙厚度为 δ,宽度为 b,长度为 l,并且 $b \gg \delta$,$l \gg \delta$。

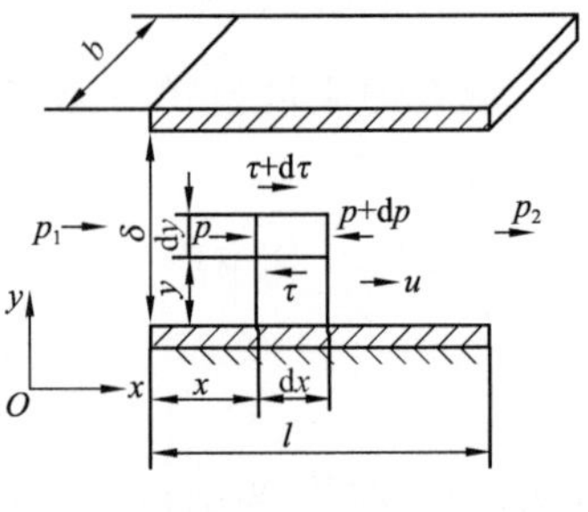

从缝隙中取一微小的平行六面体,其左、右两端面所受的压力分别为 p 和 $p + \mathrm{d}p$,上、下两侧面所受的摩擦切应力分别为 $\tau + \mathrm{d}\tau$ 和 τ,液流在做匀速运动时处于受力平衡状态,故有

$$pb\mathrm{d}y + (\tau + \mathrm{d}\tau)b\mathrm{d}x = (p + \mathrm{d}p)b\mathrm{d}y + \tau b\mathrm{d}x$$

图 2-25 固定平行平板缝隙的液流

整理后得 $\qquad \dfrac{\mathrm{d}\tau}{\mathrm{d}y} = \dfrac{\mathrm{d}p}{\mathrm{d}x}$

根据式(2-5)知 $\tau = \mu \dfrac{\mathrm{d}u}{\mathrm{d}y}$,则

$$\frac{\mathrm{d}^2 u}{\mathrm{d}y^2} = \frac{\mathrm{d}p}{\mu \mathrm{d}x}$$

对 y 积分两次得

$$u = \frac{y^2}{2\mu} \frac{\mathrm{d}p}{\mathrm{d}x} + C_1 y + C_2 \qquad (2\text{-}43)$$

由于平行平板是固定的,所以在边界条件 $y = 0$ 和 $y = \delta$ 处,$u = 0$,将其分别代入式(2-43)得

$$C_1 = -\frac{\delta}{2\mu} \frac{\mathrm{d}p}{\mathrm{d}x}; C_2 = 0$$

又因为液体层流时,压力 p 只是 x 的线形函数,即

$$\frac{\mathrm{d}p}{\mathrm{d}x} = \frac{p_2 - p_1}{l} = -\frac{p_1 - p_2}{l} = -\frac{\Delta p}{l}$$

故

$$u = \frac{y(\delta - y)}{2\mu l} \Delta p$$

由此可得液体在固定平行平板缝隙中做压差流动的流量为

$$q = \int_0^\delta ub\mathrm{d}y = b\int_0^\delta \frac{y(\delta - y)}{2\mu l} \Delta p\, \mathrm{d}y = \frac{\delta^3 b}{12\mu l} \Delta p \qquad (2\text{-}44)$$

由式(2-44)可知:在压差作用下,流过固定平行平板缝隙的流量 q 与缝隙厚度 δ 的三次方成正比,这说明液压元件间的缝隙大小对其泄漏量的影响很大。

2.流过相对运动平行平板缝隙的流量

如图 2-2 所示,一个平板以一定速度 u_0 相对于另一个固定平板运动。在无压差($\Delta p = 0$)的作用下,由于液体的黏性,紧贴于运动平板的液体以速度 u_0 流动,紧贴于固定平板的液体则保持静止,中间各层液体的流速呈线形分布,这就是液体的剪切流动。这种情况下的流量公式仍由式(2-43)推导,其边界条件是:当 $y = 0$ 时,$u = 0$;当 $y = \delta$ 时,$u = u_0$。因此,通过该缝隙的流量为

$$q = \int_0^\delta ub\,\mathrm{d}y = \int_0^\delta \frac{bu_0}{\delta}y\,\mathrm{d}y = \frac{u_0}{2}b\delta \tag{2-45}$$

在压差作用下,液体流经相对运动平行平板缝隙的流量应为压差流动和剪切流动两种流量的叠加,即

$$q = \frac{\delta^3 b}{12\mu l}\Delta p \pm \frac{u_0}{2}b\delta \tag{2-46}$$

式(2-46)中,符号的确定方法是:当动平板相对于静平板移动的方向与压差方向相同时,取"＋"号;当方向相反时,取"－"号。

2.6.2　圆柱环状缝隙

在液压元件中,有相对运动的零件之间大多为圆柱环状缝隙。例如液压缸的活塞与缸体的配合、液压阀的阀芯与阀孔的配合等。圆柱环状缝隙有同心和偏心的两种情况,它们的流量公式也有所不同。

1.同心时

图 2-26 所示为两个同心圆柱面之间的环状缝隙流动。其圆柱体直径为 d,缝隙厚度为 δ,缝隙长度为 l,若将两圆柱面之间的环状缝隙沿圆周方向展开,就相当于一个平行平板缝隙。因此,只要用 πd 替代式(2-46)中的 b,就可得到内、外表面之间有相对运动的同心环状缝隙流量公式

$$q = \frac{\pi d\delta^3}{12\mu l}\Delta p \pm \frac{\pi d\delta u_0}{2} \tag{2-47}$$

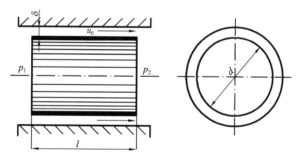

图 2-26　同心圆柱面之间的环状缝隙流动

当两圆柱面无相对运动($u_0 = 0$)时,同心环状缝隙流量公式为

$$q = \frac{\pi d\delta^3}{12\mu l}\Delta p \tag{2-48}$$

2.偏心时

在实际工作中圆柱与孔的配合很难保持严格的同心,一般都具有一定的偏心量 e,如图 2-27 所示,则形成偏心圆柱环状缝隙。其流量公式为

$$q = \frac{\pi d\delta^3}{12\mu l}(1+1.5\varepsilon^2)\Delta p + \frac{\pi d\delta u_0}{2} \tag{2-49}$$

式中　ε——相对偏心率,等于偏心距 e 与同心时环状缝隙厚度 δ 的比值,一般可取 $\varepsilon^2 = 0.5$;

　　　δ——内、外圆柱面同心时的缝隙厚度。

由式(2-49)可以看到,当 $\varepsilon = 0$ 时,它就是同心环状缝隙流量公式;当完全偏心($e = h$)时,$\varepsilon = 1$,其压差流量为同心环状缝隙压差流量的 2.5 倍。由此可见,在液压元件中,为了

减少圆柱环状缝隙的泄漏量,应使相互配合的零件尽量处于同心状态。

例 2-11 如图 2-28 所示液压缸的活塞直径 $d=100$ mm,长 $l=50$ mm,活塞与缸体内壁同心时的缝隙厚度 $\delta=0.1$ mm,两端压力差 $\Delta p=40\times10^5$ Pa,活塞移动的速度 $u_0=60$ mm/min,方向与压差方向相同。油的运动黏度 $\nu=20$ mm^2/s,密度 $\rho=900$ kg/m^3。试求活塞与缸体内壁处于最大偏心时的缝隙泄漏量。

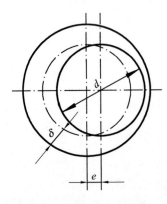

图 2-27　偏心时环状缝隙

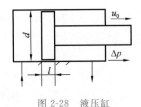

图 2-28　液压缸

解　同心环的压差流量为

$$q=\frac{\pi d\delta^3\Delta p}{12\nu\rho l}=\frac{\pi\times100\times10^{-3}\times(0.1\times10^{-3})^3\times40\times10^5}{12\times20\times10^{-6}\times900\times50\times10^{-3}}=1.16\times10^{-4}\ \text{m}^3/\text{s}$$

剪切流量为

$$q'=\frac{\pi d\delta u_0}{2}=\frac{\pi\times100\times10^{-3}\times0.1\times10^{-3}\times60\times10^{-3}}{2\times60}=1.57\times10^{-8}\ \text{m}^3/\text{s}$$

根据式(2-49),因缸体相对于活塞移动的方向与压差方向相反,其剪切流量应带负号,故最大偏心缝隙的泄漏量为

$$q_{\max}=2.5q-q'=2.5\times1.16\times10^{-4}-1.57\times10^{-8}=2.9\times10^{-4}\ \text{m}^3/\text{s}$$

可见,在缝隙的两个表面相对运动速度不大的情况下,由剪切流动产生的泄漏量很小,可以忽略不计。

2.7　液压冲击与气穴现象

在液压系统中,液压冲击和气穴现象会给系统的正常工作带来不利影响,因此需要了解这些现象产生的原因,并采取有效的措施加以防治。

2.7.1　产生液压冲击的原因 //

在液压系统中,常常由于某些原因而使液体压力在一瞬间突然升高,产生很高的压力峰值,这种现象称为液压冲击。

通常产生液压冲击的原因有两种:一种是因液流通道迅速关闭或液流迅速换向使液流速度的大小或方向发生突然改变,由液流的惯性引起的液压冲击;另一种是运动的工作部件突然制动或换向,由工作部件的惯性引起的液压冲击。

如图 2-29 所示,在阀门突然关闭的情况下,液体在管道中的流动会突然受阻。这时由于液流的惯性作用,液体就从受阻端开始,迅速将动能逐层转换为压力能,因而产生了压力冲击波;此后,又从另一端开始,将压力能逐层转换为动能,液体又反向流动;然后,又再次逐层将动能转换为压力能,如此反复地进行能量转换。这种压力波的迅速往复传播便在系统内形成压力振荡。实际上,正是由于液体受到摩擦力以及液体和管壁的弹性作用,不断消耗能量,才使振荡过程逐渐衰减而趋向稳定。

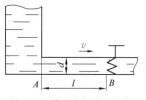

图 2-29 管道中的液压冲击

液压冲击波第一波的峰值为最大冲击压力 p_{max},它是系统正常工作压力 p 与压力最大升高值 Δp 的叠加,即 $p_{max} = p + \Delta p$。因此,液压冲击压力的大小,主要取决于压力最大升高值 Δp 的大小。下面介绍两种液压冲击情况下的 Δp 值的近似计算公式。

1. 管道阀门突然关闭时的液压冲击

如图 2-29 所示,设管道通流截面面积为 A,产生冲击的管长为 l,压力冲击波第一波在长度 l 内传播的时间为 t_1,液体的密度为 ρ,管道中液体的流速为 v,阀门关闭后的流速为零,则由动量方程得

$$\Delta p A = \rho q(v - 0) = \rho(Al/t_1)(v - 0) = \rho A l \frac{v}{t_1}$$

简化得

$$\Delta p = \rho c v \qquad (2-50)$$

式中,$c = l/t_1$ 为压力冲击波在管道中的传播速度。c 值的大小与液体的体积模量 K 有关,还与管道材料的弹性模量 E、管道的内径 d 及壁厚 δ 有关,其计算公式为

$$c = \frac{\sqrt{\dfrac{K}{\rho}}}{\sqrt{1 + \dfrac{Kd}{E\delta}}} \qquad (2-51)$$

在液压传动中,c 值一般为 900~1 400 m/s。

若流速 v 不是突然降为零,而是降为 v_1,则式(2-50)可写为

$$\Delta p = \rho c(v - v_1) \qquad (2-52)$$

设液压冲击波在管道中往复一次的时间为 t_c($t_c = 2l/c$),阀门关闭时间为 t。当 $t < t_c$ 时,产生的压力峰值很大,称为完全冲击(或直接冲击),Δp 可按式(2-50)或式(2-52)计算;当 $t > t_c$ 时,产生的压力峰值较小,称为不完全冲击(或间接冲击),Δp 计算公式为

$$\Delta p = \rho c(v - v_1)\frac{t_c}{t} \qquad (2-53)$$

由此可见,可以通过减慢阀门关闭速度或缩短冲击波传播距离来减小液压冲击。

2. 运动部件制动时的液压冲击

设总质量为 $\sum m$ 的运动部件在制动时的减速时间为 Δt,速度减小值为 Δv,液压缸有效面积为 A,则根据动量定理得

$$\Delta p = \frac{\sum m \Delta v}{A \Delta t} \qquad (2-54)$$

式(2-54)因忽略了阻尼和泄漏等因素而使计算结果偏大,有利于安全。从式(2-54)可见,

运动部件质量越大,初始速度越大;运动部件制动时间越短,所产生的冲击压力 Δp 越大。

2.7.2 液压冲击的危害 //

液压系统中出现液压冲击时,液体瞬时压力峰值可以比正常工作压力大好几倍。液压冲击会损坏密封装置、管道、液压元件或液压缸,且还会引起设备振动,产生很大噪声,使液压系统产生温升。有时,液压冲击会使某些液压元件如压力继电器、顺序阀等产生误动作,影响系统正常工作。

2.7.3 减小液压冲击的措施 //

减小液压冲击的主要措施包括:

(1)缓慢关闭阀门,延长运动部件制动换向的时间。实践证明,运动部件制动换向时间若能大于 0.2 s,冲击就大为减轻。在液压系统中采用换向时间可调的换向阀就可以做到这一点。

(2)限制管道流速及运动部件的速度。如在机床液压传动中,管道流速限制在 4.5 m/s 以下,液压缸的运动部件速度限制在 0.167 m/s 以下。

(3)适当加大管道直径 d,尽量缩短管长 l。加大管径可降低流速,且减小压力冲击波速度 c;缩短管长 l 可以减小冲击波的传播时间 t_c。

(4)用橡胶软管或在冲击源处设置蓄能器,以增加系统的弹性,吸收液压冲击能量。

(5)在容易出现液压冲击的地方安装限制压力升高的安全阀。

2.7.4 气穴现象 //

1.气穴现象产生的机理及危害

在液压系统中,当某处的压力低于空气分离压时,原先溶解在液体中的空气就会分离出来,导致液体中出现大量气泡,这种现象称为气穴现象(又称空穴现象)。当压力进一步降低到液体的饱和蒸气压时,液体将迅速汽化,产生大量气泡,使气穴现象更加严重。

当液压系统出现气穴现象时,大量的气泡破坏了液流的连续性,造成流量和压力的脉动,当带有气泡的液流进入高压区时,高压会使气泡急剧破裂,以致引起局部液压冲击和局部高温,发出噪声并引起振动。当附在金属表面上的气泡破裂时,它所产生的局部高温和高压会使金属剥蚀,这种由气穴造成的腐蚀作用称为气蚀。气蚀会降低液压元件的工作性能,并大大缩短其使用寿命。

2.易发生气穴现象的部位

在液压系统中,阀口和液压泵吸油口处最容易发生气穴现象。在阀口处,因通流截面小而使流速很高,根据伯努利方程,该处压力会很低,导致产生气穴。在液压泵吸油口处,绝对压力低于大气压,如果泵安装得太高,再加上吸油口处过滤器等管道阻力,会使泵入口处因真空度增大而产生气穴。

3.减少气穴现象的措施

(1)减小阀口前、后的压力降,尽量使其前、后的压力比小于 3.5。

(2)降低泵的吸油高度,适当加大吸油管内径并尽量采用直吸油管,及时清洗过滤器,以减小管道阻力。对流速要加以限制,对自吸能力差的泵需用辅助泵供油。

（3）液压元件的相互连接处要有可靠密封，防止空气进入。

//　习　题　//

2-1　什么是液体的黏性？常用的黏度表示方法有哪几种？说明黏度的单位。

2-2　工作介质的品种有哪几大类？油液的牌号与黏度有什么关系？

2-3　什么是液体的层流与紊流？二者的区别及判别方法是怎样的？

2-4　伯努利方程的物理意义是什么？它的理论式与实际式有何区别？

2-5　液压冲击和气穴现象是怎样产生的？怎样防止？

2-6　某液压油在大气压下体积是 50×10^{-3} m³，当压力升高后，其体积减少到 49.9×10^{-3} m³，液压油的体积模量 $K = 700$ MPa，求压力升高值。

2-7　用恩氏黏度计测得某液压油（$\rho = 850$ kg/m³）200 mL 流过的时间 $t_1 = 153$ s，20 ℃时 200 mL 的蒸馏水流过的时间 $t_2 = 51$ s，求该液压油的恩氏黏度 $°E$、运动黏度 ν 和动力黏度 μ 各为多少？

2-8　如图 2-30 所示，有一直径为 d，质量为 m 的活塞浸在液体中，并在力 F 的作用下处于静止状态。若液体的密度为 ρ，活塞浸入深度为 h，试确定液体在测压管内的上升高度 x。

2-9　如图 2-31 所示，液压缸直径 $D = 150$ mm，活塞直径 $d = 100$ mm，负载 $F = 5 \times 10^4$ N。若不计液压油自重及活塞或缸体质量，求图 2-31 所示两种情况下液压缸内的压力。

2-10　某压力控制阀如图 2-32 所示，当 $p_1 = 6$ MPa 时，阀动作。若 $d_1 = 10$ mm，$d_2 = 15$ mm，$p_2 = 0.5$ MPa，试求：

（1）弹簧的预压力 F_s；

（2）当弹簧的刚度 $k = 10$ N/mm 时的弹簧预压缩量 x。

2-11　如图 2-33 所示的液压缸装置中，$d_1 = 20$ mm，$d_2 = 40$ mm，$D_1 = 75$ mm，$D_2 = 125$ mm，$q_1 = 25$ L/min，求 v_1、v_2 和 q_2。

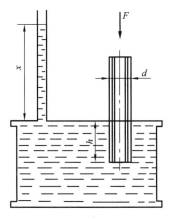

图 2-30　习题 2-8 图

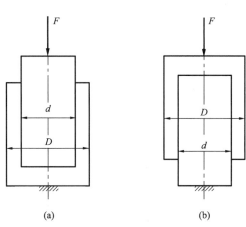

(a)　　　　　　　(b)

图 2-31　习题 2-9 图

2-12 如图 2-34 所示，油管水平放置，截面 1—1、2—2 处的内径分别为 $d_1 = 5$ mm，$d_2 = 20$ mm，在管内流动的油液密度 $\rho = 900$ kg/m³，运动黏度 $\nu = 20$ mm²/s。若不计油液流动的能量损失，试解答：

(1)截面 1—1 和 2—2 哪一处压力较高？为什么？

(2)若管内通过的流量 $q = 30$ L/min，求两截面间的压力差 Δp。

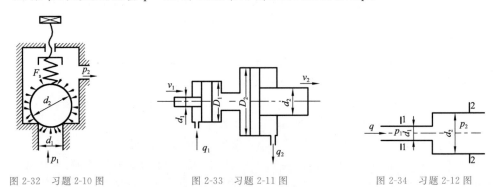

图 2-32 习题 2-10 图   图 2-33 习题 2-11 图   图 2-34 习题 2-12 图

2-13 如图 2-35 所示为一抽吸设备水平放置，其出口和大气相通，细管处截面面积 $A_1 = 3.2 \times 10^{-4}$ m²，出口处管道截面面积 $A_2 = 4A_1$，$h = 1$ m，求开始抽吸时，水平管中所通过的流量 q（液体为理想液体，不计损失）。

2-14 如图 2-36 所示，已知泵的输出流量 $q = 25$ L/min，吸油管直径 $d = 25$ mm，泵的吸油口距油箱液面的高度 $H = 0.4$ m。油的运动黏度 $\nu = 20$ mm²/s，密度 $\rho = 900$ kg/m³。仅考虑沿程损失，求液压泵吸油口处的真空度。

2-15 如图 2-37 所示，液压泵的流量 $q = 60$ L/min，吸油管的直径 $d = 25$ mm，管长 $l = 2$ m，过滤器的压力降 $\Delta p_\xi = 0.01$ MPa（绝对压力，不计其他局部损失）。液压油在室温时的运动黏度 $\nu = 142$ mm²/s，密度 $\rho = 900$ kg/m³，空气分离压 $p_d = 0.04$ MPa，求泵的最大安装高度 H_{max}。

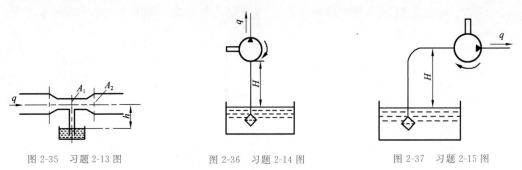

图 2-35 习题 2-13 图   图 2-36 习题 2-14 图   图 2-37 习题 2-15 图

2-16 如图 2-38 所示，油在喷管中的流动速度 $v = 6$ m/s，喷管直径 $d = 5$ mm，油的密度 $\rho = 900$ kg/m³，在喷管前端设置一个挡板，求在下列情况下管口射流对挡板壁面的作用力 F：

(1)当壁面与射流垂直时（图 2-38(a)）；

(2)当壁面与射流呈 60°时（图 2-38(b)）。

2-17 如图 2-39 所示为一管径不等的串联管道，$d_1 = 10$ mm，$d_2 = 20$ mm，流过动力

黏度为 $30×10^{-3}$ Pa·s,流量 $q=20$ L/min 的液体,液体密度 $\rho=900$ kg/m³,求液流在两通流截面上的平均速度和雷诺数。

2-18　如图 2-40 所示为液压泵输出流量可手动调节装置,当 $q_1=25$ L/min 时,测得阻尼孔 R 前的压力 $p_1=0.5$ MPa,试求泵的流量增加到 $q_2=50$ L/min 时阻尼孔前的压力 p_1(阻尼孔 R 分别按细长孔和薄壁孔两种情况考虑)。

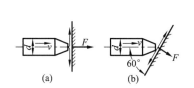

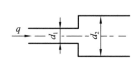

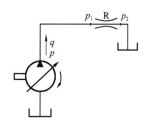

图 2-38　习题 2-16 图　　　　图 2-39　习题 2-17 图　　　　图 2-40　习题 2-18 图

2-19　圆柱滑阀如图 2-41 所示,已知阀芯直径 $d=2$ cm,进口处压力 $p_1=98×10^4$ Pa,出口处压力 $p_2=95×10^5$ Pa,油的密度 $\rho=900$ kg/m³,阀口的流量系数 $C_q=0.65$,阀口开度 $x=0.2$ cm,求通过阀口的流量。

2-20　如图 2-42 所示,已知泵的供油压力为 $32×10^5$ Pa,薄壁小孔节流阀 1 的通流截面 $A_{v1}=0.02$ cm²,薄壁小孔节流阀 2 的通流截面 $A_{v2}=0.01$ cm²,活塞面积 $A=100$ cm²,油的密度 $\rho=900$ kg/m³,负载 $F=16\ 000$ N,液流的流量系数 $C_q=0.6$,求活塞向右运动的速度。

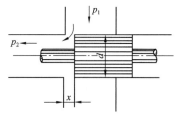

图 2-41　习题 2-19 图

2-21　如图 2-43 所示的柱塞受 $F=100$ N 的固定力作用而下落,缸中油液经缝隙泄出。设缝隙厚度 $\delta=0.05$ mm,缝隙长度 $l=80$ mm,柱塞直径 $d=20$ mm,油的动力黏度 $\mu=50×10^{-3}$ Pa·s。试计算:

(1) 当柱塞和缸孔同心时,下落 0.1 m 所需时间;

(2) 当柱塞和缸孔完全偏心时,下落 0.1 m 所需时间。

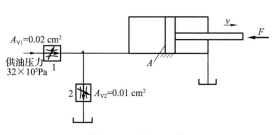

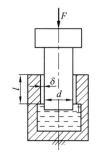

图 2-42　习题 2-20 图　　　　　　图 2-43　习题 2-21 图

第3章

液压动力元件

素质目标

限压式变量叶片泵

通过分析构成液压泵的基本条件,明确只要满足该条件就可以自行设计各种各样的泵,再通过讲解各种泵的设计构思及常见问题的解决办法,鼓励学生创新设计泵,激发学生的自主创新意识和创新兴趣。培养学生爱岗敬业和竞争意识,增强创新自信心。

由液压传动的原理可知,首先需要把原动机(如电动机、内燃机等)的机械能转换成输出油液的压力能,具有压力能的高压油经控制元件分配后输送到执行元件,再转换成机械能做功,完成传动过程。液压系统中将原动机的机械能转换成压力能的元件称为液压动力元件,即液压泵。

3.1 概　述

3.1.1 液压泵的工作原理及分类

如图 3-1 所示为单柱塞式液压泵的工作原理:柱塞 2 在弹簧 3 的作用下始终顶着偏心轮 1,当偏心轮被原动机驱动旋转时,柱塞相对于缸体 7 做往复运动。活塞右移时,缸体中的密封工作腔 4 的容积增大,产生真空,油箱中的油液在大气压的作用下,顶开单向阀 5 流入密封工作腔,完成吸油过程;当活塞左移时,缸体中的密封工作腔容积变小,油受挤压,顶开单向阀 6 压入系统中,完成压油过程。偏心轮不停地转动,泵就不断地吸油和压油。这种靠密封工作腔的容积变化来实现吸、压油的泵,称为容积式液压泵。

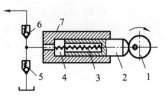

图 3-1　单柱塞式液压泵的工作原理
1—偏心轮;2—柱塞;3—弹簧;
4—密封工作腔;5、6—单向阀;7—缸体

可见,液压泵是靠密封工作腔容积变化来进行工作的,因此它应当有一个或多个密封工作腔。在液压泵工作时,这些密封工作腔容积交替增大或缩小,密封工作腔容积增大时,必须使其只与油箱相通而与压油区隔离;密封工作腔容积缩小时,必须使其只与压油区相通而与油箱隔离。图 3-1 所示的单柱塞式液压泵是靠单向阀 5 和单向阀 6 来实现泵内油液流动控制的,这种装置称为配流装置。一般液压泵的配流方式有确定式配流(如叶片的配流盘、径向柱塞泵的配流轴)和阀式配流(如逆止阀)等。构成液压泵的基本条件是:

（1）具有一个或多个容积周期性变化的密封工作腔。

（2）具有配流装置，可使液压泵的吸油和压油过程隔离。

（3）满足必要的外部条件，如油箱液面有大气压作用或油箱充气。

按液压泵结构形式的不同，分为齿轮泵、叶片泵、柱塞泵等。按液压泵的排量可否调节，分为定量泵和变量泵。按液压泵额定压力的高低，可分为低压泵、中压泵、高压泵。如图 3-2 所示是液压泵的图形符号。

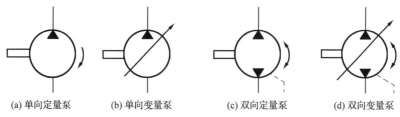

(a) 单向定量泵　　　(b) 单向变量泵　　　(c) 双向定量泵　　　(d) 双向变量泵

图 3-2　液压泵的图形符号

3.1.2　液压泵的主要性能参数 //

1. 压力

（1）工作压力 p

工作压力是指液压泵工作时出油口处的压力。它是一个变化值，其大小取决于液压泵的负载。

（2）额定压力 p_n

额定压力是指在正常工作条件下，液压泵按试验标准规定连续运行允许达到的最高压力。

（3）最高允许压力

最高允许压力是指按试验标准规定，短时间内允许超过额定压力运行的极限压力。

液压泵的额定压力和最高允许压力受泵的密封性能和结构强度制约。当液压泵的工作压力超过额定压力时，液压泵处于过载状态，容易损坏。

2. 排量、流量

（1）排量 V

排量是指在没有泄漏的情况下，液压泵每一转所排出的油液体积。它根据液压泵密封工作腔的几何尺寸变化计算而来，常用单位为 mL/r。

（2）理论流量 q_t

理论流量是指在没有泄漏的情况下，液压泵在单位时间内所输出的油液体积，常用单位为 m^3/s 和 L/min。液压泵理论流量的大小与泵轴转速 n 和排量 V 有关，即

$$q_t = Vn \tag{3-1}$$

（3）实际流量 q

液压泵单位时间内实际输出油液的体积称为实际流量，常用单位为 m^3/s 和 L/min。由于液压泵存在压力，导致部分油液易泄漏，所以实际流量总小于理论流量。

（4）额定流量 q_n

液压泵在额定压力及额定转速下输出的实际流量称为额定流量，常用单位为 m^3/s 和 L/min。

3. 功率、效率

输入功率 P_i 为泵轴的驱动功率,大小为转矩 T_i(单位为 N·m)和角速度 ω(单位为 rad/s)之积;输出功率 P_o 等于泵的输出压力 p 和流量 q 之积,若忽略管路及液压缸中的能量损失,P_o 也等于液压缸的输入功率或输出功率。功率的常用单位为 W 或 kW。实际转换过程中,由于存在功率损失,所以输出功率总小于输入功率,通常用总效率 η 来衡量泵的能量转化性能。如图 3-3 所示,有

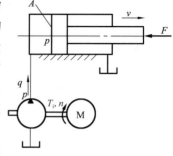

图 3-3 液压泵功率的计算

$$输入功率 \qquad P_i = \omega T_i = 2\pi n T_i \tag{3-2}$$

式中,n 为转速,r/min。

$$输出功率 \qquad P_o = Fv = pAv = pA\frac{q}{A} = pq \tag{3-3}$$

$$总效率 \qquad \eta = \frac{P_o}{P_i} \tag{3-4}$$

功率的损失分为容积损失和机械损失两部分,它们分别对应两种效率:

(1)容积效率

因泄漏造成流量上的损失称为容积损失,其对应的效率称为容积效率。它为泵的实际流量与理论流量之比,即

$$\eta_V = \frac{q}{q_t} = \frac{q_t - \Delta q}{q_t} = 1 - \frac{\Delta q}{q_t} \tag{3-5}$$

式中,Δq 为某一工作压力下液压泵的流量损失,即泄漏量。

泄漏是由于液压泵内工作构件之间存在间隙所造成的,泄漏量随液压泵的压力增高而增大,容积损失相应增大。

(2)机械效率

因泵内摩擦而造成的转矩上的损失所对应的效率称为机械效率 η_m。若理论上驱动油泵需要的转矩为 T_t,则因为存在摩擦力,所以驱动时需增加一定的转矩 ΔT 来克服摩擦力,实际输入转矩 $T_i = T_t + \Delta T$,则

$$\eta_m = \frac{T_t}{T_i} = \frac{T_t}{T_t + \Delta T} \tag{3-6}$$

总效率等于泵的实际输出功率和实际输入功率之比。由于理论上泵输出的功率 (pq_t) 等于输入的功率 $(T_t\omega)$,因此液压泵总效率 η 也可以表示为

$$\eta = \frac{P_o}{P_i} = \frac{pq}{T_i\omega} = \frac{p(q_t\eta_V)}{(\frac{T_t}{\eta_m})\omega} = \frac{pq_t}{T_t\omega}\eta_V\eta_m = \eta_V\eta_m \tag{3-7}$$

式(3-7)表明,液压泵的总效率等于容积效率和机械效率之积。常用液压泵的总效率为 0.6~0.9,其大小因液压泵类别、新旧程度的不同而变化。

4. 液压泵的特性曲线

液压泵的特性曲线是在一定的介质、转速和温度下,通过试验得出的。它表示液压泵的工作压力与容积效率 η_V(或实际流量)、总效率 η 和输入功率之间的关系。图 3-4 为某

液压泵的特性曲线。

由图 3-4 可以看出：容积效率 η_V（或实际流量 q）随压力增高而减小，压力 $p=0$ 时，泄漏流量 $\Delta q=0$，容积效率 $\eta_V=100\%$，$q=q_t$。总效率先增大后降低，且有一个最高值。

例 3-1　某液压泵的输出油压是 10 MPa，转速 $n=1\,450$ r/min，排量 $V=46.2$ mL/r，若此工况时容积效率为 0.95，机械效率为 0.9，试求液压泵的输出功率和驱动泵的电动机功率分别为多少？

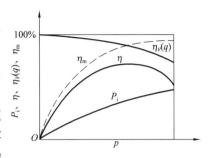

图 3-4　某液压泵的特性曲线

解　（1）液压泵的输出功率为

$$P_o = p(V n \eta_V) = 10 \times 10^6 \times \left(46.2 \times 10^{-6} \times \frac{1\,450}{60} \times 0.95\right) \times 10^{-3} = 10.6 \text{ kW}$$

（2）驱动泵的电动机功率为

$$P_i = \frac{P_o}{\eta} = \frac{P_o}{\eta_V \eta_m} = \frac{10.6}{0.95 \times 0.9} = 12.4 \text{ kW}$$

3.2　齿轮泵

齿轮泵是一种常用的液压泵。齿轮泵的主要优点是结构简单，尺寸小，制造方便，价格低廉，自吸性能好，对油液污染不敏感，工作可靠且维护方便。其缺点是流量、压力脉动大，噪声较大。在结构上可分为外啮合齿轮泵和内啮合齿轮泵。

3.2.1　外啮合齿轮泵的工作原理

图 3-5 为外啮合齿轮泵的工作原理图。它是由壳体、一对外啮合齿轮和两个端盖等主要零件组成的。壳体、端盖和齿轮的各个齿槽组成许多密封工作腔，齿轮啮合线将左、右两腔隔开，当齿轮按图 3-5 所示方向旋转时，在啮合线右侧，啮合的轮齿逐渐脱开，密封工作腔的容积逐渐增大，形成部分真空，因此，右密封工作腔为吸油腔；在啮合线左侧，从右侧转过来的轮齿逐渐进入啮合，密封工作腔容积不断减小，因此，左密封工作腔为压油腔。油箱中的油液在大气压作用下，经吸油管进入吸油腔，将齿槽

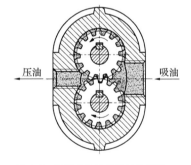

图 3-5　外啮合齿轮泵的工作原理

充满，随着齿轮旋转，各齿槽的油液被带到左侧压油腔，齿槽中的油液在轮齿啮合时被压出，通过泵的出口输出。

3.2.2　排量和流量

外啮合齿轮泵排量的精确计算可按啮合原理来进行。近似计算时，可认为排量等于它的两个齿轮的齿槽容积之和。设齿槽容积等于轮齿体积，则当齿轮齿数为 z、节圆直径为 D、齿高为 h、模数为 m、齿宽为 b 时，泵的排量为

$$V = \pi Dhb = 2\pi z m^2 b \tag{3-8}$$

考虑到齿槽容积比轮齿体积稍大,所以通常取

$$V = 6.66z m^2 b \tag{3-9}$$

当驱动转速为 n,容积效率为 η_V 时,泵的实际流量为

$$q = 6.66z m^2 b n \eta_V \tag{3-10}$$

齿轮啮合过程啮合点位置的不断变化,会引起吸、压油腔每瞬时的容积变化率不均匀,导致流量脉动。常用流量脉动率 σ 来评价瞬时流量的脉动性,即

$$\sigma = \frac{q_{max} - q_{min}}{q} \tag{3-11}$$

齿轮泵齿数越少,流量脉动率越大。一般齿轮泵齿数为 $6\sim19$,当齿数为 6 时,流量脉动率可高达 34.7%。流量的脉动引起压力的脉动,因而产生振动与噪声,这种特性限制了齿轮泵在高精密度机械中的应用。

3.2.3 外啮合齿轮泵的常见问题及解决办法///////////////////////////////

1.困油现象及其消除措施

为了使齿轮泵运转平稳,必须使齿轮啮合的重叠系数大于1。这样,齿轮在啮合过程中,前一对轮齿尚未脱离啮合,后一对轮齿就已进入啮合。由于两对轮齿同时啮合,所以有一部分油液被围困在两对轮齿啮合线之间的齿廓与两端盖所形成的封闭腔内,这一封闭腔和泵的吸、压油腔相互间不连通。当齿轮旋转时,该封闭腔容积发生变化,使油液被压缩或膨胀,这种现象称为困油现象,如图 3-6 所示。图 3-6(a)所示为右边一对轮齿刚啮合时形成的封闭腔容积初始形状,图 3-6(b)所示为旋转到对称的中间位置时的封闭腔容腔形状,图 3-6(c)所示为左边轮齿即将分开时的封闭腔容腔形状。从图 3-6(a)到图 3-6(b)的过程中,封闭腔容积逐渐减小;从图 3-6(b)到图 3-6(c)的过程中,封闭腔容积逐渐增大。封闭腔容积减小时,被困油液受挤压,产生很高的压力而从缝隙中挤出,油液发热,并使轴承等零件受到额外的负载;封闭腔容积增大时,形成局部真空,使溶于油液中的气体析出,形成气泡,产生气穴,使泵产生噪声、振动及气蚀。

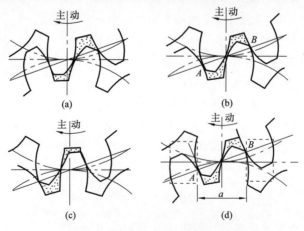

图 3-6 齿轮泵困油现象及其消除措施

消除困油现象的原理很简单,即封闭腔容积减小时,开设渠道排油;而封闭腔容积增大时,开设渠道对其进行补油。通常在端盖上开设困油卸荷槽来实现与封闭腔的精确配流。图 3-6(d)中虚线所示的矩形窗口就是困油卸荷槽,封闭腔容积减小时,油液通过右边的困油卸荷槽排到压油腔,避免压力急剧升高;封闭腔容积增大时,吸油腔的油液通过左边的困油卸荷槽对封闭腔进行补油,避免形成局部真空。两个困油卸荷槽间必须保持适当的距离,使泵的吸油腔和压油腔始终被隔开,避免增大泵的泄漏量。不同品牌的液压泵,困油卸荷槽的形状和位置有所不同,但原理是一样的。

2. 径向不平衡力

外啮合齿轮泵中,液体作用在齿轮外缘的压力是不均匀的,从吸油腔到压油腔压力随转动方向逐齿递增,单个齿轮和轴承将承受不平衡的径向合力,如图 3-7 所示。工作压力越高,径向不平衡力越大,直接影响轴承的寿命。径向不平衡力很大时能使轴弯曲,齿顶和壳体内表面产生摩擦。为了减小径向不平衡力的影响,低压齿轮泵中常采取缩小压油口的办法,使压力油仅作用在 1~2 个齿的范围内,以减小作用在轴承上的径向力。同时,适当增大径向间隙,防止在压力油作用下齿顶和壳体内表面接触。

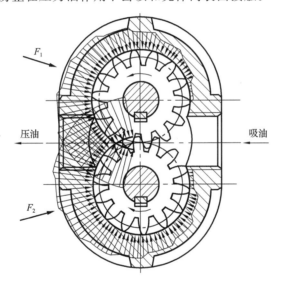

图 3-7　径向压力分布及合力

3. 端面泄漏及端面间隙自动补偿

高压油可通过三条途径泄漏到低压腔:一是齿面啮合线处的泄漏,由于齿轮加工及安装精度的影响,啮合线实际上由若干啮合点构成,密封不够严密将造成泄漏;二是径向间隙的泄漏,由于齿顶到泵体存在间隙,所以在压差作用下会产生泄漏;三是端面间隙的泄漏,由于齿轮相对于泵体转动,齿轮两侧与泵的两端盖间需有轴向端面间隙,因而会产生泄漏,由于密封长度短,所以泄漏量较大,一般可占总泄漏量的 75%~80%。泵的压力越高,间隙泄漏量越大。因此,一般齿轮泵只适用于低压且容积效率较低的场合。在使用过程中,间隙随磨损不断增大,泄漏量也随之加大。

可见,要提高齿轮泵的容积效率,或在保证一定容积效率的前提下提高齿轮泵的工作压力,首要的问题是解决端面间隙泄漏问题。在高、中压齿轮泵中,一般采用如图 3-8 所示的浮动轴套或由其演变的机构(如浮动侧板)来实现轴向端面间隙的自动补偿。其原理是在齿轮两端面与盖板之间的齿轮轴分别套上 8 字形的固定轴套和浮动轴套,设计特定的通道把泵内压油腔的压力油引到轴套外侧,并用密封圈分隔出一定形状和大小的承压面,油压作用在这个承压面上,产生压紧力 F_y 使轴套压向齿轮端面。F_y 必须大于齿轮端面作用在轴套内侧的分布压力产生的推开力 F_t,才能保证在不

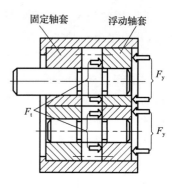

图 3-8 轴向端面间隙的自动补偿

同压力下,轴套始终自动贴紧在齿轮端面上,以减小端面间隙并自动补偿磨损,达到减小泵内轴向端面泄漏量、提高压力或容积效率的目的。

由于轴套内侧的压力分布比较复杂,压紧力 F_y 的作用点与推开力 F_t 的作用点难以保证重合,会产生一个扭矩,所以浮动轴套应有一定的厚度,以防止卡死。通过试验或优化设计制作特殊的浮动轴套承压面,可以提高 F_y 与 F_t 作用点的重合度。浮动轴套可减薄为浮动侧板,以减轻齿轮泵的质量。

3.2.4 内啮合齿轮泵简介 //

内啮合齿轮泵有渐开线齿轮泵和摆线齿轮泵(又名转子泵)两种,如图 3-9 所示。

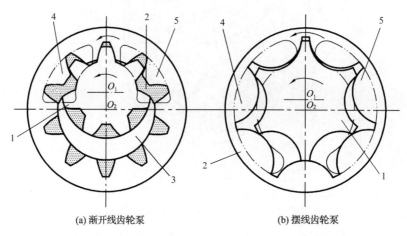

(a) 渐开线齿轮泵　　　　　　　　　(b) 摆线齿轮泵

图 3-9 内啮合齿轮泵

1—内齿轮;2—外齿轮;3—隔板;4—吸油腔;5—压油腔

图 3-9(a)所示的渐开线齿轮泵由内齿轮 1、外齿轮 2 和月牙形隔板 3 等零件组成。当内齿轮按逆时针方向绕 O_1 旋转时,驱动外齿轮绕 O_2 同向旋转。月牙形隔板把吸油腔 4 和压油腔 5 隔开。在泵的左边,轮齿脱离啮合,形成局部真空,油液从吸油窗口吸入,进入齿槽,并被带到压油腔。在压油腔中的轮齿进入啮合,工作腔容积逐渐变小,将油液经压油窗口压出。

图 3-9(b)所示的摆线齿轮泵由内齿轮 1 和外齿轮 2 组成。内齿轮比外齿轮少一个齿。当内齿轮绕 O_1 旋转时,外齿轮被驱动,并绕 O_2 同向旋转,泵的左边轮齿脱离啮合,形成局部真空,进行吸油。泵的右边轮齿进入啮合,进行压油。

内啮合齿轮泵结构紧凑、尺寸小、质量轻、传动平稳、流量及压力脉动小、噪声小,适于在高转速条件工作,容积效率较高。但由于内齿轮等零件加工复杂,精度要求高,因此造价较高。

3.3　叶片泵

叶片泵在机床、工程机械、船舶、飞行器及冶金设备中应用广泛,是液压传动系统的主要液压泵之一。与其他液压泵相比,叶片泵具有结构紧凑、输出流量均匀、传动平稳、噪声小等优点;但也存在自吸性能差、对油液的污染敏感、结构复杂等缺点。

叶片泵根据工作原理可以分为双作用叶片泵和单作用叶片泵两类。双作用叶片泵一般作为定量泵,其径向力是平衡的,受力情况好,有从中、低压(如 6.3 MPa)到高压(25～32 MPa)的全系列产品可供选用。单作用叶片泵径向力不平衡,压力等级相对较低,但可做成多种变量形式,一般作为变量泵使用。

3.3.1　双作用叶片泵

1.双作用叶片泵的工作原理

如图 3-10 所示,双作用叶片泵主要由转子 1、叶片 2、定子 3、泵体 4 及配流盘 5 等零件组成。转子上有均布的叶片槽,矩形叶片安装在叶片槽内并可在其中滑动。定子与泵体固定在一起,其内表面形状与椭圆形类似,由两段长半径为 R、两段短半径为 r 的圆弧及四段过渡曲线组成。配流盘与定子端面紧贴,并与转子及叶片端面有很小的间隙(通常为 0.02～0.04 mm),以保证密封及转动件的灵活运动。定子和转子同心布置,当转子按顺时针方向旋转时,叶片在离心力及根部油压(图 3-10 中未画出)的作用下保持与定子内表面可靠接触,因此在定子、转子、叶片和配流盘之间形成了与叶片数量相同的密封工作腔。叶片在被转子带动旋转的同时,还随定子内表面曲线的变化而在叶片槽中做往复滑动,当叶片由短半径 r 处向长半径 R 处(定子左下、右上过渡曲线区域)滑动时,两叶片间的密封工作腔容积逐渐增大,油箱的油液经泵体内的流道及配流盘的吸油口被吸入;当叶片由长半径 R 处向短半径 r 处(定子左上、右下过渡曲线区域)滑动时,两叶片间的密封工作腔容积逐渐减小,油液从配流盘的压油口经泵体内的流道被排出。转子每转一周,每个密封工作腔完成两次吸油和压油,所以这种液压泵被称为双作用叶片泵。由于吸油区和压油区对称布置,转子和轴承整体所受径向力是平衡的,所以这种液压泵又被称为平衡式叶片泵或卸荷式叶片泵。

2.排量和流量

如图 3-11 所示,密封工作腔吸满油后,到达长半径 R 圆弧段位置后开始压油,压油过程到密封工作腔达到短半径 r 圆弧段位置结束。设 V_1 为吸油后密封工作腔的容积,V_2 为压油后密封工作腔的容积,并考虑到叶片数量 z、叶片宽度 b、叶片厚度 δ、叶片前倾角 θ 等对吸油和压油时油液体积的影响,泵轴每转完成两次吸油和压油,泵的排量为

$$V = 2(V_1 - V_2)z = 2b\left[\pi(R^2 - r^2) - \frac{R-r}{\cos\theta}\delta z\right] \tag{3-12}$$

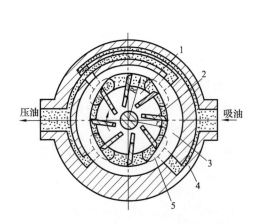

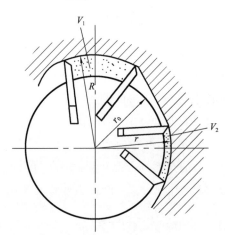

图 3-10 双作用叶片泵的工作原理

1—转子;2—叶片;3—定子;4—泵体;5—配流盘

图 3-11 双作用叶片泵的流量计算

当驱动转速为 n,容积效率为 η_V 时,泵的实际输出流量为

$$q = 2b\left[\pi(R^2 - r^2) - \frac{R-r}{\cos\theta}\delta z\right]n\eta_V \tag{3-13}$$

双作用叶片泵也存在流量脉动,但比其他类型的泵要小得多,当叶片数为 4 的倍数且大于 8 时,其流量脉动率最小。双作用叶片泵叶片数一般取 12 或 16,流量脉动率为 3%～5%。

3.双作用叶片泵的结构要点

以 YB$_1$ 型为例说明双作用叶片泵的结构要点。图 3-12 为 YB$_1$ 型双作用叶片泵的结构图,它由定子 4、转子 12、叶片 11、左配流盘 1、右配流盘 5、前泵体 7 和后泵体 6 等组成。定子、转子、叶片、配流盘等由紧固兼定位螺钉 13 组成一个部件,便于装配与使用。驱动轴 3 由轴承 2 和轴承 8 支撑,并通过花键与转子连接。骨架式密封圈 9 安装在盖板 10 上,作为轴颈密封,防止油液泄漏及空气渗入。

双作用叶片泵的结构要点有:

(1)定子曲线

双作用液片泵的定子曲线直接影响泵的性能,如流量均匀性、噪声、磨损等。如图 3-13 所示,半径差 $(R-r)$ 值影响双作用叶片泵输油率的大小。$(R-r)$ 值越大,流量越

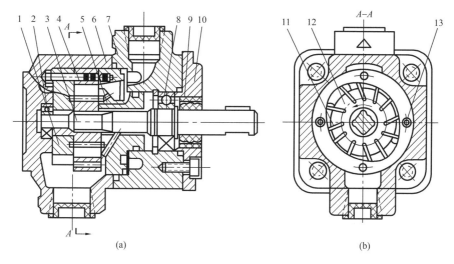

图 3-12　YB₁ 型双作用叶片泵的结构

1—左配流盘；2、8—轴承；3—驱动轴；4—定子；5—右配流盘；6—后泵体；
7—前泵体；9—密封圈；10—盖板；11—叶片；12—转子；13—螺钉

大，但$(R-r)$值越大，α 过渡曲线的斜率也越大，在吸油区容易产生因叶片的离心力不足以保证叶片紧贴定子曲线而导致的脱空现象；而在压油区，则可能出现叶片卡死、折断等现象。

定子 4 段 α 过渡曲线区域的设计非常关键，应保证叶片贴紧在定子内表面上，保证叶片在转子槽中径向运动时速度和加速度的变化均匀，使叶片对定子内表面的冲击尽可能小。如阿基米德螺旋线，在 B、C、D 处会产生径向速度突变，对应的理论径向加速度为 $\pm\infty$，叶片在 A、D 处产生刚性冲击，导致局部严重磨损，在 B、C 处脱空，导致吸、排油失效。目前常用等加

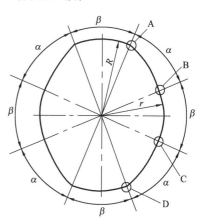

图 3-13　双作用叶片泵的定子曲线

速-等减速曲线、高次曲线和余弦曲线等，能使叶片贴紧在定子内表面上，叶片在转子槽中径向运动时速度和加速度的变化均匀，从而使叶片对定子内表面产生可以接受的柔性冲击。

（2）配流盘

如图 3-14 所示为叶片泵的配流盘，上、下两个缺口 2 为吸油口，两个腰形孔 1 为压油口。为了保证叶片和定子内表面紧密接触，在配流盘对应叶片根部位置开一个环槽 3，环槽通过小孔 4 与配流盘另一侧的压油孔道连通，将压力油引入环槽，从而进入叶片根部，产生推力将叶片推向定子。

如图 3-15 所示，为保证吸油腔与压油腔互不相通，配流盘上的封油区的包角$(\alpha_0+\gamma)$必须大于或等于相邻两个叶片的间距角 β_0，这样，两叶片间的密封容积在经过封油区时

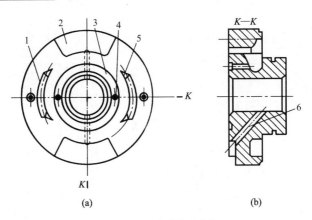

图 3-14　叶片泵的配流盘

1—压油口；2—吸油口；3—环槽；4—小孔；5—减振槽；6—排油孔

会产生困油现象。密封容积在与吸、排油腔突然接通时会产生液压冲击和噪声。为此，应在压油口边缘开减振槽，以消除困油现象及降低流量脉动和噪声。

　　为提高双作用叶片泵的容积效率，采用了与齿轮泵的浮动轴套相同的端面间隙自动补偿原理，通过在配流盘背部设置适当的承压面，引入压力油，配流盘在液压力作用下发生变形，对转子和配流盘间的间隙及磨损进行自动补偿。

　　（3）叶片前倾角

　　图 3-16(a)所示为叶片处于压油区时的情况，顶部受到沿定子曲线法向的作用力 F_n，当叶片径向布置时，作用力 F_n 与叶片运动方向所构成的压力角 Ψ 较大，叶片受到的摩擦力也较大，容易造成叶片滑动困难。如果将叶片顺转动方向转动前倾角 θ_1（一般为 $10°$～$14°$），压力角将减小为 $\alpha=(\Psi-\theta_1)$，有利于叶片在槽内滑动。但进一步分析发现，在压油区叶片顶部作用有压力油，叶片缩回并不困难，而吸油区叶片顶部处于真空吸油状态，其根部作用有压油腔的压力，这一压差使叶片以很大的力压向定子内表面。设置叶片前倾角后如图 3-16(b)所示，在吸油区的压力角增大为 $(\Psi+\theta_1)$，恶化了叶片受力状况，加速了定子内表面的磨损，所以并非所有型号的双作用叶片泵都设置叶片前倾角。设置了叶片前倾角后，叶片泵就只能单方向工作了。

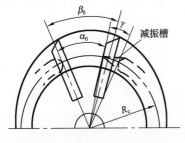

图 3-15　配流盘封油角与减振槽

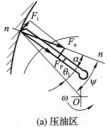

(a) 压油区

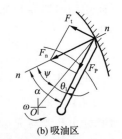

(b) 吸油区

图 3-16　叶片前倾角

4.提高工作压力的主要措施

双作用叶片泵转子承受的径向力是平衡的,工作压力的提高对其影响不大。同时,由于采用端面间隙自动补偿型配流盘,所以提高工作压力后容积效率也有保障。双作用叶片泵工作压力的提高主要受制于叶片与定子内表面的磨损状况。为提高泵的寿命和额定压力,通常采用以下措施来改善叶片受力状况:

(1)减小通往吸油区叶片根部的油液压力

实际工作中可以在吸油区叶片根部与压油腔之间串联一个减压阀或阻尼槽,使压油腔的压力油经减压后再与叶片根部相通。

(2)减小叶片根部承受压力油作用的面积

实际工作中常采用子母叶片结构、阶梯叶片结构、柱销叶片结构等来实现。

(3)使叶片顶部与根部液压作用力平衡

实际工作中可采用双叶片、弹簧式叶片来实现。

3.3.2　单作用叶片泵 //

1.单作用叶片泵的工作原理

图 3-17 所示为单作用叶片泵的工作原理。单作用叶片泵由转子 1、定子 2、叶片 3、配流盘 4 和泵体 5 等主要零件组成。定子的内表面是圆柱面,定子和转子中心不重合,相距一偏心距 e。叶片可以在转子上的叶片槽内滑动,当转子转动时,叶片在离心力及液压力(叶片根部部分通压力油)作用下与定子内表面可靠接触。配流盘上各有一个腰形的吸油窗口和压油窗口。由定子、转子、两个相邻叶片和配流盘组成密封工作腔。当转子按逆时针方向转动时,在右半周的叶片向外伸出,密封工作腔容积逐渐增大,形成局部真空,于是通过吸油口和配流盘上的吸油窗口将油吸入。在左半周的叶片向转子内缩进,密封工作腔容积逐渐缩小,工作腔内的油液经配流盘的压油窗口和泵的压油口输送到系统中。转子每旋转一周,叶片在槽中往复滑动一次,密封工作腔容积增大和缩小各一次,分别完成一次吸油和压油,故称为单作用叶片泵。又因转子受到不平衡的径向作用力,故又称为非平衡式叶片泵。

2.排量和流量

由图 3-18 可推知,转子每转一转,每个工作腔容积变化为 $\Delta V = V_1 - V_2$。偏心距 e 受叶片运动和受力限制一般不大,可把密封腔 V_1、V_2 外边界圆弧的圆心近似地认为在转子轴心 O 处,当定子内圆直径为 D 时,V_1、V_2 外边界圆弧的半径分别为 $(\frac{D}{2}+e)$ 和 $(\frac{D}{2}-e)$。如转子直径为 d,转子宽度为 b,叶片数为 z,则有

$$V_1 = \pi[(\frac{D}{2}+e)^2 - (\frac{d}{2})^2]\frac{\beta}{2\pi}b$$

$$V_2 = \pi[(\frac{D}{2}-e)^2 - (\frac{d}{2})^2]\frac{\beta}{2\pi}b$$

式中,β 为两相邻叶片所夹的中心角,$\beta = \frac{2\pi}{z}$。

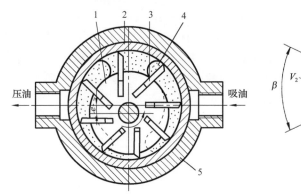

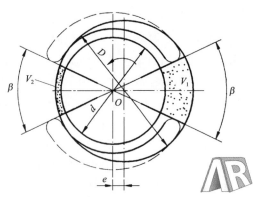

图 3-17　单作用叶片泵的工作原理　　　　图 3-18　单作用叶片泵的流量计算

1—转子；2—定子；3—叶片；4—配流盘；5—泵体

单作用叶片泵的排量近似为 $V=(V_1-V_2)z$，则

$$V=2\pi beD \tag{3-14}$$

当驱动转速为 n、容积效率为 η_V 时，泵的实际流量为

$$q=2\pi beDn\eta_V \tag{3-15}$$

从式(3-15)可知，改变定子和转子间的偏心距 e，就可以改变泵的排量。单作用叶片泵的流量也是有脉动的，当叶片数多且为奇数时脉动率较小，故一般叶片数取 13 或 15。

3.单作用叶片泵的结构要点

(1)变量

单作用叶片泵通常作为一种变量泵来使用。偏心距 e 可手动调节，也可自动调节，因此单作用变量叶片泵分为手动变量型和自动变量型。自动变量型根据其压力流量特性的不同，又可分为恒压式变量叶片泵、恒流量式变量叶片泵及限压式变量叶片泵。其中，限压式变量叶片泵应用最为广泛。

(2)径向力不平衡

由于轴和轴承存在不平衡力的负荷，所以这种泵的工作压力受到一定限制。

(3)叶片根部油压在吸油区与压油区不同

通过在配流盘上设置不同的油槽，使叶片根部在压油区通高压，而在吸油区通低压，目的是保持叶片顶端与根部液压力平衡。

(4)叶片后倾

单作用叶片泵叶片根部在吸油区不通压力油，为了使叶片在离心力作用下顺利甩出，叶片应后倾一个角度安放，一般后倾 24°。

4.限压式变量叶片泵

限压式变量叶片泵是利用泵输出压力的反馈作用来实现变量的，它有外反馈和内反馈两种形式。下面以外反馈形式为例，介绍限压式变量叶片泵的工作原理。

所谓限压式变量叶片泵，是指能设置变量启控压力点，当输出压力超过这个启控值之后，变量机构自动调节偏心距 e 的泵。输出工作压力增大，偏心距 e 则逐步减小，输出流量相应减小。当泵所产生的流量全部用于补偿泄漏时，泵的输出流量为零，则无论外负载再怎样加大,泵的输出压力都不再升高,即泵被限压。图 3-19 所示为外反馈限压式变量叶片泵的工作原理。转子 7 轴心位置不动,定子 3 可左右移动。定子在刚度为 k_s,预压缩量为 x_0(由调节螺钉 1 调节)的左侧限压弹簧 2 作用下紧靠右侧反馈柱塞 5,输出压力 p 直接作用在反馈柱塞上,反馈面积为 A_x。若忽略泵在滑块滚针支撑块 4 处的摩擦力 F_f,则泵的定子受向左的弹簧力 $F_s = k_s x_0$ 和向右的反馈柱塞液压力 $F = pA_x$ 的作用。当泵的转子按逆时针方向旋转时,转子上部为压油腔,下部为吸油腔,定子受到向上的油压作用力,由滑块滚针支撑,定子只能在水平方向运动。当输出压力 p 较低,满足 $F < F_s$ 时,定子处于最右边,偏心距为最大值 $e_{\max}$,泵的输出流量最大。当泵的输出压力因工作负载增大而增高,满足 $F > F_s$ 时,反馈柱塞把定子向左推移距离 x,偏心距减小到 $e_x = (e_{\max} - x)$,输出流量随之减小。泵的工作压力越高,定子与转子间的偏心距越小,泵的输出流量也越小,直至为零。此时液压泵因没有油液输出,输出压力将不再增大,达到最大值 $p_{\max}$。

　　图 3-20 为限压式变量叶片泵的压力-流量特性曲线,在 AB 段,因 $F_s > F$,故定子紧靠反馈柱塞,偏心距维持最大值 $e_{\max}$,此时 AB 段相当于定量泵的特性;BC 段是泵的变量段,B 点为曲线的拐点,对应的工作压力 $p_B = \dfrac{k_s x_0}{A_x}$,其值由弹簧预压缩量 x_0 确定;在 C 点,变量泵输出最大压力 $p_{\max}$,实际输出流量为零。

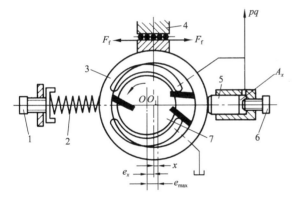
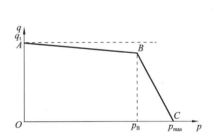

图 3-19　外反馈限压式变量叶片泵的工作原理

1、6—调节螺钉;2—限压弹簧;3—定子;

4—支撑块;5—反馈柱塞;7—转子

图 3-20　压力-流量特性曲线

　　可见,通过调节图 3-19 中的调节螺钉 6,可以设定变量泵的流量,对应特性曲线中 AB 段高度的设定;通过调节螺钉 1,可改变弹簧预压缩量 x_0,即设定变量压力启控点,对应特性曲线中 B 点位置的设定;通过更换不同刚度的限压弹簧,可改变流量随压力变化的速度,对应特性曲线中 BC 段斜率的改变。弹簧越"软",BC 段越陡;弹簧越"硬",BC 段越平坦。

　　限压式变量叶片泵的压力-流量特性可满足既要实现快速行程又要实现工作进给的常见液压工作部件对油液的要求。快速运动(如空载快进、快退)时,负载压力低,流量要求大,这时工作点在 AB 段。而工作进给(如慢速钻孔)时,需要小流量,但为克服负载,需要较大的压力,此时工作点在 BC 段。因此,使用这种按需供油的限压式变量叶片泵,将获得较高的效率。

🕷 3.4 柱塞泵

柱塞泵是依靠柱塞在缸体孔内做往复运动时产生的容积变化进行吸油和压油的。由于柱塞和缸体孔都是圆柱表面,容易得到高精度的配合,密封性能好,所以在高压下工作仍能保持较高的容积效率和总效率。其缺点是对油液污染敏感,零件材料及加工精度要求高,使用与维护要求严格,价格较高。

根据柱塞的布置和运动方向与传动主轴相对位置的不同,柱塞泵可分为轴向柱塞泵和径向柱塞泵两类,一般可作为变量泵使用。

3.4.1 轴向柱塞泵 //

轴向柱塞泵分为斜盘式轴向柱塞泵和斜轴式轴向柱塞泵,斜盘式轴向柱塞泵又称直轴式轴向柱塞泵。轴向柱塞泵的柱塞是轴向均布的,结构紧凑、惯性小,应用广泛。

1.斜盘式轴向柱塞泵

(1)工作原理

图 3-21 所示为斜盘式轴向柱塞泵的工作原理,其主要部件有:斜盘 1、柱塞 2、缸体 3、配流盘 4 和传动轴 5。缸体上沿圆周均匀分布轴向排列的柱塞孔,柱塞可在柱塞孔内滑动,柱塞底部的一段柱塞孔构成密封工作腔,其容积随柱塞的滑动而变化。斜盘和配流盘固定不动,斜盘的中心线与缸体中心线斜交一个 δ 角。柱塞在油压力、弹簧或机械装置(如回程盘)作用下压紧在斜盘上。在配流盘上有两个腰形配流口,与吸油区和压油区对应。

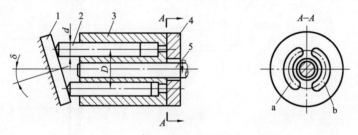

图 3-21　斜盘式轴向柱塞泵的工作原理
1—斜盘;2—柱塞;3—缸体;4—配流盘;5—传动轴

当传动轴以图 3-21 所示方向带动缸体转动时,自下而上的回转半周内柱塞逐渐向外伸出,使缸体孔内密封工作腔容积不断增大,产生真空,将油液从配流盘配流口 a 吸入;自上而下的半周内柱塞被斜盘推着逐渐向缸体孔内缩入,使密封工作腔容积不断减小,将油液经配流盘配流口 b 压出。缸体旋转一周,每个柱塞往复运动一次,完成一次吸油和压油动作。改变斜盘与缸体中心线的夹角 δ,就可改变柱塞的行程,进而改变泵的排量 V。缸体和配流盘之间、柱塞和缸体之间存在间隙,会产生一定的容积损失。

(2)排量和流量

由图 3-22 可见,斜盘式轴向柱塞泵的排量为

$$V=\frac{\pi}{4}d^2Lz=\frac{\pi}{4}d^2zD\tan\delta \tag{3-16}$$

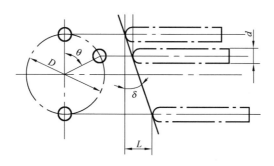

图 3-22　斜盘式轴向柱塞泵流量计算

理论流量为

$$q_t = Vn = \frac{\pi}{4}d^2 znD\tan\delta \qquad (3\text{-}17)$$

式中　d——柱塞直径；

　　　D——柱塞在缸体上分布圆直径；

　　　L——柱塞行程，$L = D\tan\delta$；

　　　δ——斜盘倾角；

　　　z——柱塞数。

泵的实际流量为

$$q = q_t\eta_V = \frac{\pi}{4}d^2 zn\eta_V D\tan\delta \qquad (3\text{-}18)$$

以上流量计算式是实际平均流量计算式。实际上，同一时刻在不同位置的柱塞，其流量是不同的。单个柱塞的瞬时流量随 θ 按正弦规律变化，而泵的瞬时输出流量是压油区各柱塞瞬时流量的叠加，因此也是脉动的。不同柱塞数的柱塞泵流量脉动率是不同的，见表 3-1。

表 3-1　　　　　　　　　　　　柱塞泵不同柱塞数时的流量脉动率

z	5	6	7	8	9	10	11	12
$\sigma/\%$	4.89	13.40	2.51	7.61	1.52	4.89	1.01	3.40

由表 3-1 可知，当柱塞数较多且为奇数时，流量脉动率小。故一般柱塞泵的柱塞数为奇数，常取 7 或 9。

（3）结构要点

常用的斜盘式轴向柱塞泵有半轴型（CY 型）和通轴型（TZ 型）两种系列。下面以 CY 型为例，介绍斜盘式轴向柱塞泵的主要结构要点。

CY 型斜盘式轴向柱塞泵由主体部分和变量机构组成，额定工作压力可达 32 MPa。图 3-23 为其结构示意图，其工作过程是：

缸体 5 在中间泵体 1 和前泵体 7 内，由传动轴 8 通过花键带动旋转。在缸体内的 7 个轴向缸孔中装有柱塞 9，柱塞头部装有滑靴 12。定心弹簧 3 通过内套 2、钢球 13 和回程盘 14 将滑靴压在斜盘 15 上，使泵具有自吸能力。当缸体由传动轴驱动旋转时，柱塞随缸体转动并相对于缸体做往复运动，柱塞尾部与缸体之间的密封容积发生变化，油液通过缸体底部月牙形的通油孔、配流盘 6 上的配流窗口完成吸、压油工作。

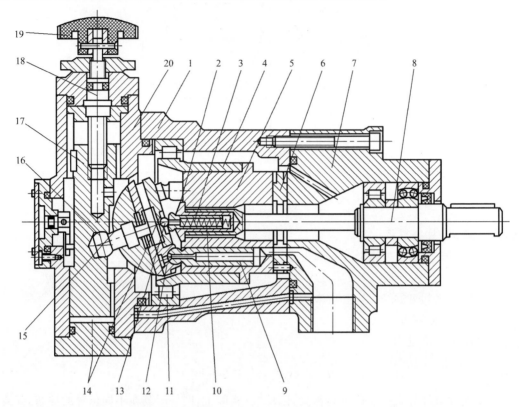

图 3-23 CY 型斜盘式轴向柱塞泵

1—中间泵体；2—内套；3—弹簧；4—钢套；5—缸体；6—配流盘；7—前泵体；

8—传动轴；9—柱塞；10—外套；11—轴承；12—滑靴；13—钢球；14—回程盘；

15—斜盘；16—销轴；17—变量活塞；18—调节螺杆；19—调节手轮；20—变量机构壳体

CY 型斜盘式轴向柱塞泵的结构要点有：

①滑靴与斜盘

柱塞泵设计时可采用柱塞头部直接接触斜盘而滑动的形式，这种泵称为点接触式泵。由于接触应力大，磨损较严重，所以应尽量用于低压。CY 型斜盘式轴向柱塞泵采用如图 3-24 所示的结构。在柱塞头部装有滑靴，二者为球面接触；而滑靴与斜盘为平面接触，改善了受力状况。此外，通过柱塞中心小孔 d_0，将尾部的压力油 p 引入滑靴底面油腔 a，形成圆板缝隙流动 Δq，并形成厚度为 Δ 的油膜，起到润滑和静压支撑的作用，大大降低了滑靴与斜盘之间的磨损。

②缸体与配流盘

缸体底部吸、排油通油孔设计成月牙形，其面积比柱塞孔小。因此柱塞压油时，缸体受到一个压向配流盘的轴向推力，加上定心弹簧的预紧力，缸体始终紧贴配流盘，使端面间隙得到自动补偿，提高了泵的容积效率。

柱塞泵也存在困油问题，如图 3-25(a)所示，为保证可靠封油，配流盘吸、压流口间的区域包角须大于等于缸体底部配流口对应的包角，这时就会产生困油现象，导致密封工作

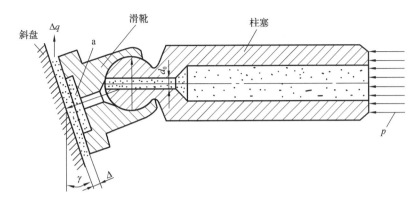

图 3-24　柱塞、滑靴与斜盘

腔容积在吸、压油转换时因压力突变而引起压力冲击,通常可通过在配流盘上开设如图 3-25(b)所示的减振槽或如图 3-25(c)所示的减振孔等方法来减轻或消除困油带来的影响。

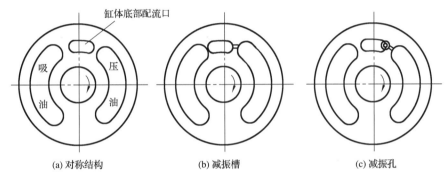

(a) 对称结构　　　(b) 减振槽　　　(c) 减振孔

图 3-25　配流盘的结构

③变量机构

改变了斜盘倾角 δ,就改变了轴向柱塞泵的排量,从而改变了泵的输出流量。用来改变斜盘倾角的机械装置称为变量机构。它按控制方式分为手动控制、液压伺服控制和手动伺服控制等;按控制目的分为恒压控制、恒流量控制和恒功率控制等。图 3-23 所示的轴向柱塞泵采用机械式手动变量机构,其工作过程为:旋转调节手轮 19,调节螺杆 18 随之转动,使变量活塞 17 上下移动,通过销轴 16 拉动斜盘 15 绕其中心转动以改变倾角,从而达到调节流量的目的。

2.斜轴式轴向柱塞泵

斜轴式轴向柱塞泵的传动轴中心线与缸体中心线倾斜一个角度 γ,图 3-26 所示为其工作原理。

连杆 4 与柱塞 2 及传动圆盘铰接,当传动轴 5

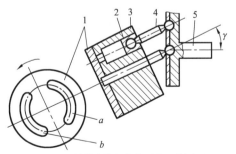

图 3-26　斜轴式轴向柱塞泵的工作原理
1—配流盘;2—柱塞;3—缸体;4—连杆;
5—传动轴;a—吸油口;b—压油口

转动时,柱塞带动缸体 3 转动并可在缸体孔内做往复滑动,使其底部的密封工作腔容积发生变化,通过吸、压油口 a、b 实现吸油和压油。其排量公式与斜盘式轴向柱塞泵相同。

与斜轴式轴向柱塞泵相比,斜轴式轴向柱塞泵由于缸体所受的不平衡力较小(主要是因为使用了铰接连杆),故结构强度较高,变量范围较大,但结构比较复杂,尺寸相对较大。

3.4.2 径向柱塞泵

图 3-27 所示为配流轴式径向柱塞泵的工作原理。这种泵由定子 1、转子 2(缸体)、配流轴 3、衬套 4 和柱塞 5 等主要零件组成。衬套紧配在转子孔内,随转子一起旋转,而配流轴则不动。在转子圆周径向排列的孔内装有可以自由移动的柱塞。当转子按顺时针方向转动时,柱塞在离心力或低压油液的作用下,从缸孔中伸出压紧在定子的内表面上。由于定子和转子间有偏心距 e,所以柱塞转到上半周时,逐渐向外伸出,缸孔内的密封工作腔容积逐渐增大,形成局部真空,将油液经配流轴上的腔 a 吸入;柱塞转到下半周时,逐渐向里推入,缸孔内的密封工作腔容积减小,将油从配流轴上的腔 b 排出。转子每转一转,柱塞在缸孔内吸油、压油各一次。通过变量机构改变定子和转子间的偏心距 e,就可改变泵的排量。径向柱塞泵径向尺寸大,结构较复杂,自吸能力差,且配流轴受到径向不平衡力的作用,易磨损。

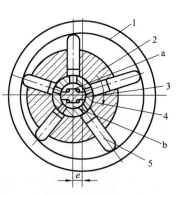

图 3-27 径向柱塞泵的工作原理
1—定子;2—转子;3—配流轴;
4—衬套;5—柱塞;a、b—腔

缸体每转一周,每个柱塞完成一次吸、排油,柱塞在缸孔内的行程为 $2e$,若柱塞数为 z,柱塞直径为 d,则泵的排量为

$$V = \frac{\pi}{2}d^2ez \tag{3-19}$$

泵的实际流量为

$$q = \frac{\pi}{2}d^2ezn\eta_V \tag{3-20}$$

径向柱塞泵的流量也有脉动,流量脉动率的情况与轴向柱塞泵类似。

3.5 液压泵的应用

设计液压系统时,应根据所要求的工作情况合理选择液压泵,一般在负载小、功率小的机械设备中,可用齿轮泵和双作用叶片泵;精度较高的机械设备(例如磨床)可用双作用叶片泵;负载较大并有快速和慢速行程的机械设备(例如组合机床)可用限压式变量叶片泵;负载大、功率大的机械设备可使用柱塞泵;机械设备辅助装置(例如送料、夹紧等要求不太高的地方)可使用廉价的齿轮泵。液压系统中常用液压泵部分性能比较及应用见表 3-2。

表 3-2　　　　　　　　　　　液压系统中常用液压泵部分性能比较及应用

项目　＼　类型	齿轮泵	双作用叶片泵	限压式变量叶片泵	径向柱塞泵	轴向柱塞泵
工作压力	低压、中高压	中压、中高压	中压、中高压	高压	高压
流量调节	不能	不能	能	能	能
效率	低	较高	较高	高	高
流量脉动率	很大	很小	一般	一般	一般
自吸特性	好	较差	较差	差	差
对油污染的敏感性	不敏感	较敏感	较敏感	很敏感	很敏感
噪声	大	小	较大	大	大
寿命	较短	较长	较短	长	长
单位功率造价	最低	中等	较高	高	高
应用范围	机床、工程机械、农机、航空、船舶、一般机械	机床、工程机械、注塑机、飞机、起重机	机床、注塑机	机床、注塑机	工程机械、锻压机械、起重运输机械、矿山机械、冶金机械、船舶、飞机

习　题

3-1　什么叫液压泵的工作压力、最高允许压力和额定压力？三者有何关系？

3-2　什么叫液压泵的排量、流量、理论流量、实际流量和额定流量？它们之间有什么关系？

3-3　如果与液压泵吸油口相通的油箱是完全封闭的（不与大气相通），液压泵能否正常工作？

3-4　齿轮泵的径向力不平衡是怎样产生的？会带来什么后果？消除径向力不平衡的措施有哪些？

3-5　什么是困油现象？外啮合齿轮泵、双作用叶片泵和轴向柱塞泵存在困油现象吗？它们应如何消除困油现象的影响？

3-6　在各类液压泵中，哪些能实现变量？是如何实现的？

3-7　请指出图 3-28 中，限压式变量叶片泵的限定压力和最大流量以及泵在限定压力时流量的最大泄漏量。若改变限定压力为 4 MPa，则应调节图 3-19 中的哪个调节螺钉？若改变泵最大流量为 20 L/min，则应如何调节？调节时对应的流量-压力特性曲线如何变化？请在图 3-28 中画出。

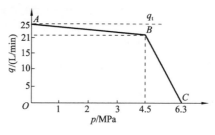

图 3-28 习题 3-7 图

3-8 某轴向柱塞泵。其柱塞直径 $d=22$ mm，柱塞分布圆直径 $D=68$ mm，柱塞数 $z=7$，当斜盘倾角 $\alpha=22°30'$，转速 $n=960$ r/min，输出压力 $p=10$ MPa，容积效率 $\eta_V=0.95$，机械效率 $\eta_m=0.9$ 时，试求：

(1)泵的理论流量；

(2)泵的实际流量；

(3)所需电动机功率。

3-9 某液压泵的驱动转速为 1 450 r/min，当其空载时，测得输出流量为 90 L/min，当输出压力为 10 MPa 时，流量为 85 L/min，若其泄漏量与压力呈线性关系且机械效率恒为 90%，试求其排量及当压力为 12 MPa 时的输出功率及电动机的驱动功率。

3-10 某液压泵输出压力 $p=10$ MPa，排量 $V=200$ mL/r，转速 $n=1450$ r/min，容积效率 $\eta_v=0.95$，总效率 $\eta=0.9$，试求：(1)泵的理论流量；(2)泵的实际流量；(3)泵的输出功率及电动机的驱动功率。

3-11 某液压泵的额定工作压力为 15 MPa，机械效率为 0.9：

(1)当泵的转速为 1450 r/min，泵的出口压力为零时，其流量为 120 L/min；当泵的出口压力为 15 MPa，其流量为 108 L/min，试求泵在额定压力时的容积效率和泵的驱动功率。(2)当泵的转速为 600 r/min，压力为额定压力 15 MPa 时，试求泵的输出流量和泵的驱动功率。

第4章

液压执行元件

以行业中工程案例,引出不同类型的液压缸、三种进油方式产生的效果和差动连接,及其在液压系统中的不同作用,引导学生正确的选择,培养学生职业担当和责任。

单活塞杆液压缸

液压执行元件是将输入的流体压力能转化为机械能输出的元件。根据驱动机构做直线往复运动还是旋转(或摆动)运动,液压执行元件可分为液压缸和液压马达两类。

4.1 液压缸的类型和特点

液压缸是将液压能转变为机械能(其输入为压力和流量,输出为力和速度),以实现直线往复运动的执行元件。它具有结构简单、制造容易、工作可靠、应用广泛等优点。

液压缸的种类繁多,分类方法各异。按结构形式可分为活塞式、柱塞式等;按作用方式可分为单作用、双作用液压缸两种。

4.1.1 活塞式液压缸

1.双活塞杆液压缸

双活塞杆液压缸是指活塞两端都带有活塞杆的液压缸,其几何结构是对称的。图 4-1(a)所示为缸筒固定、活塞杆运动的使用形式;图 4-1(b)所示为活塞杆固定、缸筒运动的使用形式。前者工作台移动范围约为活塞有效行程的 3 倍,占地面积大,适用于中、小型机械设备;后者工作台移动范围为缸筒有效行程的 2 倍,可用于较大型的机械设备。

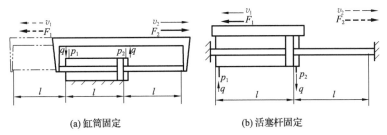

(a)缸筒固定　　　　　　　　　(b)活塞杆固定

图 4-1　双活塞杆液压缸

由于两边活塞杆直径相等,所以当工作压力和输入流量相同时,两种使用形式下运动

件在往、返两个方向上输出的推力 F 和速度 v 是相等的。即

$$F_1 = F_2 = (p_1 - p_2)A = \frac{\pi}{4}(D^2 - d^2)(p_1 - p_2) \tag{4-1}$$

$$v_1 = v_2 = \frac{q}{A} = \frac{4q}{\pi(D^2 - d^2)} \tag{4-2}$$

式中　A——活塞的有效面积；

　　　D——缸筒内径；

　　　d——活塞杆的直径；

　　　q——输入流量；

　　　p_1——液压缸的进油口压力；

　　　p_2——液压缸的出油口压力。

2. 单活塞杆液压缸

单活塞杆液压缸只有一端带有活塞杆,通常也有缸筒固定或活塞杆固定两种安装与使用形式,但它们的工作台移动范围均为活塞或缸筒有效行程的 2 倍。图 4-2(a)所示为无杆腔进油、活塞伸出做功的情况;图 4-2(b)所示为有杆腔进油、活塞缩回做功的情况。活塞伸出和缩回双向运动都靠液压推力完成的液压缸称为双作用单活塞杆液压缸。

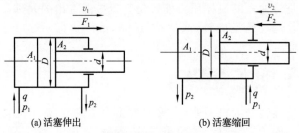

(a) 活塞伸出　　　　　　　　　　(b) 活塞缩回

图 4-2　单活塞杆液压缸

由于单活塞杆液压缸左、右两腔的有效工作面积不相等,因此在两腔分别输入相同压力和流量的情况下,两个方向的输出力和运动速度是不相等的。

无杆腔进油、活塞伸出做功时,活塞输出的推力为 F_1,伸出速度为 v_1;有杆腔进油、活塞缩回做功时,活塞拉力为 F_2,缩回速度为 v_2,则

$$F_1 = (p_1 A_1 - p_2 A_2) = \frac{\pi}{4}D^2 p_1 - \frac{\pi}{4}(D^2 - d^2)p_2 \tag{4-3}$$

$$v_1 = \frac{q}{A_1} = \frac{4q}{\pi D^2} \tag{4-4}$$

$$F_2 = (p_1 A_2 - p_2 A_1) = \frac{\pi}{4}(D^2 - d^2)p_1 - \frac{\pi}{4}D^2 p_2 \tag{4-5}$$

$$v_2 = \frac{q}{A_2} = \frac{4q}{\pi(D^2 - d^2)} \tag{4-6}$$

液压缸往、返速度之比称为速比,即 $\lambda_v = v_1/v_2 = 1 - (d/D)^2$,在液压缸的活塞往复运动速度有一定要求的情况下,活塞杆直径 d 通常根据液压缸速比 λ_v 的要求以及缸筒内径 D 来确定。

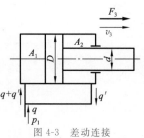

当单活塞杆液压缸左、右两腔同时接通高压油时称为差动连接,如图 4-3 所示。虽然左、右腔压力相等,但由于左、右腔有效面积不同,所以活塞会在两边液压力的差值作用下向

图 4-3　差动连接

右伸出,同时,有杆腔流出的油液又返回到无杆腔,相当于增大了输入的流量,从而提高了活塞运动的速度。其推力 F_3 和伸出速度 v_3 分别为

$$F_3 = p_1(A_1 - A_2) = \left[\frac{\pi}{4}D^2 - \frac{\pi}{4}(D^2 - d^2)\right]p_1 = \frac{\pi}{4}d^2 p_1 \tag{4-7}$$

$$A_1 v_3 = q + q' = q + A_2 v_3$$

$$v_3 = \frac{q}{A_1 - A_2} = \frac{q}{\frac{\pi}{4}d^2} = \frac{4q}{\pi d^2} \tag{4-8}$$

由式(4-7)、式(4-8)可知,差动连接时比非差动连接时推力小,速度快,这种连接方式广泛应用于组合机床的液压动力滑台和其他机械设备的空、轻载快速运动中。

如要求单活塞杆液压缸在差动连接时的活塞伸出速度与活塞缩回(非差动连接)速度相等,即 $v_3 = v_2$,则有

$$v_3 = \frac{4q}{\pi d^2} = v_2 = \frac{4q}{\pi(D^2 - d^2)}$$

则

$$D = \sqrt{2}\,d$$

按这种比例制作的单活塞杆液压缸称为差动液压缸。

4.1.2　柱塞式液压缸 //

柱塞式液压缸是一种单作用液压缸,只能实现一个方向的运动,返回运动要靠外力或自重推动实现,如图 4-4(a)所示。柱塞的运动由导套来导向,因此,缸筒内壁不需要精加工,它特别适于行程较长的场合。对于大型柱塞式液压缸,柱塞通常做成空心的,以减轻质量。用一对柱塞缸组合也能实现双向往复运动,如图 4-4(b)所示。

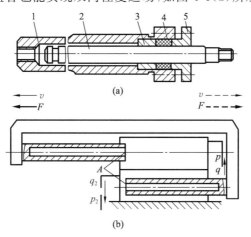

图 4-4　柱塞式液压缸
1—缸筒;2—柱塞;3—导套;4—密封圈;5—压盖

柱塞缸输出的推力为

$$F = pA = \frac{\pi}{4}d^2 p \tag{4-9}$$

式中　d——柱塞直径。

4.1.3 其他液压缸//

1.伸缩式液压缸

伸缩式液压缸由两个或多个活塞缸套装而成,前一级活塞缸的活塞杆是后一级活塞缸的缸筒,如图 4-5 所示。各级活塞缸伸出的次序是从大到小逐级推出,空载缩回的次序一般是从小到大逐级缩回。伸缩式液压缸占用空间小,结构紧凑,适用于工程机械和行走机械,例如汽车的伸缩臂液压缸、自卸车的举升液压缸等。

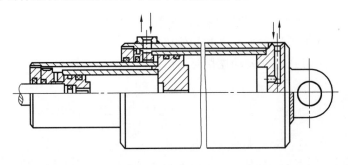

图 4-5　伸缩式液压缸

2.齿条活塞缸

齿条活塞缸由带有齿条杆的双活塞缸和齿轮齿条机构组成,如图 4-6 所示。活塞的往复运动经齿轮齿条机构变成齿轮轴的往复转动,它多用于自动线、组合机床等转位或分度机构中。

3.增速缸

增速缸是活塞缸与柱塞缸组成的复合缸,如图 4-7 所示,活塞缸的活塞内腔是柱塞缸的缸筒,柱塞固定在活塞缸的缸筒上。增速缸可用于快速运动回路,在不增加泵流量的前提下,使执行元件获得尽可能高的工作速度。

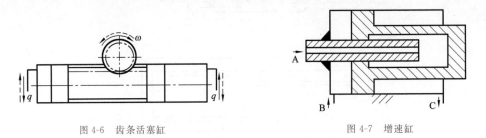

图 4-6　齿条活塞缸　　　　　　　　　　图 4-7　增速缸

当液压缸处于轻载、需要活塞快速伸出时,可将全部工作压力油从 A 口输入柱塞缸,此时过流截面等于相对较小的活塞内腔面积,活塞将快速运动,同时活塞缸大腔需接通油箱,低压油液由 B 口进入进行补油,由 C 口回流至油箱;当液压缸处于重载,需要慢速工作进给时,将工作压力油同时输入柱塞缸和活塞缸(A 口、B 口同时接通压力油),此时过流截面等于大活塞的面积,活塞将慢速伸出。返回时压力油从 C 口进入,A 口、B 口同时回油。

例 4-1　单活塞杆液压缸缸筒内径为 D,活塞杆直径为 d,供油压力为 10 MPa,流量为 $q=40$ L/min,按图 4-3 所示差动连接工作时,活塞杆快速伸出,速度为 v_1,按图 4-2(b)

所示连接工作时,活塞杆缩回速度为 v_2,$P_2=0$ 不考虑管路损失,求

(1)如果 $v_1=v_2=8$ m/min,则 D 和 d 各为多少?

(2)两种连接可克服的极限负载分别为多少?

解　(1)$v_1=\dfrac{4q}{\pi d^2}$,$v_2=\dfrac{q}{A_2}=\dfrac{4q}{\pi(D^2-d^2)}$

由 $v_1=v_2$,可推得 $D=\sqrt{2}\,d$,则

$$d=\sqrt{\frac{4q}{\pi v_1}}=\sqrt{\frac{4\times40\times10^{-3}}{3.14\times8}}=0.08\ \text{m}$$

$$D=\sqrt{2}\,d=0.11\ \text{m}$$

(2)差动连接工作时,可克服的极限负载为

$$F_3=\frac{\pi}{4}d^2 p_1=\frac{3.14}{4}\times0.08^2\times10\times10^6=50\ 265\ \text{N}$$

按图 4-2(b)连接工作时,可克服的极限负载为

$$F_2=\frac{\pi}{4}(D^2-d^2)p_1=\frac{3.14}{4}\times(0.11^2-0.08^2)\times10\times10^6=44\ 745\ \text{N}$$

4.2　液压缸的典型结构和组成

液压缸一般都是由缸体组件、活塞组件、密封装置、缓冲装置和排气装置等主要部件组成的。图 4-8 为单活塞杆液压缸的典型结构示意图。它由缸底、缸筒、活塞、活塞杆、缸头等组成。为防止油液泄漏,在缸筒与端盖、活塞与活塞杆、活塞与缸筒、活塞杆与前缸盖之间设置有各类密封装置(图 4-8 中活塞、右缸盖中心线上、下部分分别表达了两种不同的结构和密封形式)。为防止活塞撞击,两端均设置了缓冲装置。

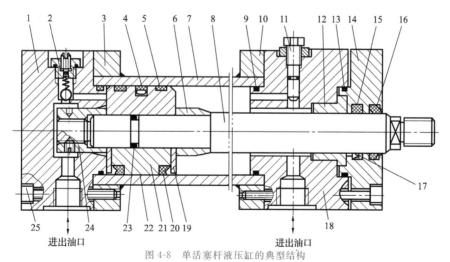

图 4-8　单活塞杆液压缸的典型结构

1—缸底;2—带放气孔的单向阀;3、10—法兰;4—格来圈密封;5、22—导向环;6—缓冲套;7—缸筒;8—活塞杆;
9、13、23—O 形密封圈;11—缓冲节流阀;12—导向套;14—缸盖;15—斯特圈密封;16—防尘圈;17—Y 形密封圈;
18—缸头;19—护环;20—Y_X 形密封圈;21—活塞;24—无杆端缓冲套;25—连接螺钉

4.2.1 缸体组件 //

缸体组件一般包括缸筒、缸盖、缸底等零件。活塞组件在缸体组件内相对运动,通过活塞杆推动机械构件做功。

1.缸体组件的连接形式

常见缸体组件的连接形式如图4-9所示。其中法兰式结构简单,加工和装拆方便,但外形尺寸和质量都大;半环式加工和装拆方便,但这种结构在缸筒外部开有环形槽,削弱了其强度,需增大缸的壁厚;螺纹式在装拆时要使用专用工具,适用于较小的缸筒;拉杆式加工和装拆方便,但外形尺寸较大,且较重;焊接式结构简单,尺寸小,但缸底处内径不易加工,且可能引起变形。

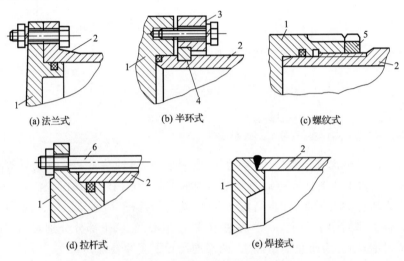

图 4-9　常见缸体组件的连接形式

1—缸盖;2—缸筒;3—压板;4—半环;5—防松螺母;6—拉杆

2.缸筒、缸盖和导向套

缸筒是液压缸的主体,承受很大的液压力,因此应具有足够的强度和刚度。缸筒材料一般采用冷拔或热轧无缝钢管,其内孔一般采用镗削、铰孔、滚压或珩磨等精密加工工艺制造,内孔表面加工公差和表面粗糙度要求较高,使活塞及其密封件能顺利滑动,并确保密封效果,减少磨损。

缸筒与两端的端盖构成密封油腔,应具有足够的连接强度,以承受很大的液压力。设计时既要考虑强度,还要根据应用情况选择适当的结构形式。

4.2.2 活塞组件 //

活塞组件由活塞、活塞杆和连接件等组成,有多种结构形式。

1.活塞和活塞杆的连接形式

活塞和活塞杆的连接形式有整体式和分开式之分,常见的连接方式如图4-10所示。

整体式连接(图4-10(a))和焊接式连接(图4-10(b))结构简单,轴向尺寸紧凑,但损坏后需整体更换。锥销式连接(图4-10(c))加工方便,装配简单,但承载能力小,且需有必

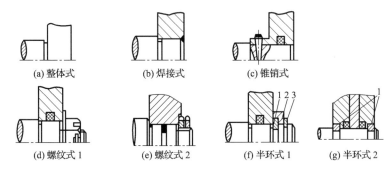

图 4-10　活塞和活塞杆常见的连接形式

1—半环；2—轴套；3—弹簧挡圈

要的防脱落措施。螺纹式连接(图 4-10(d)、图 4-10(e))结构简单,装拆方便,但需采取螺母放松措施。半环式连接(图 4-10(f)、图 4-10(g))强度高,工作可靠,但结构复杂,不易拆卸。在轻载情况下,可采用锥销式连接;一般情况可采用螺纹式连接;高压和振动较大时多采用半环式连接;小直径或短行程液压缸可采用整体式或焊接式连接。

2. 活塞和活塞杆

活塞杆是连接活塞与工作部件的传力零件,应具有足够的强度和刚度,一般采用钢材料制作,外表面常需镀铬,以提高耐磨与防锈能力。活塞受油压作用在缸筒内做往复运动,应具有足够的强度和良好的耐磨性,一般采用铸铁制造。整体式活塞与活塞杆材料相同,焊接式活塞与活塞杆材料应确保焊接可靠。

4.2.3　密封装置

密封装置用来防止液压系统油液的泄漏和外界杂质的侵入。良好的密封是液压缸传递动力、正常工作的保证。密封包括动密封和静密封两种,其中动密封因密封耦合面存在相对运动而容易产生磨损。

液压缸常见的密封形式有:间隙密封、活塞环密封、密封圈密封等。

1. 间隙密封

间隙密封是一种简单的密封,如图 4-11 所示,它依靠相对运动件之间的微小间隙来防止泄漏。由于缝隙流动的流量与间隙 δ 的三次方成正比,与密封长度 L 成反比,所以提高零件加工精度,减小间隙(δ 一般为 0.01～0.05 mm),增大密封长度,可以提高密封性能。同时,为使活塞获得平衡的径向力,产生自动对中作用,减少偏心量,防止单边卡紧或磨损并降低泄漏量,常在活塞上开几道宽为 0.3～0.5 mm、深为 0.5～1 mm、间距为 2～5 mm 的均压槽。

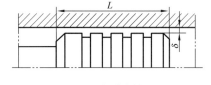

图 4-11　间隙密封

2. 活塞环密封

如图 4-12 所示,在活塞的环槽中放置金属活塞环,活塞环有一个开口,依靠其弹性变形所产生的张力贴紧缸筒内壁来实现密封。这种密封具有自动补偿磨损的功能,密封效果好,能适应较大的压力与速度变化,耐高温、使用寿命长。缺点是制造工艺复杂。因此,它适用于高压、高速或密封性能要求高的场合。

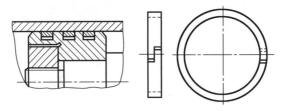

图 4-12 活塞环密封

3. 密封圈密封

密封圈密封是液压传动中应用最广的一种密封形式,常用的密封圈有 O 形、Y 形、V 形及组合密封圈等。

(1)O 形密封圈

O 形密封圈的截面形状为圆形,主要制造材料为耐油橡胶。它常用于静密封,也可用于动密封,但其适用速度比较低,一般为 0.005~0.3 m/s,且在内、外侧及端面都能起到密封作用。以滑动密封应用为主,转动密封应用较少。O 形密封圈结构简单,装拆方便,价格低廉,应用极为广泛。但与唇形密封圈(如 Y 形密封圈)相比,其寿命较短,密封装置机械部分的精度要求高,启动阻力较大。

O 形密封圈的密封原理如图 4-13 所示。图 4-13(a)所示为截面直径为 a_0,内圈直径为 d 的 O 形密封圈。图 4-13(b)所示为装入密封沟槽时的状态,密封沟槽尺寸和表面精度按有关手册提供的数据设置,O 形密封圈装入后其截面会产生一定的预压缩变形 δ_1、δ_2。当一侧有油液压力时,O 形密封圈被挤到另一侧,产生更大的变形,以更大的弹性变形力压紧耦合面而达到更好的密封效果,如图 4-13(c)所示。

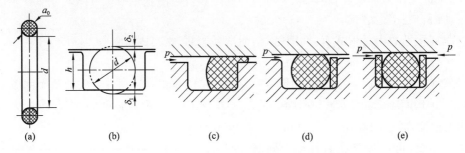

图 4-13 O 形密封圈

当工作压力较高时(用于动密封,压力>10 MPa;用于静密封,压力>32 MPa),为防止 O 形密封圈被挤入间隙而损坏,可在其低压侧设置由聚四氟乙烯或尼龙制作的挡圈,如图 4-13(d)所示。当双向交变受高压时,可两侧加挡圈,如图 4-13(e)所示。

(2)Y 形密封圈

Y 形密封圈的截面呈 Y 形,主要制造材料为丁腈橡胶,常用于圆柱间隙的动密封,它既可安装在轴上,也可安装在孔槽内。Y 形密封圈密封性、稳定性和耐压性好,摩擦阻力小,工作时不易窜动和翻转,寿命较长。

　　Y 形密封圈的密封作用依赖于它的唇边对耦合面的紧密接触,在油压作用下产生接触应力,从而达到密封目的。使用 Y 形密封圈时,其唇边应正对高压腔,使唇边在液压力作用下张开,紧贴在耦合面上以获得密封效果。Y 形密封圈密封性能随压力的提高而提高,并能自动补偿磨损,因此在液压缸中获得了广泛应用。

　　根据截面长宽比的不同,Y 形密封圈可分为宽截面(长宽比≈1)和窄截面(长宽比>2)两种形式。

　　宽截面 Y 形密封圈一般适用于工作压力小于 20 MPa,工作温度为 -30～+100 ℃,速度小于 0.5 m/s 的场合。图 4-14 所示为宽截面 Y 形密封圈的应用情形,当压力变化大、滑动速度较高时,要使用支撑环。

(a) 一般安装　　　　　　(b) 带支撑环安装

图 4-14　宽截面 Y 形密封圈

　　窄截面 Y 形密封圈有等高唇和不等高唇(Y$_X$ 形)两种,后者又有孔用和轴用之分。使用时,长唇边与非运动件接触,其接触面积大,工作时不易窜动和翻转;短唇边与运动件密封面接触,其滑动摩擦力小,耐磨性好,寿命长。图 4-15 所示为窄截面 Y$_X$ 形密封圈的应用情形,一般不需要使用支撑环。

(a) 等高唇通用型　　　(b) 轴用型 Y$_X$ 形密封圈　　　(c) 孔用型 Y$_X$ 形密封圈

图 4-15　窄截面 Y$_X$ 形密封圈

　　(3)V 形密封圈

　　V 形密封圈的截面呈 V 形,采用橡胶等材料制作。主要应用于柱塞杆、活塞与活塞杆的往复运动密封。如图 4-16 所示,V 形密封圈由压环、密封环和支撑环叠加构成,当压力更高时可以增加中间密封环的数量来确保密封可靠性。安装时密封圈的开口应正对高压腔。V 形密封圈的接触面长,密封性能好,但调整困难,摩擦阻力较大。V 形密封圈适用于工作压力≤50 MPa,工作温度为 -40～+80 ℃ 的场合。

　　(4)防尘圈

　　在液压缸中,防尘圈被设置于活塞杆或柱塞密封外侧,用以防止在活塞杆或活塞运动期间外界尘埃、砂粒等异物侵入液压缸,导致元件损坏或工作介质被污染。普通防尘圈一般采用耐磨的丁腈橡胶或聚氨酯橡胶制作,有的含有骨架,但一般以无骨架式应用为多,其适用速度≤1 m/s,工作温度为 -30～+110 ℃,普通防尘圈及其应用如图 4-17 所示。

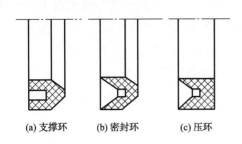

(a) 支撑环　(b) 密封环　(c) 压环

图 4-16　Ｖ形密封圈

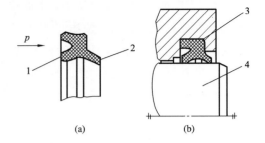

图 4-17　普通防尘圈

1—内唇；2—防尘唇；3—防尘圈；4—轴

4.2.4　缓冲装置//

当液压缸拖动的负载较大、速度较高时，一般应在液压缸中设置缓冲装置，以免在行程终端发生过大的机械撞击，损坏液压缸。缓冲装置在活塞或缸筒移动到接近终点时，将活塞和缸盖之间的一部分油液封住，迫使油液从小孔或缝隙中挤出，从而产生很大的回油阻力，使工作部件制动，避免活塞和缸盖的相互碰撞。常用的缓冲装置有可调式和不可调式之分。图 4-18(a)所示为可调式缓冲装置，当活塞上的凸台进入端盖凹腔后，圆环形的回油腔中的油液只能通过针形节流阀流出而使活塞制动。调节节流阀的开口，可改变制动阻力的大小。这种缓冲装置起始缓冲效果好，随着活塞向前移动，缓冲效果逐渐减弱，因此它的制动行程较长。图 4-18(b)所示为不可调式缓冲装置，它在活塞上开有变截面的轴向三角形节流槽，当活塞移近端盖时，回油腔油液只能经通流截面逐渐变小的三角形节流槽流出，使缓冲作用逐渐增强，可减小冲击，提高制动位置精度。

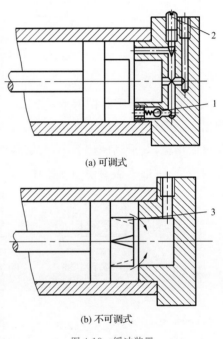

(a) 可调式

(b) 不可调式

图 4-18　缓冲装置

1—节流阀；2—单向阀；3—节流槽

图 4-18 中单向阀的作用是确保液压缸换向工作时的油压能作用到整个活塞表面，以获得足够的启动推力。

4.2.5　排气装置///

液压系统中混入空气或新液压系统调试时液压缸中残存有空气，都会造成液压缸工作不稳定，产生振动、爬行和前冲等现象。排气装置设置在液压缸的最高部位，用来排除积聚在液压缸内的空气，常用的排气装置是排气塞，如图 4-19 所示。当松开排气塞螺钉时，带有气泡的油液就会被排出，排完后拧紧螺钉即可。

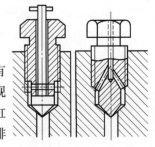

图 4-19　排气塞

4.3 液压马达

　　液压马达是一种将液压能转换为机械能的转换装置,是实现连续旋转或摆动的执行元件。液压马达的结构与液压泵基本相同,原理上是可逆的。按工作特性可分为高速(转速高于 500 r/min)马达和低速(转速低于 500 r/min)马达两大类。常见的高速马达有齿轮式、叶片式和轴向柱塞式等,其主要特点是转速高,转动惯量小,便于启动和制动,但输出转矩不大;低速大转矩马达多采用径向柱塞式,如曲轴连杆型、多作用内曲线型径向柱塞式液压马达等,其主要特点是排量大,转速低,可在 10 r/min 以下平稳运转,输出转矩大,可达几百 N·m 到几千 N·m,可直接与工作机构连接,不需要减速装置。图 4-20 所示为液压马达的图形符号。

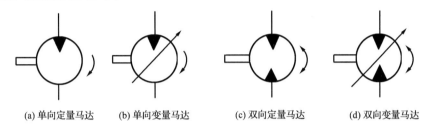

(a) 单向定量马达　　(b) 单向变量马达　　(c) 双向定量马达　　(d) 双向变量马达

图 4-20　液压马达的图形符号

4.3.1　液压马达的主要性能参数 //

　　1. 工作压力与额定压力

　　工作压力是指液压马达实际工作时的压力。当液压马达存在背压时,通常使用进、出油口压力差 Δp 进行计算。

　　额定压力是指液压马达在正常工作条件下,按试验标准规定能连续运转的最高压力。

　　2. 排量与流量

　　排量 V 是指在没有泄漏的情况下,液压马达轴旋转一周所需输入的油液体积。

　　实际流量 q 是指液压马达入口处实际输入的流量。

　　理论流量 q_t 是指在没有泄漏的情况下,达到要求转速所需输入油液的流量。

　　容积效率 η_V(泄漏损失会造成容积损失 Δq,故 $q > q_t$)为

$$\eta_V = \frac{q_t}{q} = \frac{q_t}{q_t + \Delta q} \tag{4-10}$$

　　3. 转速

　　理论转速 n_t 是指不考虑泄漏时,输入的流量 q 全部用于驱动液压马达转动所产生的转速,即

$$n_t = \frac{q}{V} \tag{4-11}$$

　　实际转速 n 是指考虑容积损失 Δq 时,输入的流量 q 只有 $(q - \Delta q)$ 这一部分用于驱动液压马达转动所产生的转速,即

$$n = \frac{q - \Delta q}{V} = \frac{q_t}{V} = \frac{q \eta_V}{V} = n_t \eta_V \tag{4-12}$$

4. 转矩与机械效率

理论输出转矩 T_t 为

$$T_t = \frac{\Delta p q}{\omega_t} = \frac{\Delta p n_t V}{2\pi n_t} = \frac{1}{2\pi} \Delta p V \tag{4-13}$$

机械效率(摩擦损失会造成转矩损失 ΔT,使液压马达实际输出转矩 T 小于理论输出转矩 T_t)为

$$\eta_m = \frac{T}{T_t} = \frac{T_t - \Delta T}{T_t} \tag{4-14}$$

实际输出转矩 T 为

$$T = T_t \eta_m = \frac{1}{2\pi} \Delta p V \eta_m \tag{4-15}$$

5. 功率与总效率

输入功率 $P_i = \Delta p q$,输出功率 $P_o = T\omega = 2\pi n T$

总效率 η 等于输出功率与输入功率之比,即

$$\eta = \frac{P_o}{P_i} = \frac{T\omega}{\Delta p q} = \frac{2\pi n T}{\Delta p \dfrac{n V}{\eta_V}} = \frac{n \Delta p V \eta_m}{\Delta p n V} \eta_V = \eta_V \eta_m \tag{4-16}$$

在输入 Δp 及 q 不变时,对于定量液压马达,输出转速 n 与转矩 T 也不变;对于变量液压马达,增大排量 V,转速 n 降低,转矩 T 增大。

4.3.2 液压马达及其工作原理 //

1. 高速小转矩液压马达

图 4-21 为高速小转矩点接触型的斜盘式轴向柱塞式液压马达的工作原理图。斜盘中心线与缸体中心线相交一个倾角 δ。高压油经配流盘的窗口进入缸体的柱塞孔时,处在高压腔中的柱塞被顶出,压在斜盘上,斜盘对柱塞的反作用力 F 可分解为两个分力:轴向分力 F_x,它与作用在柱塞上的液压力平衡;垂直分力 F_y,产生转矩,经液压马达轴输出。

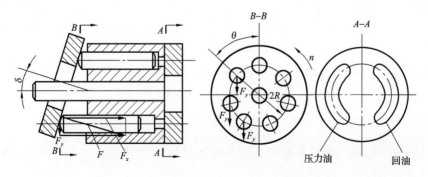

图 4-21 轴向柱塞式液压马达的工作原理

设柱塞直径为 d,输入压差为 ΔP,则轴向分力 $F_x = \dfrac{\pi}{4} d^2 \Delta p$;垂直分力 $F_y = F_x \tan\delta = \dfrac{\pi}{4} d^2 \Delta p \tan\delta$。

受液压力作用的柱塞,在不同的位置产生的转矩是不同的,且随液压马达轴的转动而变化。设第 i 个柱塞和缸体的垂直中心线夹角为 θ,R 为柱塞在缸体中的分布圆半径,则该柱塞产生的转矩为 $T_i = F_y R \sin\theta = \dfrac{\pi}{4} d^2 \Delta p R \tan\delta \sin\theta$。

液压马达产生的转矩应是处于高压腔各柱塞产生的转矩之和,即

$$T = \sum \frac{\pi}{4} d^2 \Delta p R \tan\delta \sin\theta \tag{4-17}$$

随着 θ 的变化,每个柱塞产生的转矩也发生变化,故液压马达产生的总转矩也是脉动的,其输出平均转矩由式(4-15)计算。

与轴向柱塞式泵类似,可求得该液压马达的 Z 个柱塞的总排量为

$$V = \frac{\pi}{2} d^2 z R \tan\delta \tag{4-18}$$

若输入流量为 q,考虑容积效率和机械效率,则转速为

$$n = \frac{q}{V} \eta_V = \frac{q}{\dfrac{\pi}{2} d^2 z R \tan\delta} \eta_V \tag{4-19}$$

2. 低速大转矩液压马达

图 4-22 所示的曲轴连杆型径向柱塞式液压马达为一种典型的低速大转矩液压马达,其最高工作压力可达 31.5 MPa,最低稳定速度可达 3 r/min。它结构简单,制造方便,价格较低;但体积较大,转矩脉动大,低速稳定性差。

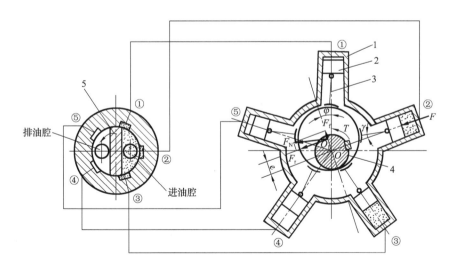

图 4-22 曲轴连杆型径向柱塞式液压马达的工作原理

1—壳体;2—柱塞;3—连杆;4—曲轴;5—配流轴;①～⑤—柱塞缸

在壳体 1 内有五个沿径向均匀分布的柱塞缸,柱塞 2 通过球铰与连杆 3 相连接,连杆

的另一端与曲轴 4 的偏心轮外圆接触,配流轴 5 与曲轴用联轴节相连。配流轴上分设进油腔和排油腔,并随液压马达轴同步转动。

压力油经配流轴进入液压马达的进油腔后,进入柱塞缸①、②、③的顶部,作用在柱塞上的液压作用力通过连杆作用到偏心轮上,如柱塞缸②产生的力 F_N 沿连杆指向中心 O_1,F_N 的切向分力 F_r 对曲轴旋转中心 O 形成转矩 T,使曲轴沿逆时针方向旋转,它们的法向力作用到轴承上。由于三个柱塞缸位置不同,所以产生的转矩大小也不同。曲轴输出的总转矩等于与高压腔相通的柱塞所产生的转矩之和。此时柱塞缸④、⑤与排油腔相通,油液经配流轴流回油箱。由于配流轴与曲轴同步旋转,因此,配流状态不断发生变化,从而保证曲轴连续旋转。若进、回油口互换,则液压马达反转,其过程与上述相同。

这类液压马达也可设计成曲轴固定、外壳转动的形式,用于驱动车轮、卷筒等机构十分方便。

4.3.3 摆动式马达

摆动式马达是输出转矩并实现往复摆动的执行元件,有单叶片和双(多)叶片两种形式,如图 4-23 所示。常用于工夹具夹紧装置、转位装置、液压机械手及间歇进给机构等周期性运动装置中。

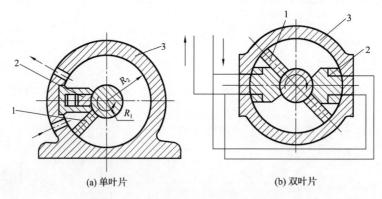

(a) 单叶片　　　　(b) 双叶片

图 4-23　摆动式马达
1、2—叶片;3—缸筒

如图 4-23(a)所示,单叶片摆动式马达由叶片 1、2、缸筒 3 等零件组成。分隔板定子块固定在缸筒上,叶片与摆动轴连接在一起,叶片与分隔板将缸筒分出两个工作腔。压力油从进油口进入缸筒,推动叶片沿逆时针方向转动。一般摆动角度小于 300°。

设叶片宽度为 b,叶片安装轴直径、缸筒内径分别为 d、D(图 4-23 中给出半径 R_1、R_2),进、出油口压力分别为 p_1、p_2,输入流量为 q,则输出的机械参数转矩 T 和角速度 ω 分别为

$$T = \frac{b}{8}(D^2 - d^2)(p_1 - p_2) \tag{4-20}$$

$$\omega = \frac{8q}{b(D^2 - d^2)} \tag{4-21}$$

双叶片摆动式马达在相同的条件下,输出转矩是单叶片摆动式马达的 2 倍,角速度是单叶片摆动式马达的 50%。

习　题

4-1　试推导单叶片摆动式马达输出转矩和角速度的计算公式。

4-2　液压缸为什么要密封？哪些部位需要密封？常见的密封方法有哪几种？

4-3　液压缸为什么要设缓冲装置？

4-4　如图 4-24 所示，左侧为液压缸差动连接，活塞杆快速伸出，速度为 v_1，右侧为有杆腔进油，活塞杆缩回，速度为 v_2，设液压缸活塞直径为 D，活塞杆直径为 d，不考虑管路损失，试求：

(1)如果 $v_1 = v_2 = 8$ m/min，液压泵输出流量 $q = 40$ L/min，则液压缸活塞直径 D 及活塞杆直径 d 各为多少？

(2)如液压缸差动连接伸出时推动负载为 3 000 N，$v_1 = 10$ m/min，且该工况时液压泵效率为 95%，则电动机输入功率为多少？

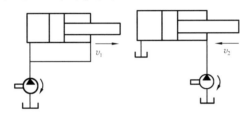

图 4-24　习题 4-4 图

4-5　已知单活塞杆液压缸的结构参数为：活塞直径 $D = 200$ mm；活塞杆直径 $d = 100$ mm，用此液压缸来推动一个 10 000 N 的负载，最大运动速度为 10 m/min，且液压缸有背压 0.5 MPa，试确定液压缸输入的油压 p 和流量 q。

4-6　增压缸大腔直径 $D = 90$ mm，小腔直径 $d = 40$ mm，进口压力 $p_1 = 6.3 \times 10^6$ Pa，流量 $q_1 = 0.001$ m^3/s，不计摩擦和泄漏，求出口压力 p_2 和流量 q_2。

4-7　有一台液压泵，当负载压力 $p = 8 \times 10^6$ Pa 时，输出流量为 96 L/min；当负载压力为 1×10^7 Pa 时，输出流量为 94 L/min。用该泵带动一排量 $V = 80$ cm^3/r 的液压马达，当负载扭矩为 120 N·m 时，液压马达机械效率为 0.94，其转速为 1 100 r/min，求此时该液压马达的容积效率。

4-8　如图 4-25 所示为两结构相同的液压缸，无杆腔面积 $A_1 = 100$ cm^2，有杆腔面积 $A_2 = 80$ cm^2，缸 1 输入压力 $p_1 = 18$ MPa，输入流量 $q_1 = 60$ L/min，不计损失和泄漏，试求：

(1)两缸承受相同的负载($F_1 = F_2$)时，该负载的数值和两缸的运动速度 v_1、v_2。

(2)缸 1 不承受负载($F_1 = 0$)时，缸 2 能承受多少负载？

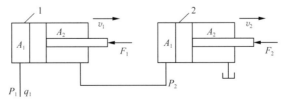

图 4-25　习题 4-8 图

第5章

液压控制元件

素质目标

直动式溢流阀的
结构和工作原理

通过讲解各种阀的结构及其液压图形符号的国家标准，引导学生认识到设计画图时必须遵守国家标准，培养学生标准意识、规则意识、法律意识。

5.1 概 述

液压系统通过液压控制元件对压力、流量、液流方向的控制和调节，来实现设计预定的执行元件的启动、停止、运动方向、速度等规定动作和性能要求。液压控制元件主要指各类阀。

5.1.1 液压控制阀的分类

液压控制阀的种类繁多，按不同的特征、方式或功能等，可进行如下分类：

1. 按阀的功能分类

(1)方向控制阀，如单向阀、液控单向阀、换向阀、比例方向控制阀。

(2)压力控制阀，如溢流阀、减压阀、顺序阀、比例压力控制阀、压力继电器等。

(3)流量控制阀，如节流阀、调速阀、分流阀、比例流量控制阀。

(4)多功能复合阀，有时为了实现一阀多功能，达到结构紧凑、连接方便、提高效率的目的，还可结合系统需要，对以上三类阀进行组合，如单向顺序阀、单向节流阀、电磁溢流阀等。

2. 按控制方式分类

(1)开关阀(或定值控制阀)，在机械、电磁、液压或气压等外力作用下，借助于手轮、手柄、凸轮、电磁铁或弹簧等的控制，定值地控制流体的流动方向、压力和流量的阀，统称为开关阀。其阀口只能"开"或"关"，阀口的开度一经调定便不会改变。多用于普通液压与气压传动系统。

(2)比例控制阀，不但能控制油液流动的方向，而且可以根据输入电流的大小，连续远距离控制液压系统中液流的流量、压力和方向。这种阀的输出量与输入信号成比例，通过给定的输入信号，成比例地控制输出信号，从而按一定规律、成比例地控制系统中流体的液流参数。它多用于开环液体控制系统中，如电气、机械、气动等。

(3)伺服控制阀，能将微小的电气信号转换成大的功率输出，连续控制系统中流体的流动方向、压力和流量。它多用于要求控制准确、跟踪迅速和程序控制可灵活变动的闭环液压控制系统中。

(4)电液数字控制阀,它的输入信号是脉冲数字信号,根据输入的脉冲数或脉冲频率来控制液压系统中液流的压力和流量。

3. 按阀的结构形式分类

(1)座阀式,包括球阀式和锥阀式等;

(2)滑阀式;

(3)喷嘴挡板式;

(4)射流管式。

以上几种阀中,由于锥阀式具有良好的密封性能,小开度时面积梯度大,滑阀式则便于加工,质量容易保证。因此,锥阀式和滑阀式成为液压控制阀主要的结构形式,用途也非常广泛。

4. 按连接方式分类

(1)螺纹式(管式)连接,其油口为螺纹孔,连接口用螺纹管接头与管道及其他元件连接,它常应用于简单系统。

(2)板式连接,其油口均布置在同一安装面上,并用螺钉固定在与阀各油口相对应的螺纹孔的连接板上,再通过管接头和管道及其他元件连接。这种连接方式应用最广泛。

(3)集成块式连接,由标准液压元件按典型动作要求组成基本回路,然后将基本回路集成在一起,组成液压系统的连接形式。这种阀拆卸方便,其安装连接方式得到广泛应用。

(4)叠加式连接,其进、出油口分别位于阀的上、下两个安装面上,每个叠加阀除了自身功能外,还起通道作用。叠加阀组成回路时,相同通径、功能各异的叠加阀通过螺栓串联叠加安装在底板上,底板上开有对外连接的进、出油口。这种阀结构紧凑,沿程损失很小。

(5)法兰式安装连接,它和螺纹式连接相似,只是用法兰代替螺纹管接头。通常用于通径 32 mm 以上的大流量系统,它的强度高,连接可靠。

(6)插装式连接,把由阀芯、阀套等组成的单元体插入专用阀体,再用连接螺纹或盖板固定,并通过插装块内的通道把插装式阀组成回路,然后与外部管路连接。这种连接方式结构紧凑、互换性好,适用于高压、大流量液压系统。

5.1.2 液压控制阀的性能参数 ///

阀的性能参数不仅反映了阀的规格和工作特性,而且也是对其进行评价和选用的依据。随着液压与气压传动技术的发展,我国开发了若干不同压力等级和不同连接方式的阀系列,它们不但性能各有差异,而且参数的表达方式也不相同。

1. 阀的规格

阀的规格通常用通径 D_g(单位为 mm)表示。D_g 是阀连接口的名义尺寸,因实际尺寸还要受流体流速等参数的影响,因此通径和连接口的实际尺寸不一定相等。如通径同为 10 mm 的某电磁换向阀连接口的实际直径为 11.2 mm,而直角单向阀却是 14.7 mm。

2.阀的性能参数

额定压力和额定流量是阀的两个主要性能参数,只要工作压力和流量不超过额定值,阀即可正常工作。另外,对于不同类型的阀,还用不同的参数表征其不同的工作性能,如最大工作压力、最大流量、通过额定流量时的额定压力损失、最小稳定流量、开启压力、允许背压等参数,以及给出若干条特性曲线,如压力-流量曲线、压力损失-流量曲线、进口压力-出口压力曲线等,也可确切反映阀的性能,同时也作为选用阀的辅助参数。

5.2 方向控制阀

方向控制阀是控制液压系统中液流方向和液流通与断的控制元件,它按工作职能可分为单向阀和换向阀两类。

5.2.1 单向阀 ///

单向阀的作用是控制流体只能向一个方向流动、反向截止或有控制地反向流动,常用的单向阀有普通单向阀和液控单向阀。

1.普通单向阀

普通单向阀简称为单向阀,它是控制流体只能正向流动、反向截止的阀,因此又称为逆止阀或止回阀。

(1)普通单向阀的结构和工作原理

普通单向阀按流体流动方向的不同,可分为管式(直通式)和板式(角通式)两种。图5-1 所示为单向阀的结构和图形符号,其中图 5-1(a)所示为管式连接,图 5-1(b)所示为板式连接。它主要由阀芯 1、阀体 2 和复位弹簧 3 等组成。板式单向阀阻力小,冲击小,工作平稳,复位弹簧容易更换;管式单向阀体积小,结构简单,但易产生振动和噪声。

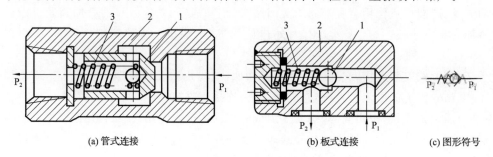

(a) 管式连接　　　　　　　　(b) 板式连接　　　　　(c) 图形符号

图 5-1　单向阀的结构和图形符号
1—阀芯(球阀或锥阀);2—阀体;3—复位弹簧

如图 5-1(a)所示,流体从 P_1 口流入时,流体的压力克服弹簧力,推动阀芯向左移动,使 P_1 口与 P_2 口接通,流体从 P_2 口流出;当流体从 P_2 口反向流入时,流体的压力和弹簧力将阀芯压紧在阀座上,流体不能通过。

(2)普通单向阀的主要性能

普通单向阀的主要性能是指正向最小开启压力、正向流动时的压力损失和反向泄漏量。单向阀中的复位弹簧主要用来克服阀芯的摩擦阻力和惯性力,使阀芯在阀座上就位,因此其刚度一般都选得较小,以降低阀的开启压力,一般仅有 0.03～0.05 MPa。当作为背压阀使用时,则可换上刚度较大的复位弹簧,其压力可达 0.2～0.6 MPa。

(3)普通单向阀的应用

普通单向阀常被安装在泵的出口,既可防止压力冲击,也可防止系统油液倒流;安装在不同油路之间,可防止油路间相互干扰;与其他阀组成单向节流阀、单向减压阀、单向顺序阀等,可使油液按一个方向流经单向阀,另一个方向流经节流阀;安装在执行元件的回油路上,可作为背压阀以提高执行元件的平稳性;用于其他需要控制液流单向流动的场合。

2.液控单向阀

液控单向阀与普通单向阀相比,增加了控制部分,它是一种通入控制流体后即允许流体双向流动的单向阀。

(1)液控单向阀的结构和工作原理

图 5-2 所示为液控单向阀的结构和图形符号。它由普通单向阀和液控装置两部分组成,其中液控装置是一个微型控制液压缸。

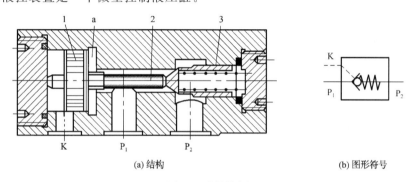

(a) 结构　　　　　　　　　　　　　　(b) 图形符号

图 5-2　液控单向阀

1—活塞;2—顶杆;3—阀芯;K—控制口;a—通泄油口的空腔

当控制口 K 没有通入控制流体时,流体只能从 P_1 口流向 P_2 口,此时它的工作机能和普通单向阀一样;当控制口 K 处有控制流体通入时,活塞 1 右侧腔 a 的油液通过泄油口(图 5-2 中未画出)排出,活塞右移,推动顶杆 2 顶开阀芯 3 离开阀座,P_1 口与 P_2 口接通,这时流体便可双向自由流通。

液控单向阀根据活塞上腔的泄油方式不同可分为内泄式和外泄式。前者泄油通单向阀的进油口 P_1,后者直接引回油箱。当流体反向流动时,P_2 口的压力相当于系统的工作压力,P_1 口的压力也可能很高,这样就要求控制口必须有较大的流体压力才能顶开阀芯,因而降低了液控单向阀的工作可靠性。此时常采用外泄式以降低开启阀芯的阻力,达到控制的目的。

(2)液控单向阀的主要性能

K 口通入的控制流体的压力最小应为主油路压力的 30%～50%。当控制口 K 处没有控制流体通入时,流体只能从 P_1 口流向 P_2 口,反向截止,这时液控单向阀与普通单向阀相同。液控单向阀具有良好的密封性能,其泄漏量可为零,因此这种阀也被称为液压锁。

(3)液控单向阀的应用

①锁紧液压缸,如图 7-2 所示;

②防止垂直设置液压缸停止时因自重而下滑,如图 7-9(b)所示;

③作为充液阀,如图 7-7(b)所示;

④用于保压回路与释压回路,如图 7-8(c)所示。

5.2.2 换向阀

换向阀通过改变阀芯与阀体的相对位置使油路接通、切断或变换流体的流动方向,从而实现液压执行元件的启动、停止或变换方向。

1.滑阀式换向阀的工作原理

图 5-3 为换向阀的工作原理图。阀芯是一个有台肩的轴(图 5-3 中有三个台肩),而阀体是有若干沉槽的孔(图 5-3 中为五槽)。每个沉槽都通过相应的孔道与外部相通,其 P 口为进油口,T 口(或 O 口)为回油口,A 口和 B 口分别接执行元件的两腔。

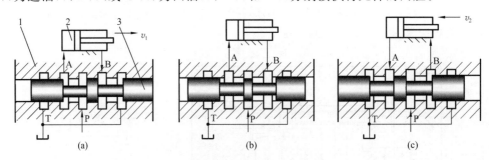

图 5-3　换向阀的工作原理
1—阀体;2—执行元件;3—阀芯

当阀芯 3 在外力作用下处于图 5-3(b)所示工作位置时,油路断开,液压缸两腔均不通压力油,执行元件处于停车位置状态,此时的状态为三位四通换向阀的中位机能;若使阀芯右移,即当阀芯在外力作用下处于图 5-3(a)所示工作位置时,P 口和 A 口相通,B 口和 T 口相通,压力油经 P 口和 A 口进入执行元件 2 的左腔,活塞右移;若使阀芯左移,即当阀芯在外力作用下处于图 5-3(c)所示工作位置时,A 口和 T 口相通,P 口和 B 口相通,压力油经 P 口和 B 口进入执行元件的右腔,活塞左移。图 5-3 中换向阀的阀芯和阀体是相对直线运动,所以又称滑阀;如果阀芯和阀体的相对运动是回转运动,则称之为转阀。

2.换向阀的分类和图形符号

(1)分类

换向阀按结构形式可分为座阀式(锥阀式、球阀式等)、滑阀式和转阀式三大类。

换向阀按位数和通数可分为二位二通、二位三通、二位四通、三位四通、三位五通等。位数是指阀芯可能实现的工作位置数目;通数是指阀所控制的油路通道数目。

(2)换向阀图形符号的意义

换向阀的结构原理和图形符号见表 5-1。

①阀体上的每个连接口都标有字母,一般 P 代表流体的进口,A、B 代表阀与执行元件的连接口,O 或 T 代表流体的出口。

②方框代表阀的工作位置,方框的数量代表位数。

③方框内的"↑、↓",代表接通状态;"⊤、⊥"为堵塞符号,代表该通道断开。

④每个方框内所表示的内容,表示阀在该工作状态下主油路的连通方式。

⑤阀的通数＝同一方框内的箭头数×2＋该方框内的堵塞符号数。

⑥换向阀在不受外力作用时阀芯所处的位置,称为常态位置。对于三位换向阀来说,中间位置为常态位,对于二位换向阀来说,靠近弹簧的位置为常态位。

⑦图形符号或阀的实际标注中,除做特殊说明外,通道线向外伸出的方框所处的位置一般是常态位置。绘制系统图时,通道应连接在常态位上。

表 5-1   常用滑阀式换向阀的结构原理图和图形符号

名　称	结构原理图	图形符号
二位二通	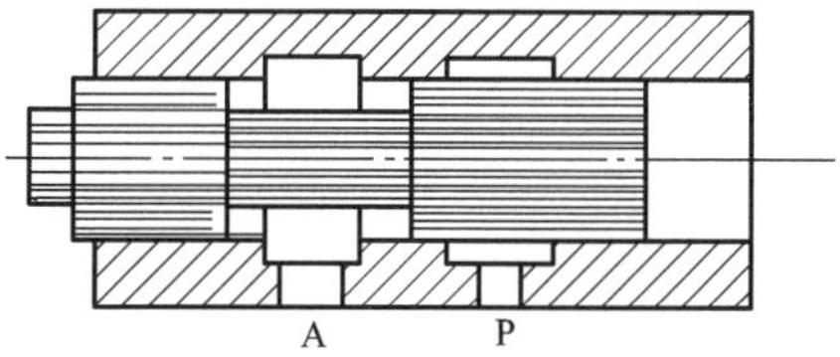	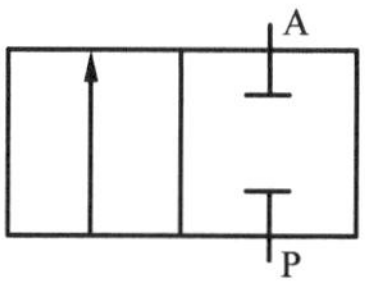
二位三通	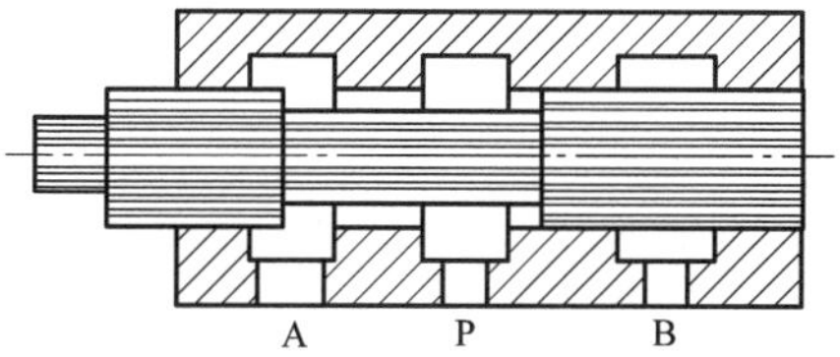	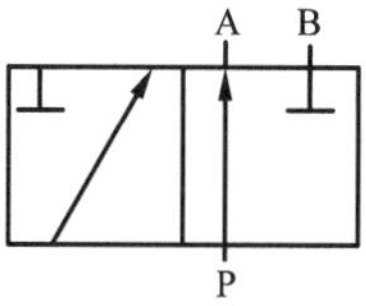
二位四通	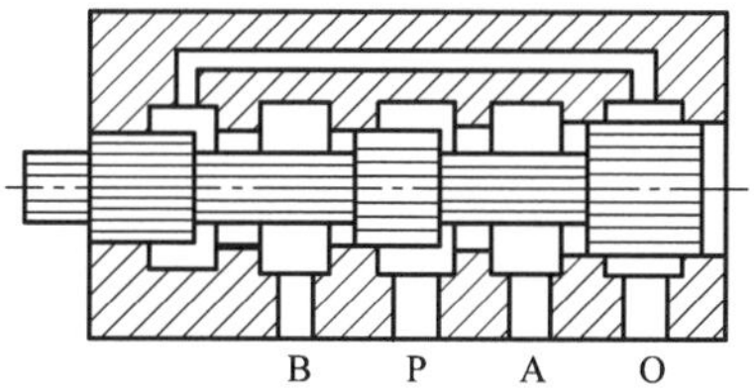	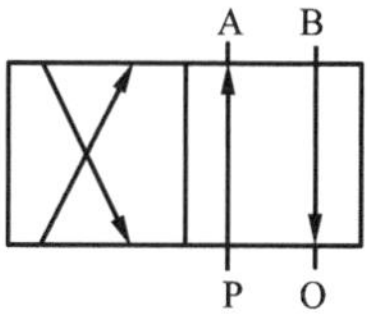
二位五通	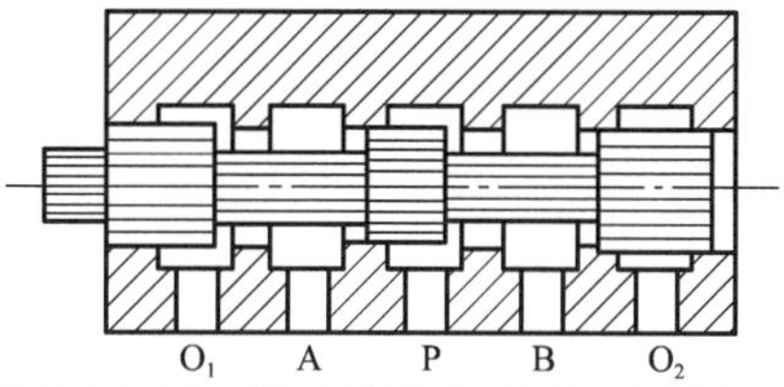	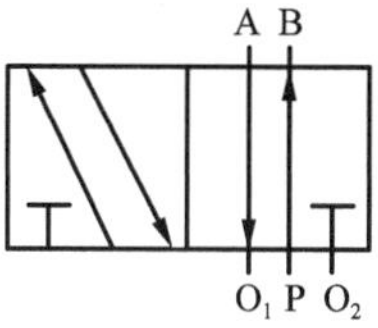
三位四通	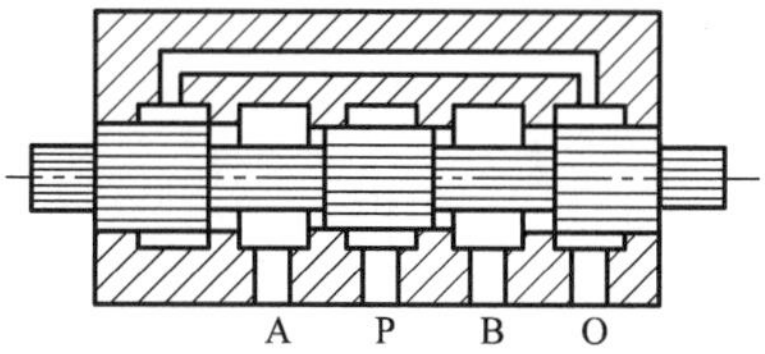	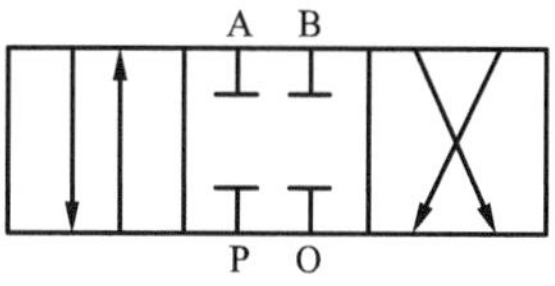
三位五通	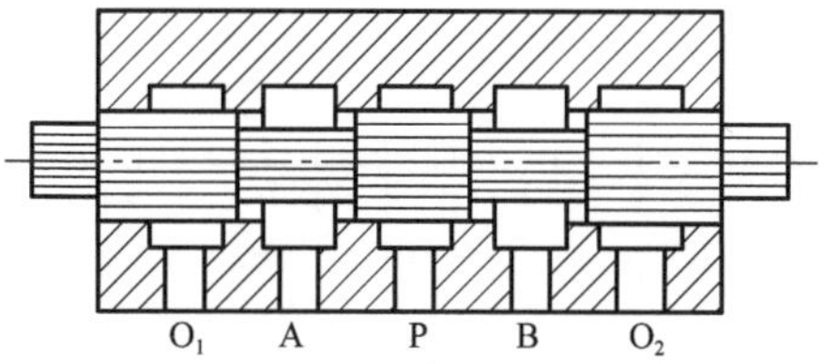	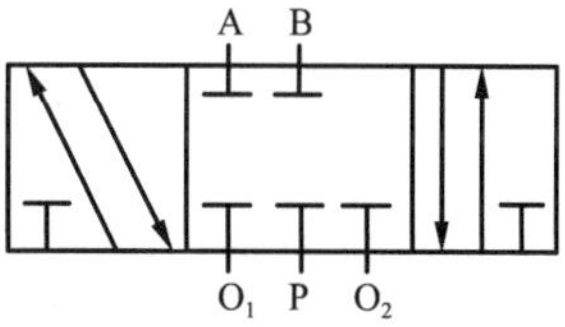

（3）中位机能

对于三位四通或三位五通滑阀式换向阀，滑阀在中位时的各通道的连通状态，称为滑阀的中位机能。不同的中位机能可满足系统的不同要求。不同机能的阀，其阀体可以通用，仅通过改变阀芯台肩的结构、轴向尺寸及阀芯上径向通孔的个数就可以得到。常见的中位机能见表 5-2。

选择中位机能时的注意事项包括：

①系统保压。P 口关闭，系统保持压力，泵可以用于多缸系统，如 J、O、U、Y 型。当 P 口与 O 口连接不太畅通时，系统能保持一定的压力供控制部分使用，如 X 型。

②系统卸荷。P 口与 O 口连通时，系统卸荷，如 H、K、M 型。

③换向精度与平稳性。当通往执行机构的 A 口、B 口都堵塞时（如 M、O 型），换向过程中易产生冲击，使换向不平稳，但换向精度高；反之，A 口、B 口都与 O 口相通时（如 Y 型），换向过程中工作部件不易制动，换向精度低，但换向冲击小、平稳。

④启动平稳性。阀在中位时，液压缸某腔通油箱（A 口、B 口或其一与 O 口通），则启动时该腔会因无油液起缓冲作用而启动不太平稳（如 J、Y 型）。

⑤执行机构"浮动"和任意位置停止。阀在中位时，对非差动缸，使 A 口、B 口互通（如 U 型）或 A 口、B 口通 P 口（如 P 型），或 A 口、B 口都与 O 口相通，这样卧式缸呈"浮动"状态，可利用其他机构调整其位置。当阀在中位时，A 口、B 口、P 口之一堵死，或 A 口、B 口都与 O 口相通，则执行机构可在任意位置上停止。

表 5-2 三位换向阀的中位机能

机能代号	中间位置时的滑阀状态	中间位置的符号		中间位置时的性能特点
		三位四通	三位五通	
C 型	O(O₁) A P B O(O₂)	A B / P O	A B / O₁ P O₂	P 口与 A 口通，B 口与 O 口都密封，执行元件处于停止位置
H 型	O(O₁) A P B O(O₂)	A B / P O	A B / O₁ P O₂	P 口、A 口、B 口、O 口全通，执行元件处于浮动状态，在外力（矩）作用下可移（转）动，液压泵卸荷
J 型	O(O₁) A P B O(O₂)	A B / P O	A B / O₁ P O₂	P 口与 A 口封闭，B 口与 O 口通，执行元件停止运动，在外力（矩）作用下可向一边移（转）动，液压泵不卸荷
K 型	O(O₁) A P B O(O₂)	A B / P O	A B / O₁ P O₂	P 口、A 口、O 口通，B 口封闭，执行元件处于闭锁状态，液压泵卸荷

续表

机能代号	中间位置时的滑阀状态	中间位置的符号		中间位置时的性能特点
		三位四通	三位五通	
M 型	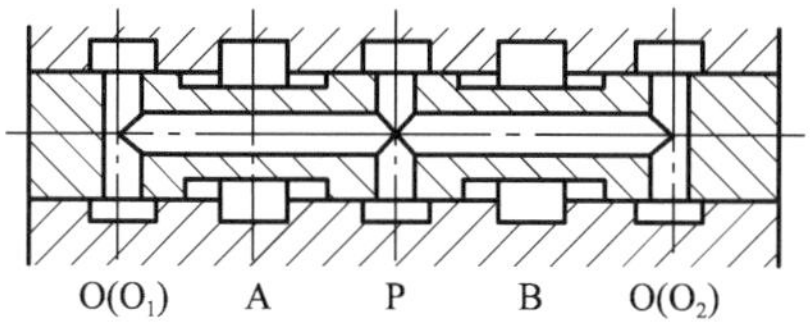 　O(O₁)　A　P　B　O(O₂)	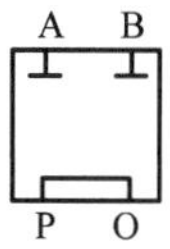 A B P O	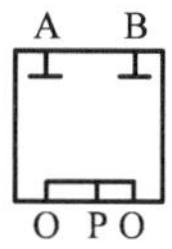 A B O P O	P 口与 O 口通,A 口与 B 口封闭,执行元件处于闭锁状态,液压泵卸荷,也可用多个 M 型换向阀并联工作
N 型	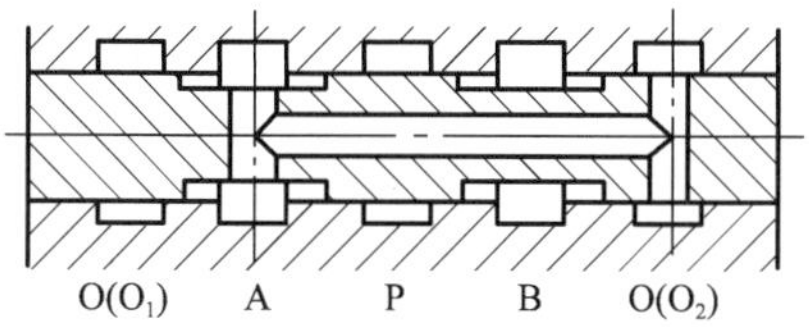 　O(O₁)　A　P　B　O(O₂)	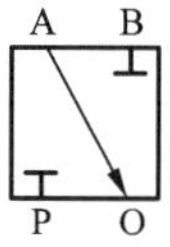 A B P O	 A B O₁ P O₂	P 口与 B 口封闭,A 口与 O 口通,与 J 型机能类似,只是 A 口与 B 口互换了,而且功能也类似
O 型	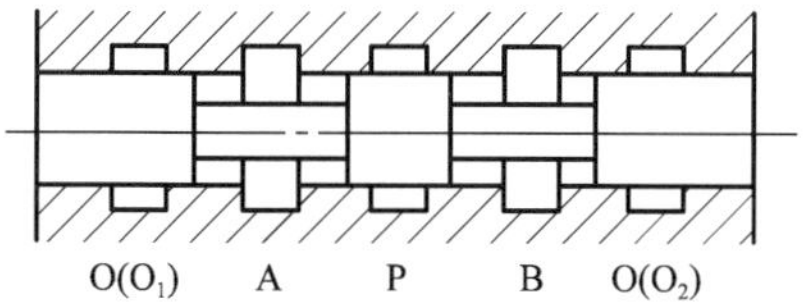 　O(O₁)　A　P　B　O(O₂)	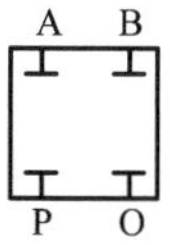 A B P O	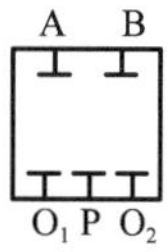 A B O₁ P O₂	P 口、A 口、B 口、O 口全封闭,液压泵不卸荷,执行元件闭锁,可用多个换向阀的并联工作
P 型	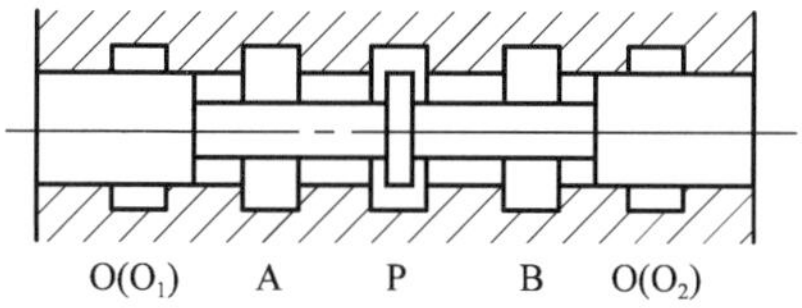 　O(O₁)　A　P　B　O(O₂)	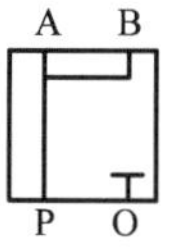 A B P O	 A B O₁ P O₂	P 口、A 口、B 口通,O 口封闭,液压泵与执行元件两腔通,对单杆液压缸来说,可组成差动回路
U 型	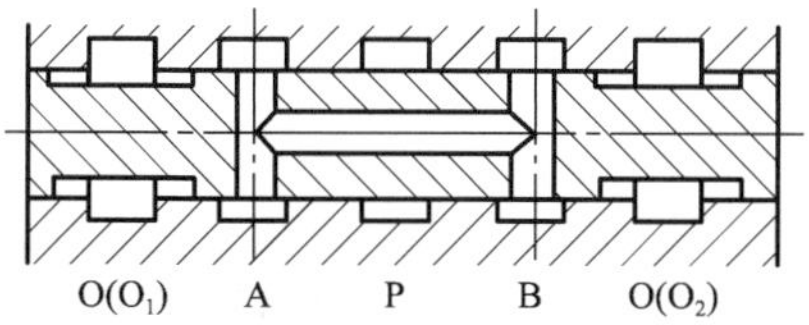 　O(O₁)　A　P　B　O(O₂)	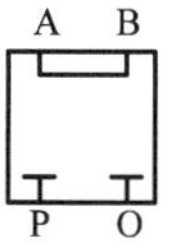 A B P O	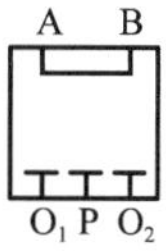 A B O₁ P O₂	P 口和 O 口全封闭,A 口与 B 口相通,活塞浮动,在外力作用下可移动,液压泵不卸荷
X 型	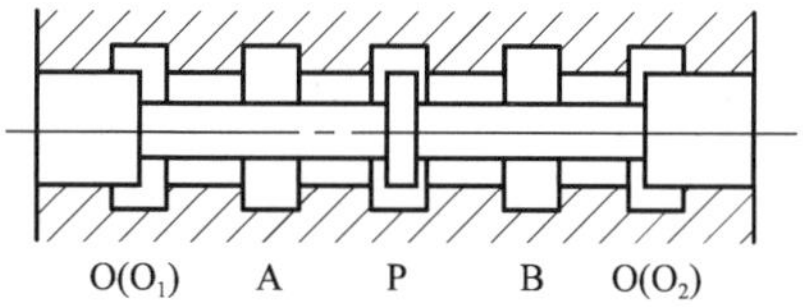 　O(O₁)　A　P　B　O(O₂)	 A B P O	 A B O₁ P O₂	P 口、A 口、B 口、O 口处于半开启状态,液压泵基本卸荷,但仍然保持一定压力
Y 型	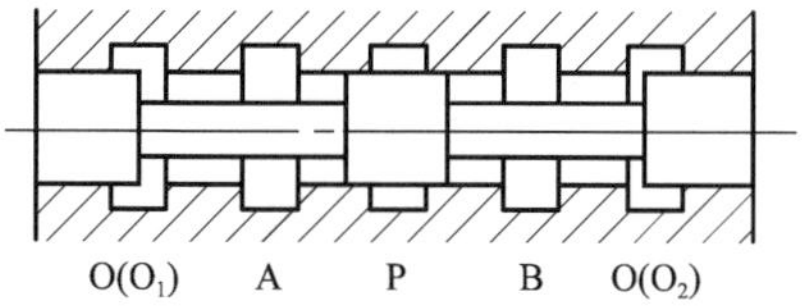 　O(O₁)　A　P　B　O(O₂)	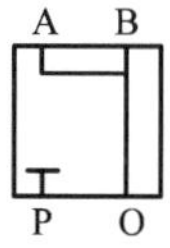 A B P O	 A B O₁ P O₂	P 口封闭,A 口、B 口、O 口通,执行元件浮动,在外力(转矩)作用下可移(转)动,液压泵不卸荷

3. 操作方式

换向阀的阀芯相对于阀体的运动需要有外力操纵来实现,常用的操纵方式有:手动、机动、电动、气动、液动和电液动。符号如图 5-4 所示。

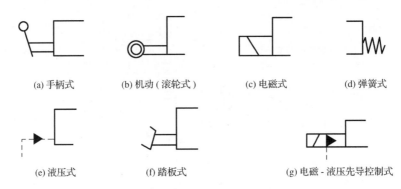

(a) 手柄式　　　(b) 机动 (滚轮式)　　　(c) 电磁式　　　(d) 弹簧式

(e) 液压式　　　　　(f) 踏板式　　　　　(g) 电磁 - 液压先导控制式

图 5-4　换向阀的操纵方式符号

（1）手动换向阀

通过用手操纵杠杆推动滑阀阀芯相对于阀体移动，来改变通道的通断的阀统称为手动换向阀。手动换向阀有钢球定位式和弹簧复位式两种。图 5-5 所示为液压系统常用的钢球定位式和弹簧复位式三位四通手动换向阀的结构和图形符号。当操作手柄在左位时，P 口与 A 口、B 口与 O 口通。当操作手柄在右位时，P 口与 B 口、A 口与 O 口通，分别实现换向功能；当操纵手柄的外力撤销后，图 5-5(a) 中的钢球卡在定位槽中，阀芯所在的位置保持不变，只有当再次操作后，阀芯的位置才发生相应变化。当操纵手柄的外力撤销后，图 5-5(b) 中的阀芯在弹簧力作用下自动回复到初始位置。

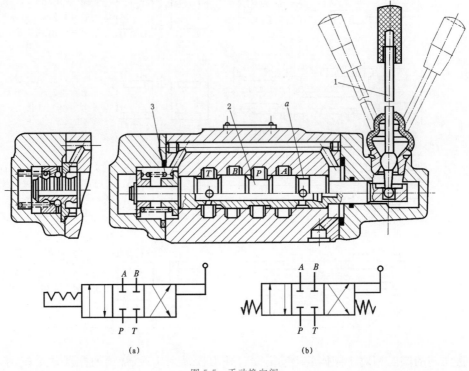

(a)　　　　　　　　　　　　(b)

图 5-5　手动换向阀

1—手动操纵杆；2—复位弹簧；3—阀芯

在手动换向阀中有一种多路换向阀，它是集中布置的组合式手动换向阀。其组合方式有并联式、串联式和顺序单动式三种，常用于工程机械等要求集中操纵多个执行元件的设备中，如图 5-6 所示。

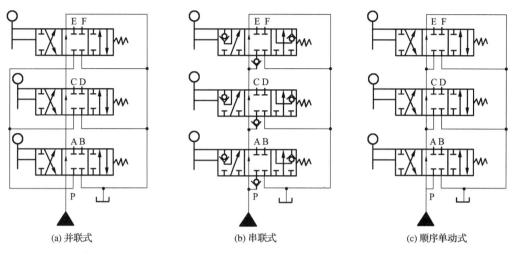

(a) 并联式　　　　　　　　(b) 串联式　　　　　　　　(c) 顺序单动式

图 5-6　多路换向阀的组合形式

当采用如图 5-6(a)所示的并联式组合时，动力元件可同时对三个或单独对其中一个执行元件提供流体。在对三个执行元件同时供油时，三者将会因负载不同出现先后动作。当采用如图 5-6(b)所示的串联式组合时，动力元件依次向各执行元件提供流体，第一个阀的回油口与第二个阀的压力油口相连。各执行元件可单独动作，也可同时动作。在三个执行元件同时动作的情况下，三个负载压力之和不应超过动力元件压力。当采用如图 5-6(c)所示的顺序单动式组合时，动力元件按顺序向各执行元件提供流体。操作前面一个阀时，就切断了后面阀的油路，从而可以防止各执行元件之间的动作干扰。

手动换向阀的结构简单，动作可靠，有的还可人为地控制阀口的大小，从而控制执行元件的速度。但由于需要人力操纵，故只适用于间歇动作且要求人工控制的小流量场合。

（2）机动换向阀

机动换向阀是利用挡块或凸轮推动阀芯实现换向，常用来控制执行元件的行程，故又称行程换向阀。机动换向阀通常是弹簧复位式的二位二通、二位三通或二位五通阀。

图 5-7 所示为二位二通机动换向阀的结构和图形符号。当执行元件通过直接或间接驱动行程挡块 1（或凸块）移动到预定位置时，行程挡块（或凸块）通过导轮 2 压下阀芯 3，使阀芯换位，实现换向。

当行程挡块或凸轮的运动速度 v 一定时，可通过改变行程挡块的斜面角度或凸轮外形，来改变换向时阀芯的移动速度，进而调节换向过程的快慢，减小换向冲击。

机动换向阀结构简单，动作可靠，换向位置准确，换向冲击小，常用于机床液压系统的速度换接回路中，或直接用于执行元件的换向回路中。

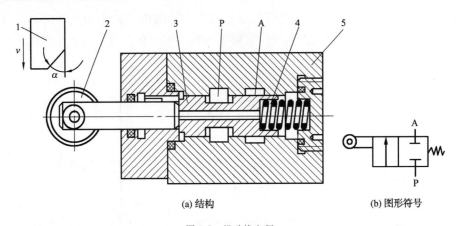

(a) 结构　　　　　　　(b) 图形符号

图 5-7　机动换向阀

1—行程挡块；2—导轮；3—阀芯；4—弹簧；5—阀体

（3）电磁换向阀

电磁换向阀利用电磁铁的通电吸合与断电释放来推动阀芯实现换向。液压系统中的按钮开关、限位开关或行程开关等发出的电气信号控制电磁换向阀电磁铁的吸合与断开，从而使液压系统实现设计的换向功能。电磁换向阀按电磁铁使用的电源不同，可分为交流和直流两种基本类型；按衔铁工作腔是否有液体，可分为干式和湿式两种类型。

图 5-8 所示为二位三通电磁换向阀的结构和图形符号。右位置是电磁阀的常态位置，此时 P 口与 A 口相通，B 口断开；当电磁铁接到电气控制信号后得电吸合时，推杆把阀芯推向右端，P 口与 A 口断开，与 B 口接通；当电气控制信号消失，电磁铁断电释放时，阀芯在弹簧力的作用下复位。

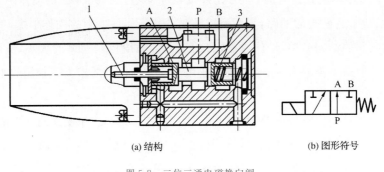

(a) 结构　　　　　　　(b) 图形符号

图 5-8　二位三通电磁换向阀

1—推杆；2—阀芯；3—弹簧

二位电磁阀一般由单电磁铁控制。

图 5-9 所示为三位四通电磁换向阀的结构和图形符号。中间位置是电磁换向阀的常态位置，其中位机能是 O 型，此时 P 口、A 口、B 口、O 口全部断开。当电气控制信号消失后，电磁铁断电，阀芯会在对中弹簧的作用下复位。

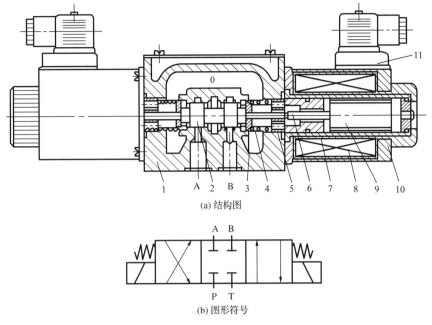

(a) 结构图

(b) 图形符号

图 5-9　三位四通 O 型电磁换向阀

1—阀体；2—阀芯；3—弹簧座、定位套；4—弹簧；5—挡圈；6—推杆；

7—导磁套；8—线圈；9—衔铁；10—壳体；11—插头组件

（4）液动换向阀

液动换向阀是利用控制系统内流体的压力来推动阀芯移动实现换向的。图 5-10 所示为三位四通液动换向阀的结构及图形符号。

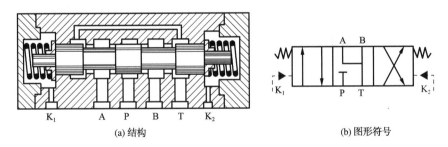

(a) 结构

(b) 图形符号

图 5-10　三位四通 Y 型液动换向阀

在图 5-10 中，阀芯两端分别接通控制口 K_1 和 K_2，当控制口 K_1、K_2 都不通压力油时，阀芯在对中弹簧的作用下处于中位（中位机能为 Y 型）。当控制液体从控制口 K_1 进入时，推动阀芯右移，P 口与 A 口通，B 口与 T 口通；当控制液体从控制口 K_2 进入时，则推动阀芯左移，P 口与 B 口通，A 口与 T 口通。

液动换向阀结构简单、动作平稳可靠，通过一些简单的装置可使阀芯的移动速度得到调节。这种阀液压驱动力大，可用于压力高、流量大、阀芯移动行程长的液压系统中，但没有电磁换向阀控制方便。

（5）电液换向阀

电液换向阀由一个普通的电磁换向阀和液动换向阀组合而成。图 5-11 所示为三位四通电液换向阀，其中的电磁换向阀是先导阀，控制液动换向阀换向；液动换向阀是主阀，控制主油路换向。

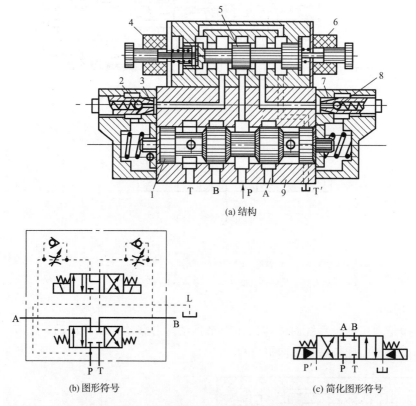

（a）结构

（b）图形符号　　　　　　　　　　　（c）简化图形符号

图 5-11　三位四通电液换向阀

1—液动阀阀芯；2、8—单向阀；3、7—节流阀；4、6—电磁铁；5—电磁阀阀芯；9—阀体

由图 5-11（a）可知，当电磁铁 4、6 都没有电信号时，电磁阀阀芯 5 不动作，处于中位，控制油路无油液流动，即主阀阀芯两端均不通控制流体，主阀阀芯在对中弹簧的作用下处于中位，主油路 P、A、B、O 互不导通；当电磁铁 4 有控制信号得电时，先导阀处于左位，控制液体通过单向阀 2 到达液动阀阀芯 1 左腔；回油经节流阀 7、电磁阀右腔流回油箱，此时主阀阀芯向右移动，主回路 P 与 A 接通，B 与 T 接通。同理，当电磁铁 4 失电，电磁铁 6 得电时，先导阀阀芯向左移动，先导阀处于右位，控制流体通过单向阀 8 到达液动阀阀芯 1 右腔，主回路 P 与 B 接通，A 与 T 接通。

电液换向阀内单向节流阀是换向时间调节器，又称阻尼调节器。调节单向节流阀的回油速度，可以调节主阀的换向时间，控制主阀阀芯的移动速度，进而提高主油路的换向平稳性。

5.3 压力控制阀

控制液压系统压力的元件称为压力控制阀。常用的压力控制阀有溢流阀、减压阀、顺序阀和压力继电器等。它们都是利用作用于阀芯上的流体压力和弹簧力相平衡的原理工作。

5.3.1 溢流阀 //

溢流阀主要有两种用途：一是稳压、调压（正常工作时，阀处于溢流状态），当系统压力等于溢流阀的调定压力时，系统中的液体通过阀口溢出一部分，保证系统压力稳定在其压力调定值上；二是作为安全阀（正常工作时，阀处于不溢流状态），只有在系统压力等于其调定的限压值时阀口才开启溢流，对系统起过载保护作用。溢流阀按其结构与原理分为直动式和先导式两种，直动式溢流阀的阀芯有锥阀式、球阀式和滑阀式三种形式。

1. 直动式溢流阀的结构及其工作原理

图 5-12(a) 为 P 型滑阀式低压直动式溢流阀的结构图。在阀体 6 左、右两侧开有进油口 P 和出油口 T，通过管接头与系统相连接，故其又属于管式阀。它主要由阀芯 7、阀体、调压弹簧 3、上盖 5、推杆 1、调节螺母 2、螺塞 8 等组成，阀体中开有内泄孔 e。同时有外泄口 L（由螺塞密封），滑阀式阀芯的下端有轴向孔 g 和径向孔 f。在图 5-12 所示位置，阀芯在调压弹簧力 F_t 的作用下处于最下端位置，阀芯台肩把进油口 P 和出油口 T 断开，流体经 P 口进入轴向孔 g 和径向孔 f，进入阀芯的底面 C 上，阀芯的底面上受到流体的作用形成一个向上的液压力 F。当进口压力 p 较低，液压力 F 小于弹簧力 F_t 时，阀芯在调压弹簧预压力作用下处于最下端，由底端螺塞限位，阀处于关闭状态。当液压力 F 等于或大于压弹簧力 F_t 时，阀芯向上运动，阀口开启，进口压力油经出油口 T 溢流回油箱，此时，阀芯处于受力平衡状态。轴向孔 g 为动态液压阻尼，可提高阀的稳定性，稳态时不起作用。内泄孔 e 用于将弹簧腔的泄漏液体排回油箱，此时阀为内泄式。如将上盖旋转 180°，卸掉外泄口 L 处螺塞，可在外泄油口 L 处接油箱，此时阀变为外泄式。

直动式溢流阀的特点是结构简单，反应灵敏。但在工作时易产生振动和噪音，压力波动大。一般用于小流量、压力较低的场合。当控制较高压力或较大流量时，需要安装刚度较大的弹簧，这样不但会造成手动调节困难，而且会使阀口开度（弹簧压缩量）略有变化，引起较大的压力波动，因而不易稳定。因此，系统压力较高时应采用先导式溢流阀。

图 5-12(b) 为锥阀式直动式溢流阀的结构图，它常用于先导式压力阀的先导调压部分。

2. 先导式溢流阀

先导式溢流阀是由先导调压阀和主阀两部分组成的。先导调压阀一般为小规格锥阀式结构的直动式溢流阀，其内的弹簧用来调定主阀的溢流压力。主阀用于控制主油路的溢流，其弹簧为平衡弹簧，主要用于克服摩擦力使主阀阀芯及时复位。先导式溢流阀恒定

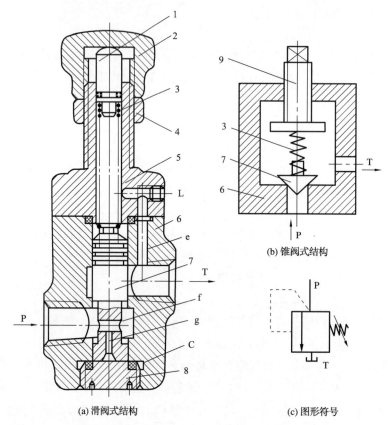

图 5-12　直动式溢流阀

1—推杆；2—调节螺母；3—调压弹簧；4—锁紧螺母；

5—上盖；6—阀体；7—阀芯；8—螺塞；9—调节螺栓

压力的性能优于直动式溢流阀。所以，先导式溢流阀被广泛应用于高压、大流量场合。

图 5-13 是先导式溢流阀的结构图。主阀阀芯 6 与阀盖 3、阀体 4 和主阀阀座 7 三处同心配合。流体自阀体中部的进油口 P 进入，并通过主阀阀芯上的阻尼孔 5 进入主阀阀芯上腔，再通过阀盖上的通道 a 和锥阀阀座 2 上的小孔作用于锥阀 1 上。

卸下螺塞 12，当进油压力 p_1 小于先导阀调压弹簧 9 的调定值时，先导阀关闭。同时由于主阀阀芯上、下两侧有效面积比为 1.03～1.05，上端稍大，所以作用于主阀阀芯上的压力差和主阀弹簧力均使主阀阀口压紧，不溢流。当进油压力 p_1 超过先导阀调压弹簧的调定值时，先导阀打开，流体流过阻尼孔时的压力损失，导致主阀阀芯上、下腔中的液体产生一个压力差，当压力差足以克服主阀弹簧力、主阀阀芯自重和摩擦力之和时，主阀阀芯开启，此时进油口 P 与出油口 T 接通并溢流，以保持阀前压力恒定。由于主阀阀芯的开启主要取决于阀芯上、下两端的压力差，主阀弹簧只用来克服主阀阀芯运动时的摩擦力，故主阀的弹簧力小。所以，先导式溢流阀在溢流量发生大幅度变化时，被控腔压力 p 只有很小的变化。调节先导阀手轮便能调整溢流压力。

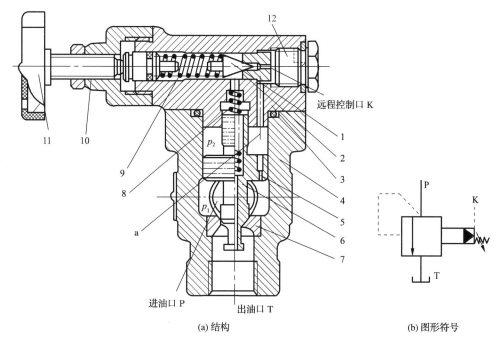

图 5-13　YF 型先导式溢流阀

1—锥阀；2—锥阀阀座；3—阀盖；4—阀体；5—阻尼孔；6—主阀阀芯；7—主阀阀座；

8—主阀弹簧；9—调压弹簧；10—调节螺钉；11—调压手柄；12—螺塞

　　卸下螺塞 12，当将远程控制口 K 通过二位二通阀接通油箱时，主阀上端的压力接近于零，主阀阀芯在很小的压力下便可移到上端，这时阀口开得最大，系统的液体在很低的压力下通过阀口流回油箱，实现卸荷作用。如果将 K 口接到另一个远程调压阀上，当远程调压阀的调整压力小于先导阀的压力时，则溢流阀的溢流压力由远程调压阀决定。使用远程调压阀后，便可对系统的溢流压力实行远程调节。

　　3.溢流阀的静态、动态特性

　　溢流阀的性能包括静态（稳态）、动态特性两类。静态特性是指溢流阀在稳定工况时某些参数之间的关系，动态特性是指溢流阀在瞬时工况时某些参数之间的关系。

　　(1)静态特性指标

　　①压力调节范围。是指溢流阀进口压力的可调数值。在调压范围内，溢流阀在使用过程中，系统压力能平稳地上升或下降，且压力无突跳或迟滞现象。

　　②启闭特性。溢流阀的定压精度可用流量-压力特性进行评价。溢流阀的流量-压力特性又称为启闭特性，即开启特性与闭合特性的统称，它是指溢流阀最重要的静态特性。其中开启特性是指溢流阀从关闭状态逐渐开启过程中，阀的通过流量与被控压力之间的关系，具有流量增加时被控压力升高的特点；闭合特性是指溢流阀从全开状态逐渐关闭过程中，阀的通过流量减小时与被控压力之间的关系，具有流量小时被控压力降低的特点。由于在开启与闭合时阀芯摩擦力在不同方向有不同影响，所以，阀的开启特性曲线与闭合特性曲线不重合。

　　图 5-14(a)和图 5-14(b)分别为直动式溢流阀和先导式溢流阀的启闭特性曲线，其中 K 与 B 分别对应阀的开启压力 p_K 和 p_B，N 点对应的压力 p_n 为阀通过额定流量 q_n 时的

压力。由于零流量时开启点和闭合点的压力很难测出,所以目前规定通过 1% 额定流量时的压力为开启压力和闭合压力。

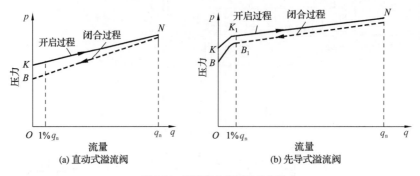

图 5-14　溢流阀的启闭特性曲线

③压力损失和卸荷压力。将调压弹簧的预压缩量调为零,当溢流量为阀的额定流量时,溢流阀的进口压力称为压力损失。对于先导式溢流阀,当溢流阀的远程控制口 K 与油箱接通时,溢流阀阀口在全开条件下使系统卸荷时,溢流阀的进、出口压力差就称为卸荷压力。压力损失和卸荷压力越小,说明流体经过溢流阀阀口的能量损失就越小,发热也越少,阀的性能也越好。

④压力稳定性。压力稳定性由以下两个指标来衡量:一是在额定流量 q_n 和调定压力 p_n 下,进口压力在一定时间内的偏移值;二是在整个调压范围内,通过额定流量 q_n 时进口压力的波动量。中压溢流阀的这两项指标均不应大于 ±0.2 MPa。

（2）动态特性指标

当溢流阀的溢流量由零突增至其额定流量时,阀在响应过程中,其进口压力迅速升高并超过调定压力,达到最大峰值压力,随后逐渐衰减波动至调定压力,完成其动态过渡过程。衡量其动态过渡过程的性能指标称为动态性能指标。如图 5-15 所示,溢流阀的动态特性主要表现在以下几个方面:

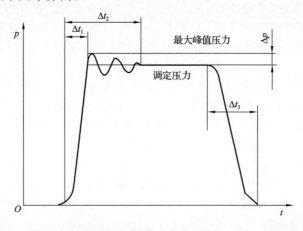

图 5-15　溢流阀的动态特性曲线

①压力超调量。最大峰值压力与调定压力 p_n 的差值为压力超调量 Δp,要求 $\Delta p \leqslant$ 30% p_n,否则将导致系统损坏。

②上升时间 Δt_1。是指当压力开始上升时,压力第一次达到调定压力 p_n 时所需要的时间。Δt_1 越小,溢流阀的响应越迅速,此值约在 0.1 s 内。

③过渡过程时间 Δt_2。是指当压力开始上升,到压力达到调定压力 p_n,并处于稳定状态所需要的时间。Δt_2 越小,溢流阀的动态过渡过程持续时间越短。

④卸荷时间 Δt_3。是指压力从调定(稳态)压力 p_n 降至卸荷压力所需要的时间。

4.溢流阀的应用

(1)稳压溢流

如图 5-16 所示,在定量泵与流量阀组成的串联节流调速系统中,溢流阀并联在泵的出口,作为主油路的旁路,与泵一起组成恒压液压源,由溢流阀调整并稳定系统压力。当系统工作时,液压泵输出压力油的一部分进入执行元件,多余的油经溢流阀流回油箱。溢流阀是常开的,由此使系统压力稳定在调定值附近,以保持系统压力恒定。

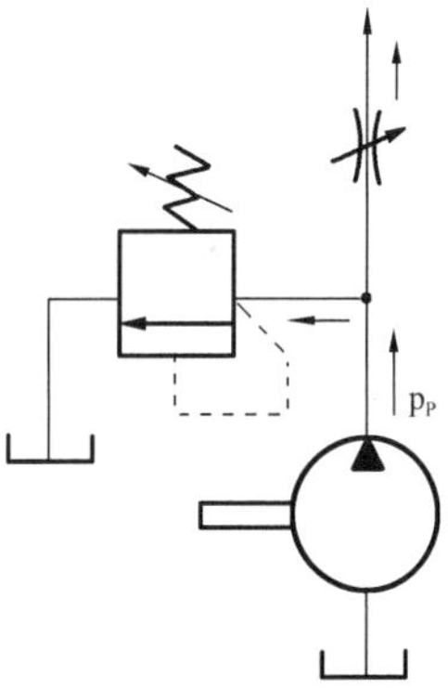

(2)安全限压

如图 5-17 所示,在变量泵与流量阀组成的串联节流调速系统中,溢流阀并联在泵的出口,系统中的溢流阀作安全阀用,以限制系统的最高压力。当压力超过调定值时,溢流阀打开溢流,

图 5-16　溢流阀的稳压溢流

保证系统安全工作。在正常工作时,溢流阀是常闭的,故其调整值应比系统的最高工作压力高 10%～20%,以免溢流阀打开溢流时,影响系统正常工作。

(3)远程调压

如图 5-18 所示,先导式溢流阀与直动式远程调压阀(实际上是一个小溢流量的直动式溢流阀)配合使用,可实现系统的远程调压。先导式溢流阀本身的调定压力要高于外接的远程调压阀的调定压力。为了获得较好的远程控制效果,两阀之间的油管不宜太长,以尽量减小管内的压力损失,同时可防止管道振动。

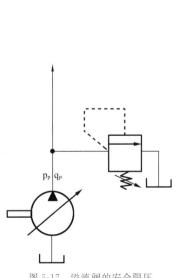

图 5-17　溢流阀的安全限压

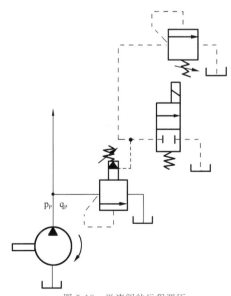

图 5-18　溢流阀的远程调压

（4）形成背压

将溢流阀安装在系统的回油路上，可对回油产生阻力，即造成执行元件的背压。回油路存在一定的背压，可以提高执行元件的运动稳定性。

（5）系统卸荷

将先导式溢流阀的遥控口直接与油箱相通或通过二位二通电磁换向阀与油箱相通，可使泵和系统卸荷。

5.3.2 减压阀

1.先导式定值减压阀

图 5-19 所示为先导式定值减压阀的结构及图形符号。该阀由先导阀调压，主阀减压。压力为 p_1 的流体由进油口 P_1 进入减压阀，经减压口降低为 p_2，一路从出油口 P_2 流出，另一路通过阀体 6 下端和端盖 8 上的通道进入主阀下腔，再经主阀上的阻尼孔 9 进入主阀上腔和先导阀的前腔，然后通过锥阀阀座 4 中的孔，作用在锥阀阀芯 3 上。当出口压力 p_2 小于先导阀的调定压力时，先导阀关闭，阻尼孔中无液体流动，主阀 7 阀芯两端压力相等，主阀阀芯在弹簧的作用下处于最下端位置，减压阀阀口开度 x 最大，不起减压作用；当出口压力 p_2 大于先导阀的调定压力时，先导阀打开，液体经阻尼孔进入先导阀弹簧腔，并由泄油口 L 流回油箱。由于阻尼孔中有液体流动时，使主阀阀芯两端产生压差，当此压差所产生的作用力大于主阀弹簧力时，主阀阀芯上移，减压阀阀口开度 x 减小，液体通过阀口时的压降增加，引起出口压力降低，直至出口压力 p_2 稳定在先导阀调定的压力值。如果外来干扰使 p_1 升高（如流量瞬时增大），则 p_2 随之升高，使主阀上移，减压阀阀口开度 x 减小，压降增加，p_2 又降低，使阀芯在新的位置上处于受力平衡，从而使出口压力 p_2 基本维持不变。同理，外来干扰使 p_1 降低，p_2 随之降低，使主阀下移，减压阀阀口开度 x 增大，p_2 又升高且维持不变。

当减压阀出口油路的油液不再流动时（如所连接的夹紧支路液压缸运动到终端后），因先导阀泄油仍在，故减压阀口仍有油液流动，减压阀仍处于工作状态，阀出口压力仍保持调定压力。

2.定差减压阀

定差减压阀可使阀进、出口压力差基本保持不变。图 5-20 所示为定差减压阀的结构原理和图形符号。初始状态下，减压阀阀口关闭，即阀口开度 $x=0$，阀芯 2 不动作。当高压流体 p_1 从进油口 P_1 进入阀腔，且在阀芯环形面积 $A=(A_1-A_2)$ 上产生的液压作用力大于调压弹簧 3 的调定压力时，减压阀打开，流体以低压 p_2 从出油口 P_2 流出，同时低压流体 p_2 经阀芯中心孔进入阀上腔 ，并作用于阀芯的环形面积 A 上。如果忽略液动力、阀芯自重及摩擦力，则阀在稳定工作时上、下腔液压作用力之差和调压弹簧的预调力相平衡，由于阀芯上、下腔的有效作用面积相等，因此 $\Delta p = p_1-p_2=K(x+x_0)/A$（$x_0$ 为阀口开度 $x=0$ 时的弹簧预压缩量）。因此，弹簧预压缩量越大，定差减压阀的压差 Δp 也越大；反之，压差越小。阀在工作时，由于阀口开度的变化较小，所以其变化程度对调压弹簧力的影响也很小。因此，调压弹簧在预压缩量一定时，Δp 近似为一个定值。

定差减压阀通常与节流阀组合构成调速阀，可使其节流阀两端压差保持恒定，使通过

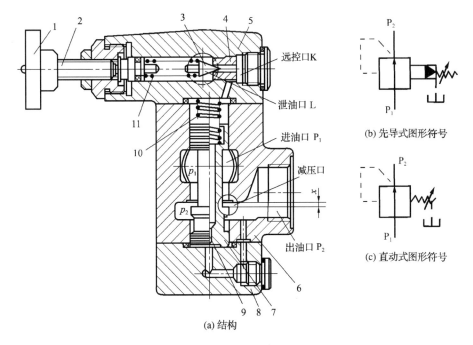

图 5-19 先导式定值减压阀

1—调压手轮;2—调节螺钉;3—锥阀阀芯;4—锥阀阀座;5—阀盖;6—阀体;
7—主阀;8—端盖;9—阻尼孔;10—主阀弹簧;11—调压弹簧

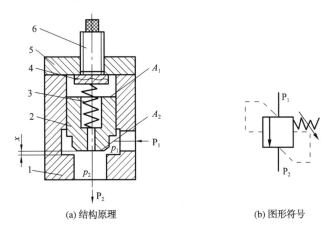

图 5-20 定差减压阀

1—阀体;2—阀芯;3—调压弹簧;4—弹簧座;5—阀盖;6—调压螺钉

节流阀的流量基本不受外界负荷变动的影响,大大提高了节流阀的调速性能。

　　3.减压阀的应用

　　减压阀多用于液压系统中支路的减压、调压和稳压。

　　在机床液压系统中,为了满足系统设计的定位、夹紧等功能,经常在支路中串联减压阀构成回路。为使系统可靠地工作,减压阀的最高调整压力要比系统压力低一定数值。中、高压系列减压阀约低 1 MPa,中、低压系列减压阀约低 0.5 MPa。

例 5-1 如图 5-21 所示的液压夹紧回路。已知进给缸 1 和夹紧缸 2 的结构相同,无杆腔有效工作面积 $A_1=100$ cm^2,有杆腔有效工作面积 $A_2=50$ cm^2,负载 $F_1=10\ 000$ N,负载 $F_2=4\ 500$ N,背压 $p_2=0.1$ MPa,节流阀的压差 $\Delta p=0.2$ MPa,不计管路损失,试求:

(1)夹紧缸运动时,A、B、C 各点的压力各是多少?

(2)各阀最小应选用多大的额定压力?

(3)设进给速度 $v_1=3$ cm/s,快速夹紧速度 $v_2=4$ cm/s 时,各阀应选用多大的额定流量?

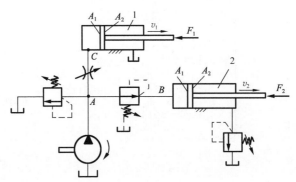

图 5-21 液压夹紧回路

解

(1)A、B、C 各点的压力分别为

$$p_C=\frac{F_1}{A_1}=\frac{10\ 000}{100\times10^{-4}}=1\times10^6 \text{ Pa}=1 \text{ MPa}$$

$$p_A=p_C+\Delta p=1\times10^6+0.2\times10^6=1.2\times10^6 \text{ Pa}=1.2 \text{ MPa}$$

$$p_B=\frac{F_2+A_2\times p_2}{A_1}=\frac{4\ 500+50\times10^{-4}\times0.1\times10^6}{100\times10^{-4}}=5\times10^5 \text{ Pa}=0.5 \text{ MPa}$$

当夹紧缸运动时,进给缸应不动,这时 A、B、C 各点的压力均为 0.5 MPa。

当进给缸工作时,夹紧缸必须将工件夹紧,这时 B 点的压力为减压阀的调定压力,显然,减压阀的调定压力应大于或等于 0.5 MPa。

(2)各阀的额定压力

系统的最高工作压力为 1.2 MPa,根据压力系列,应选用额定压力为 1.6 MPa 系列的阀。

(3)计算流量 q

通过节流阀的流量为

$$q_1=v_1A_1=3\times100\times10^{-3}\times60=18 \text{ L/min}$$

夹紧缸运动时所需的流量,即通过减压阀的流量为

$$q_2=v_2A_1=4\times100\times10^{-3}\times60=24 \text{ L/min}$$

通过背压阀流回油箱的流量为

$$q_3=v_2A_2=4\times50\times10^{-3}\times60=12 \text{ L/min}$$

选用液压泵、溢流阀、减压阀和节流阀的额定流量应大于 q_2（24 L/min），根据液压元件产品样本，可选用额定流量为 25 L/min 的阀。

选用额定流量为 16 L/min 的背压阀。

5.3.3　顺序阀 //

顺序阀以压力作为控制信号实现油路的通断，从而控制液压系统中各元件动作的先后顺序。

顺序阀按结构可分为直动式和先导式两种。直动式用于低压系统，先导式用于中、高压系统。

顺序阀按控制方式可分为内控式（简称顺序阀）和外控式（简称液控式顺序阀）。

1.顺序阀的结构和工作原理

图 5-22 为直动式顺序阀的结构原理图。流体由 A 口进入阀内，经阀体 4 和阀下盖 7 内的小孔通道进入控制活塞 6 的下方。流体推动控制活塞使阀芯受到向上的推力作用，同时阀芯也受到调压弹簧 2 向下的作用力。当进油口流体压力较低时，阀芯在调压弹簧的弹力作用下处于最下部位置，此时进、出油口 A 和 B 不通。当进油口流体压力达到调压弹簧的调定压力时，阀芯底部受到的推力大于调压弹簧的弹力，阀芯向上移动，从而使进、出油口 A 和 B 接通，流体从顺序阀流出。

在顺序阀中，控制压力油直接引自进油口 A 的控制方式称为内控式；如果把图 5-22 的阀下盖旋转 90°或 180°，并把 K 口接外部油路，则称为外控式；如果泄油口 L 直接接油箱，则称

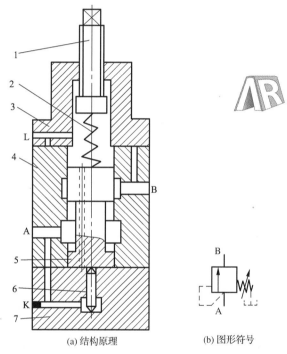

图 5-22　直动式顺序阀
1—调压螺钉；2—调压弹簧；3—阀上盖；
4—阀体；5—阀芯；6—控制活塞；7—阀下盖

为外泄式；如果把图 5-22 的阀上盖旋转 90°或 180°，并把泄油口 L 堵塞，流体从阀内部的通道进入出油口 B，则称为内泄式。图 5-22 所示的顺序阀为内控外泄式顺序阀。

2.顺序阀的应用

（1）控制执行元件的顺序动作

如图 5-23(a)所示为由顺序阀实现的顺序动作回路。它要求缸Ⅰ先动作，缸Ⅱ后动作。顺序阀在缸Ⅰ进行动作①时，处于不工作状态，当缸Ⅰ停止后，随着流体压力的升高，达到顺序阀的调定压力后，缸Ⅱ开始动作②。

（2）作为卸荷阀

如图 5-23（b）所示为双泵供油系统的大流量泵卸荷回路中，顺序阀作为卸荷阀。泵 1 为小流量泵，泵 2 为大流量泵，两泵并联。当执行元件需要快速进退时，需大量供油，泵 1 和泵 2 输出的流体分别通过单向阀 6 和 4，同时向系统供油。当执行元件转为慢速进给时，系统的压力升高，大于顺序阀的控制压力，顺序阀 3 打开，单向阀 4 关闭，泵 2 卸荷，此时只有泵 1 供油。因此在本回路中顺序阀 3 为卸荷阀。

（3）作为背压阀

如图 5-23（c）所示的回路，把顺序阀与单向阀并联后接入液压缸的回油路中，以增大背压，使液压缸的活塞运动速度稳定。该回路中，顺序阀作为背压阀。

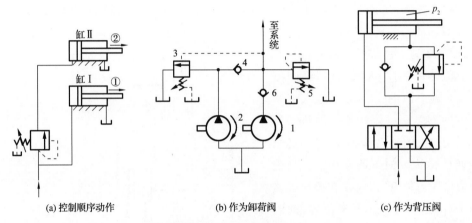

图 5-23　顺序阀的应用

1、2—定量泵；3—顺序阀；4、6—单向阀；5—溢流阀

5.3.4　三类压力阀的比较

溢流阀、减压阀和顺序阀是液压系统和液压技术中重要的压力控制元件，它们在结构、原理、作用及适用场合等方面既有相近或相似之处，又有许多不同的地方，见表 5-3。

表 5-3　溢流阀、减压阀和顺序阀的综合比较

对比项目	溢流阀		减压阀		顺序阀	
按工作原理分类	直动式	先导式	直动式	先导式	直动式	先导式
图形符号（示例）						
阀芯类型	滑阀、锥阀、球阀	先导阀部分：滑阀、锥阀、球阀 主阀：滑阀、锥阀	滑阀、锥阀、球阀	先导阀部分：滑阀、锥阀、球阀 主阀：滑阀、锥阀	滑阀、锥阀、球阀	先导阀部分：滑阀、锥阀、球阀 主阀：滑阀、锥阀
阀口状态	常闭	主阀常闭	常开	主阀常开	主阀常闭	主阀常闭
控制方式	内控或外控	内控或外控	内控	内控或外控	内控或外控	内控或外控

（续表）

对比项目	溢流阀		减压阀		顺序阀	
控制力来源	入口	入口	出口	出口	入口	入口
出口连接	油箱	油箱	支路或外载	支路或外载	外载或油箱	外载或油箱
泄油方式	内泄或外泄	内泄或外泄	外泄	外泄	外泄	外泄
组成复合阀	电磁溢流阀	电磁溢流阀、卸荷溢流阀	单向减压阀	单向减压阀	单向顺序阀	单向顺序阀
功能及作用	调压溢流、安全限压、系统卸荷、远程及多级调压、作为背压阀		减压稳压	减压稳压、多级减压	顺序控制、系统保压、系统卸荷、作为平衡阀、作为背压阀	

5.3.5　压力继电器

压力继电器是一种液-电信号转换元件，又称压力开关，主要由压力-位移转换部件和微动开关组成。常用的压力继电器有柱塞式、膜片式、弹簧管式和波纹管式四种结构形式，其中以柱塞式最为常用。

1. 工作原理

压力继电器利用液体压力与弹簧力的平衡关系实现触点的闭合与断开，从而将压力信号转换为电信号，控制电磁铁、电磁离合器、继电器等元器件实现执行元件的换向、顺序等动作以及泵的加载、卸荷等功能。

如图 5-24 所示是柱塞式压力继电器的结构和图形符号，它是由柱塞 1、弹簧 2、顶杆 3、调节螺钉 4 和微动开关 5 构成的。控制液体从压力继电器下端的控制口 P 进入，当液体压力达到弹簧调定的开启压力时，作用在柱塞上的液压力克服弹簧力作用，推动柱塞上移，并通过顶杆推动微动开关切换，使其发出电信号控制液压元件动作。当液压力下降到小于弹簧力时，柱塞则在弹簧力的作用下复位，顶杆则在微动开关的作用下复位。改变弹簧的压缩量，就可以调节压力继电器的动作压力。

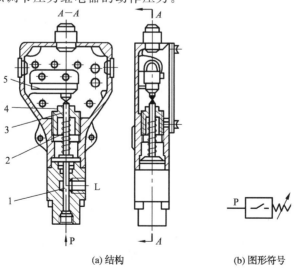

(a) 结构　　　　　　(b) 图形符号

图 5-24　柱塞式压力继电器

1—柱塞；2—弹簧；3—顶杆；4—调节螺钉；5—微动开关

2.压力继电器的性能指标

(1)调压范围

调压范围即发出电信号的最低和最高工作压力间的范围。拧动调节螺钉或螺母,即可调整工作压力。

(2)通断返回区间

压力继电器进口压力升高使其发出信号时的压力称为开启压力,进口压力降低切断电信号时的压力称为闭合压力。开启时,柱塞、顶杆移动时所受的摩擦力方向与压力方向相反,闭合时则相同,故开启压力比闭合压力大,两者之差称为通断返回区间。通断返回区间要有足够的数值,否则,系统有压力脉动时,压力继电器发出的电信号会时断时续。

5.4 流量控制阀

液压系统执行元件的速度取决于进入执行元件的流量。流量控制阀即通过改变阀口通流面积的大小或通流通道的长短以改变液阻,控制和调节液压系统中液流的流量,进而控制执行元件的运动速度。它主要有节流阀、调速阀、比例流量阀、分流阀、集流阀、温度补偿调速阀、溢流节流阀等,其中节流阀和调速阀是最为常用的流量控制阀。

5.4.1 节流阀

节流阀是结构最简单且应用最广泛的流量控制阀,按操纵方式可分为手动式节流阀和机械运动部件操纵式节流阀。为了提高系统的工作性能或设计要求,节流阀还经常与单向阀等其他阀组合形成单向节流阀等复合阀。

1.节流阀节流口的形式

改变阀口通流面积的大小,其实就是改变节流口的通流面积大小,以此达到对流量的控制。节流口的形式很多,常用的如图 5-25 所示。

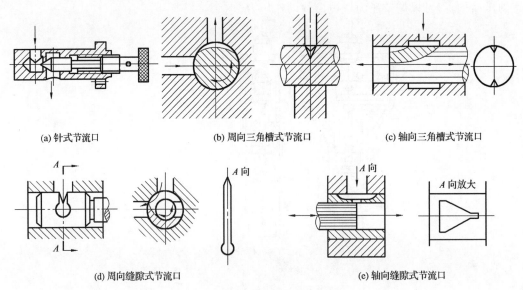

(a)针式节流口　　　　　　(b)周向三角槽式节流口　　　　　　(c)轴向三角槽式节流口

(d)周向缝隙式节流口　　　　　　　　　　(e)轴向缝隙式节流口

图 5-25　节流阀节流口的形式

如图 5-25(a)所示为针式节流口,针阀做轴向移动就可调节环形通道的大小以调节流量。图 5-25(b)所示为周向三角槽式节流口,阀芯上开了一个截面为三角形(或矩形)的偏心槽,转动阀芯就可调节通道的大小以调节流量。图 5-25(c)所示为轴向三角槽式节流口,阀芯上开了一个或两个斜的三角沟,轴向移动阀芯时,就可改变三角沟通流面积的大小。图 5-25(d)所示为周向缝隙式节流口,阀芯上开有狭缝,流体可通过狭缝流入阀芯的内孔,再经内通道左边的孔流出,转动阀芯就可改变缝隙通流面积的大小以调节流量。图 5-25(e)所示为轴向缝隙式节流口,在套筒上加工有薄壁缝隙,轴向移动阀芯就可改变缝隙通流面积的大小以调节流量。

2. 节流阀的工作原理

(1)普通节流阀

如图 5-26 所示为普通节流阀的结构和图形符号,它主要由阀体 1、阀芯 2、调节手柄 3 组成。流体从右侧的进油口 P_1 流入,经阀芯下部的节流口,从左侧的出油口 P_2 流出。转动调节手柄可以使阀芯在阀体内轴向移动,通过阀芯的升高或降低,引起节流口的大小发生改变,通过阀芯的流量也相应发生改变。

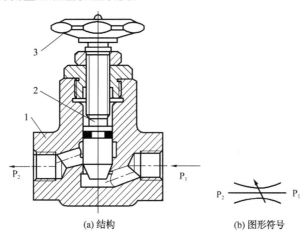

图 5-26　普通节流阀
1—阀体;2—阀芯;3—调节手柄

(2)单向节流阀

如图 5-27 所示为单向节流阀的结构和图形符号,它主要由螺母 1、顶杆 2、阀体 3、阀芯 4 和弹簧 5 组成。当流体从右侧的进油口 P_1 流入时,阀芯保持在调节杆所示的位置,流体通过阀芯上的三角形沟槽,从左侧的出油口 P_2 流出,这时节流阀起节流作用。此时,通过调节螺母来调节顶杆的轴向位置,弹簧推动阀芯做轴向移动,节流口的通流面积发生改变。而当流体从左侧的 P_2 口进入时,阀芯被压下,流体经 P_1 口流出。这时,阀只起单向阀作用,不起节流作用。

3. 节流阀的流量特性

(1)流量-压差特性及影响流量稳定的因素

图 5-28 为节流阀的特性曲线。节流阀的输出流量与节流口的结构形式有关,节流阀的流量-压差特性的流量通用公式为式(2-42),即

$$q=CA_T(p_1-p_2)^\varphi=CA_T(\Delta p)^\varphi \tag{2-42}$$

根据式(2-42),理想中的节流阀应该是通流面积 A_T 一经调定,通过阀的流量也为一定值,执行元件即可获得稳定的速度,实践中,流量是不稳定的。其影响因素包括以下几个方面:

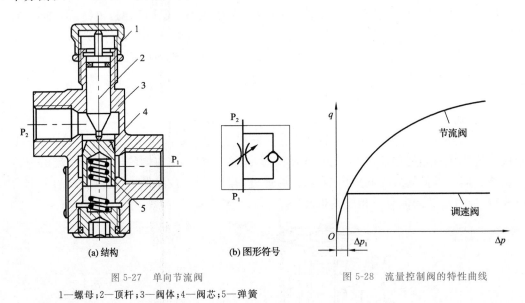

图 5-27 单向节流阀
1—螺母;2—顶杆;3—阀体;4—阀芯;5—弹簧

图 5-28 流量控制阀的特性曲线

①负载的影响。在通流面积一定的条件下,即节流阀的通流面积调整好后,若负载发生变化,执行元件工作压力 p_2 随之变化,则与执行元件相连的节流阀前、后压差 Δp 发生变化,导致通过阀的流量 q 也随之变化,即流量不稳定。薄壁孔的 φ 值最小,故负载变化对薄壁孔流量的影响也最小。

②温度的影响。温度变化时,流体的黏度发生变化,式(2-42)中的流量系数 C 值就发生变化,从而使流量发生变化。对于细长孔的节流口,孔越长,黏度变化对流量系数 C 值影响越大。对于薄壁孔的节流口,孔越短,黏度变化对流量系数的影响越不敏感。

③节流口被阻塞后的影响。在压差、油温和黏度等因素恒定的情况下,当节流阀开口很小时,流量会出现不稳定、甚至断流的现象称为阻塞。产生阻塞的主要原因是:当受到污染或节流口的开度很小时,节流口处高速、高压流体产生局部高温后,致使油液氧化生成胶质、沥青等沉淀,黏附在节流口表面逐步形成附着层,附着层时而被流动液体带走,时而又形成,进而改变节流缝隙的几何形状和大小,使通过节流口的流量出现波动,附着层堵死节流口时会造成断流。因此节流口的抗堵塞性能也是影响流量稳定性的重要因素,尤其会影响流量阀的最小稳定流量。

④节流阀的最小稳定流量。节流阀无断流且流量变化不大于10%时的正常工作状态下的最小流量限制值,称为节流阀的最小稳定流量。节流阀的最小稳定流量与节流孔的形状有很大关系,目前轴向三角槽式节流口的最小稳定流量为 30～50 mL/min,薄壁孔式节流口则可达 10～15 mL/min。

（2）内泄漏量及压力损失

当节流阀完全关闭时，阀在额定压力下，从进油口通过阀体与阀芯间的间隙泄漏到出油口的流量，称为内泄漏量；压力损失可分为正向压力损失和反向压力损失。当节流阀完全打开并通过额定流量时，将进、出油口间的压差称为阀的正向压力损失。将单向节流阀反向流经单向阀的压差称为阀的反向压力损失。

5.4.2　调速阀

普通节流阀存在当两端压差变化时流量不稳定的缺陷。为了克服这种缺陷，产生了调速阀。

1. 调速阀的结构

调速阀是由节流阀和定差减压阀串联而成的复合阀，节流阀用于调节输出的流量，定差减压阀用于自动补偿负载变化的影响，使节流阀前、后的压力差保持恒定，消除了负载变化对流量的影响，从而使执行元件的速度保持恒定。

2. 调速阀的工作原理

如图 5-29 所示，调速阀主要由减压阀阀芯 1、节流阀阀芯 2、阀体 5 构成，定差减压阀与节流阀串联。当压力为 p_1 的流体进入阀体后，经过减压阀压力降至 p_2'，经孔道引至定差减压阀的右端，节流阀的出口压力 p_2 由阀体上的孔道引到定差减压阀左端的弹簧腔。当负载压力 p_2 增大时，作用在定差减压阀弹簧腔的压力增大，阀芯右移，减压阀阀口增大，压降减小，使 p_2' 也增大，从而使节流阀的压差 $\Delta p'(p_2' - p_2)$ 保持不变；反之，当负载压力 p_2 减小时，作用在定差减压阀弹簧腔的压力减小，阀芯左移，减压阀阀口减小，压降增大，使 p_2' 也减小，从而使节流阀的压差 $\Delta p'$ 保持不变。这样就使调速阀的流量不受负载影响，流量恒定不变。注意：调速阀的压差 $\Delta p(p_1 - p_2)$ 随负载变化而变化。

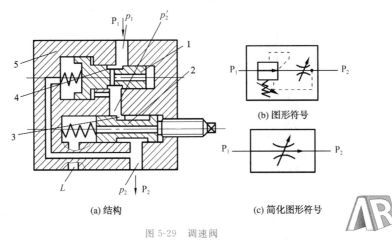

图 5-29　调速阀

1—减压阀阀芯；2—节流阀阀芯；3—节流阀阀口；4—减压阀阀口；5—阀体

3. 调速阀的流量特性

调速阀的流量特性如图 5-28 所示，当调速阀前、后两端的压力差 $\Delta p(p_1 - p_2)$ 大于 Δp_1 时，减压阀的阀芯处于工作状态，通过调速阀的流量不受阀的压力差的影响，其流量不变;当压差 $\Delta p < \Delta p_1$ 时,调速阀和节流阀的性能相同,流量随压差的变化而变化。这是因为当压差 Δp 很小时,减压阀阀芯在弹簧力的作用下,被推向最右端位置,阀口全开,处于不工作状态,不起减压作用,只有节流阀起作用。要想调速阀正常工作,调速阀的最小压差 $\Delta p_1 \geqslant \Delta p_{min} \approx 1$ MPa(中、低压阀约为 0.5 MPa)。

5.5 其他阀

5.5.1 插装阀//

插装阀是将插装组件插入特定设计加工的阀块内,配以盖板和不同先导阀组合而成的一种多功能复合阀。它具有结构简单、通流能力强、阀芯动作灵敏、密封好、抗阻塞能力强,便于实现集成化控制等优点。目前,它在冶金、锻压、矿山等工程领域中的高压大流量液压系统中广泛应用。

1.插装阀的结构及工作原理

如图 5-30 所示,插装阀由先导阀 1、控制盖板 2、插装单元及阀块体 6 四部分组成。其中插装单元由弹簧 3、阀套 4、阀芯 5 及密封件等组成,插装在阀块体中,通过它的开启和关闭动作以及开启量的大小来控制主油路的流体方向、压力和流量。阀芯的上腔作用着 K 口的流体压力和弹簧的弹力,A 口和 B 口的流体压力作用在阀芯的下锥面上,用 K 口的控制流体压力控制主通道 A 与 B 的通断,又称为二通插装阀。盖板用来固定和密封插装阀单元,沟通控制油路与主阀控制腔之间的联系。控制盖板内也可内嵌节流螺塞等微型控制元件及安装先导控制阀等元件,以构成具有某种功能的组合阀。阀块体用来安装插装单元、控制盖板和其他控制阀,连接主油路和控制油路。

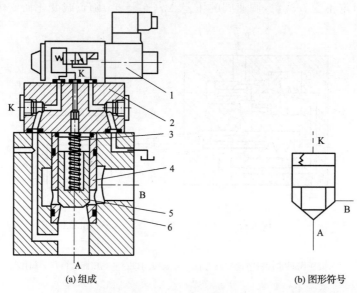

(a) 组成　　　　　　　　　　　　　　(b) 图形符号

图 5-30　插装阀

1—先导阀;2—控制盖板;3—弹簧;4—阀套;5—阀芯;6—阀块体

就工作原理而言,二通插装阀相当于一个液控单向阀。当 K 口无流体压力作用时,阀芯受到向上的流体压力大于弹簧力，阀芯开启，通道 A 和 B 相通。反之，当 K 口有流体压力作用且 K 口的流体压力大于 A 口和 B 口的压力时，通道 A 和 B 断开。

2. 插装阀的分类及应用

插装单元与不同的控制盖板及不同的先导控制阀进行组合，可以组成插装方向阀、插装压力阀、插装流量阀，以满足系统不同的功能需要。

（1）插装方向阀

插装阀与换向阀组合，可以组成各种形式的插装方向阀，如图 5-31 所示。

如图 5-31(a)所示为二位二通插装换向阀，当电磁阀不通电时，A 口与 B 口关闭；当电磁阀通电时，A 口与 B 口连通。

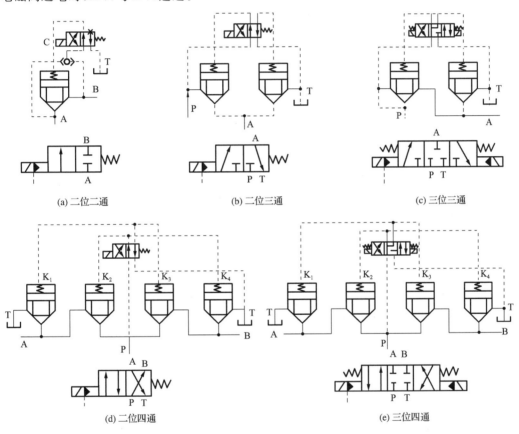

图 5-31 插装换向阀

如图 5-31(b)所示为二位三通插装换向阀，当电磁阀不通电时，A 口与 T 口连通，P 口关闭；当电磁阀通电时，P 口与 A 口连通，T 口关闭。

如图 5-31(c)所示为三位三通插装换向阀，当电磁阀不通电时，控制流体使两个插装件关闭，P 口、A 口、T 口互不连通；当电磁阀左电磁铁通电时，P 口与 A 口连通，T 口关闭；当电磁阀右电磁铁通电时，A 口与 T 口连通，P 口关闭。

如图 5-31(d)所示为二位四通插装换向阀，当电磁阀不通电时，P 口与 B 口连通，A 口与 T 口连通；当电磁阀通电时，P 口与 A 口连通，B 口与 T 口连通。

如图 5-31(e)所示为三位四通插装换向阀,当电磁阀不通电时,控制流体使四个插装件关闭,P 口、T 口、A 口、B 口互不连通;当电磁阀左电磁铁通电时,P 口与 A 口连通,B 口与 T 口连通;当电磁阀右电磁铁通电时,P 口与 B 口连通,A 口与 T 口连通。

(2)插装压力阀

用直动式溢流阀作为先导阀来控制插装主阀,在不同的油路连接下,即可构成不同的插装压力阀。图 5-32 为插装式溢流阀的原理图,其工作原理与先导式溢流阀完全相同。A 口的流体经阻尼小孔 R 进入控制口 K,并与作为先导阀的溢流阀的进油口相通,B 口接回油箱。当 A 口压力升高到先导阀的调定压力时,先导阀打开,液体流过阻尼小孔 R 时造成主阀阀芯下、上两腔产生压差,使主阀阀芯克服弹簧力而开启,A 口与 B 口接通,流体便经 A 口和 B 口流回油箱,从而实现溢流稳压。

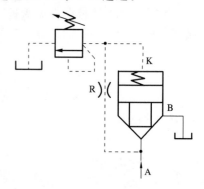

图 5-32 插装式溢流阀的原理

5.5.2 比例阀

比例阀是一种输出量与输入信号(电压或电流)成比例的液压元器件,它可按给定的输入信号连续、按比例地控制流体的方向、压力和流量。

现在的比例阀,一类是由电液伺服阀简化结构、降低精度发展起来;另一类是用比例电磁铁取代普通液压阀的手调装置或电磁铁发展起来。后者是比例阀发展的主流。

比例电磁铁的外形与普通电磁铁相似,但功能却不相同,比例电磁铁的吸力与通过其线圈的直流电流强度成正比。其前端装有位移传感器,可检测比例电磁铁的行程,并向放大器发出反馈信号。电放大器将输入信号与反馈信号比较后再向电磁铁发出纠正信号,以补偿误差,保证阀有准确的输出参数。因此它的输出压力和流量可以不受负载变化的影响。电放大器多制成插接式装置与比例阀配套使用。

1.比例阀的分类及工作原理

比例阀也可分为压力、流量与方向控制阀三大类。

用比例电磁铁取代直动式溢流阀的手动调压装置,便成为直动式比例溢流阀,其结构及工作原理如图 5-33 所示。电信号输入时,比例电磁铁 2 产生相应电磁力,通过推杆 3 对调压弹簧 4 施加作用力。电磁力对调压弹簧预压缩,预压缩量决定了溢流压力。预压缩量正比于输入信号,溢流压力正比于输入信号,因此随着输入信号的变化,可实现对压力的连续或按比例控制。将直动式比例溢流阀作为先导阀与普通压力阀的主阀相结合,便可组成先导式比例溢流阀、比例顺序阀和比例减压阀。

用比例电磁铁取代电磁换向阀的普通电磁铁,便成为直动式比例换向阀,其结构及工作原理如图 5-34 所示。由于使用了比例电磁铁,换向阀在换向的过程中,连通油口间的通流面积大小也可以连续、按比例地进行变化,所以比例换向阀不仅能控制执行元件的方

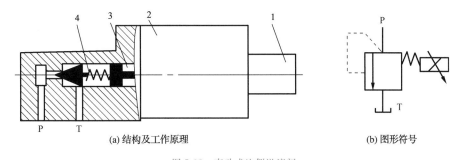

图 5-33　直动式比例溢流阀

1—位移传感器；2—比例电磁铁；3—推杆；4—调压弹簧

向，而且能控制它的速度。

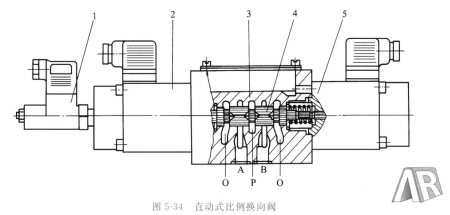

图 5-34　直动式比例换向阀

1—位移传感器；2、5—比例电磁铁；3—阀体；4—阀芯

图 5-35 所示为比例调速阀的工作原理。用比例电磁铁取代手调装置，以输入信号控制比例电磁铁，进而控制节流口通流面积，便可连续、按比例地控制其输出流量。图 5-35 中的节流阀阀芯由比例电磁铁的推杆 2 操纵，因此节流口开度便由输入信号的强度决定。由于定差减压阀已经保证了前、后压差为一定值，所以一定的输入信号就对应了一定的输出流量。

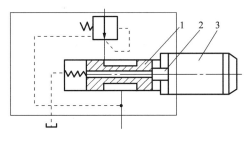

图 5-35　比例调速阀的工作原理

1—节流阀；2—推杆；3—比例电磁铁

2. 比例阀的特点

与普通电磁阀相比，比例阀有如下特点：

（1）油路简化，元件数量少；

（2）能实现无级控制，自动化程度高；

（3）能连续、按比例地对油液的压力、流量或方向进行控制，从而实现对执行元件的位置、速度或力的连续控制，并能防止压力、速度变化时的冲击。

5.5.3 数字阀 ///

用数字信息直接控制的阀称为数字控制阀，简称数字阀。它可直接与计算机接口，不需要数/模转换，克服了用计算机控制比例阀或伺服阀时，必须进行数/模转换的不足。

1. 数字阀的结构

本教材主要介绍增量式数字阀。增量式数字阀由步进电动机带动工作，步进电动机直接用数字量控制，其转角与输入的数字式信号脉冲数成正比，其转速随输入的脉冲频率的不同而变化。由于步进电动机是以增量控制的方式进行工作的，故此阀称为增量式数字阀。

图 5-36 所示为数字式流量控制阀的结构和图形符号，它主要由滚珠丝杠 1、节流阀阀芯 2、阀套 5、连杆 6、零位移传感器 7、步进电动机 8 等组成。当计算机发出一个脉冲指令后，步进电动机转过一个角度 $\Delta\theta$，滚珠丝杠把角位移 $\Delta\theta$ 转换为轴向位移 Δx，使节流阀阀芯开启，从而控制了流量。如图 5-36(a)所示，阀有左节流口 4 和右节流口 3，其中右节流口为非全周界通流，左节流口为全周界通流，阀芯向右移动时先打开右节流口，阀开口小，向右继续移动一段距离后左节流口打开，左、右节流口同时通油，阀的开口增大。由于液流从轴向流入，且流出阀芯时与轴线垂直，所以阀在开启时的液动力可以将向右作用的液压力部分抵消掉。阀从节流阀阀芯、阀套和连杆的相对热膨胀中获得温度补偿。

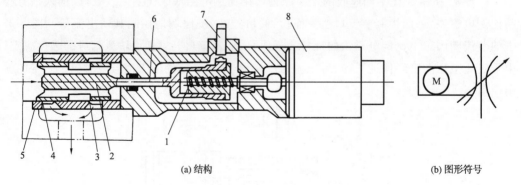

(a) 结构   (b) 图形符号

图 5-36　数字式流量控制阀

1—滚珠丝杠；2—节流阀阀芯；3—右节流口；4—左节流口；

5—阀套；6—连杆；7—零位移传感器；8—步进电动机

2. 数字阀的分类及应用

接受计算机数字控制常用的方法有增量控制法和脉宽调制法，因此数字阀也分为增量式数字阀和脉宽调制式数字阀两类。

与伺服阀（将在第 11 章介绍）和比例阀相比，数字控制阀不仅结构简单，抗污染能力强,操作维护简单,而且可与计算机直接相连,输出量准确。因此,它被广泛应用于注塑机、压铸机、机床及飞行器等方面。

习　题

5-1　液压控制元件的作用是什么? 简述其分类情况。

5-2　什么是换向阀的"位数"与"通数"? 什么是"中位机能"?

5-3　说明中位机能为 O 型、H 型的三位阀的特点及其在液压系统中的应用。

5-4　液控单向阀为什么有内泄式和外泄式之分? 什么情况下采用外泄式?

5-5　能否用两个二位三通换向阀替代一个三位四通换向阀? 试绘出替代后的图形符号。

5-6　常用的压力控制阀有哪些? 它们的工作原理是什么?

5-7　溢流阀在系统中起什么作用? 一般如何安装使用?

5-8　先导式溢流阀由哪两部分组成? 主阀阀芯上的小孔起什么作用? 若阻塞会产生什么后果? 先导阀上的远程控制口有什么作用?

5-9　对于溢流阀和减压阀,如何根据它们的特点加以区分?

5-10　顺序阀与溢流阀的主要区别是什么?

5-11　如图 5-37 所示回路中,溢流阀的调整压力为 $p_y=5$ MPa,减压阀的调整压力为 $p_j=2.5$ MPa,试分析下列各情况,并说明减压阀阀口各处于什么状态:

(1)当泵的出口压力等于溢流阀的调整压力时,夹紧液压缸使工件夹紧后,A、B、C 点的压力各为多少?

(2)当泵的出口压力由于工作缸快进,压力降到 1.5 MPa 时(工件原先处于夹紧状态),A、B、C 点的压力各为多少?

(3)夹紧液压缸在夹紧工件前做空载运动时,A、B、C 点的压力各为多少?

5-12　当按图 5-38 所示的方法使用溢流阀时,压力表 A 在下列情况下的读数各为多少?

(1)YA 通电时;

(2)YA 断电,溢流阀溢流时;

(3)YA 断电,系统压力 p_p 低于溢流阀开启压力 p_y 时。

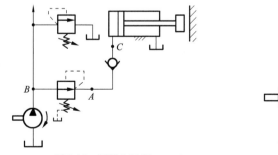

图 5-37　习题 5-11 图

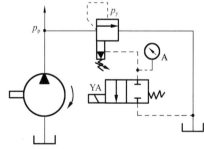

图 5-38　习题 5-12 图

5-13　如图 5-39 所示为由一个先导式溢流阀 5、两个直动式溢流阀 1、2 和两个二位二通电磁换向阀 3、4 组成的四级调压且能卸荷的回路,试简述其各压力级和卸荷的工作过程,并求出各压力级状态下对应的泵的出口压力。

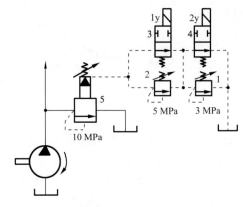

图 5-39 习题 5-13 图

5-14 如图 5-40 所示两个系统中,溢流阀 A、B、C 的调整压力分别为 3.0 MPa、2.0 MPa 和 4.0 MPa。在外载趋于无限大时,这两个系统的压力各为多少?

5-15 如图 5-41 所示两组阀中,设两减压阀 1 和 2 的调定压力一大一小,分别为 p_{j1} 和 p_{j2},并且所在的支路有足够的负载,则支路的出口压力取决于哪个阀?为什么?

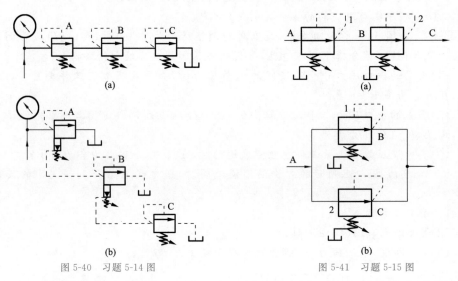

图 5-40 习题 5-14 图   图 5-41 习题 5-15 图

5-16 如果将调定压力分别为 10 MPa 和 5 MPa 的顺序阀 A 和 B 串联或并联使用,试分析总的进口压力为多少?

5-17 有一节流阀,当阀口前、后压力差 $\Delta p = 0.03$ MPa,阀的开口面积 $A = 0.1 \times 10^{-4}$ m²,通过的流量 $q = 10$ L/min 时,试求:

(1)阀开口面积 A 不变,但阀前、后压力差 $\Delta p_1 = 0.5$ MPa,通过的流量 q_1 等于多少?

(2)阀前、后压力差 Δp 不变,但开口面积减为 $A_2 = 0.05 \times 10^{-4}$ m²,通过阀的流量 q_2 等于多少?

5-18 如果将调速阀的进、出油口接反,调速阀能否正常工作?为什么?

5-19 简述插装阀的组成、分类及特点。

5-20 比例阀与普通电磁阀相比,哪个性能更好?为什么?

第6章

液压辅助元件

素质目标

通过讲解液压辅助元件在系统中都有着重要的作用，由此组成完整的液压系统，才能完成液压传动功能。引导学生认识到在社会中的每个人也有他的位置和作用，团结合作才能取得成功。

液压辅助元件是液压系统的重要组成部分，它主要包括蓄能器、滤油器、油箱、管件、测量仪表、密封装置等。除油箱常根据系统需要自行设计外，其他的皆为标准件，已经标准化、系列化。

滑阀式换向阀
的工作原理

6.1 蓄能器

蓄能器是液压系统中储存和释放压力能的元件，它可以在短时间内向系统提供压力液体，也可以吸收系统的压力脉动和减小系统的压力冲击。

6.1.1 蓄能器的分类、工作原理、特点及应用 /////////////////////////////

蓄能器的分类、工作原理、特点及应用见表 6-1。

表 6-1　　　　蓄能器的种类、结构简图、工作原理、特点及应用

名称	结构简图	工作原理	特点及应用
重力式蓄能器	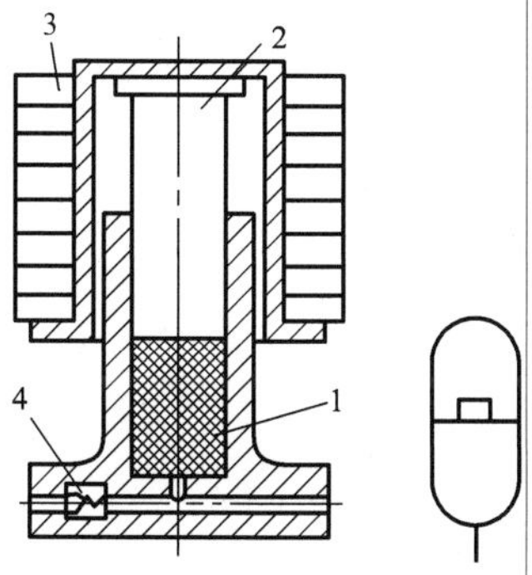	利用重物的势能来存储和释放液压能。主要由柱塞 2、重锤 3 及单向阀 4 组成。冲液时，液体经单向阀进入蓄能器柱塞下部，并推动柱塞带动重锤向上移动，使重锤的势能不断增加，从而使液体 1 以一定压力存储起来。放液时，重锤势能转化为液体的压力能，使液体从下部的通道流出，进入液压系统，液体压力的大小由重锤的质量决定	结构简单，容量大，压力稳定。但结构尺寸大，体积大，笨重，易漏油，有摩擦损失。因此，常用于大型固定设备

续表

名称	结构简图	工作原理	特点及应用
弹簧式蓄能器	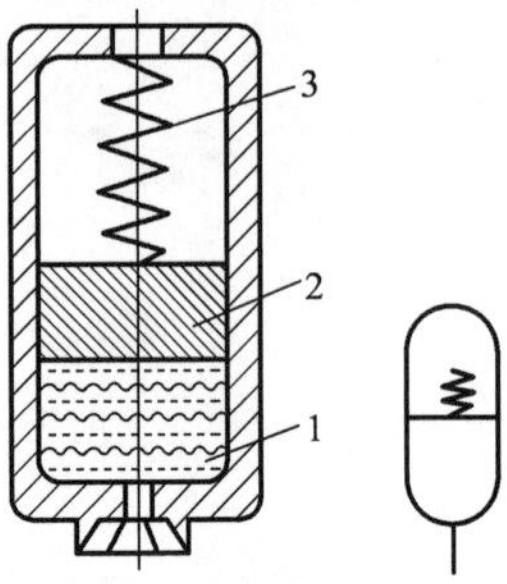	利用弹簧变形产生的势能来存储和释放液压能。主要由弹簧 3、活塞 2 和液压油 1 组成。冲液时，液体从下部进入，向上推动活塞压缩弹簧变形产生势能，使液体以一定的压力存储起来，液体压力的大小取决于弹簧的刚度和压缩量。放液时，液体在弹簧势能的作用下从下部的通道流出	结构简单，反应灵敏。但容量小，存储及供油压力不稳定，不适于高压、高频动作的场合，多用于小容量、低压系统
气瓶式蓄能器	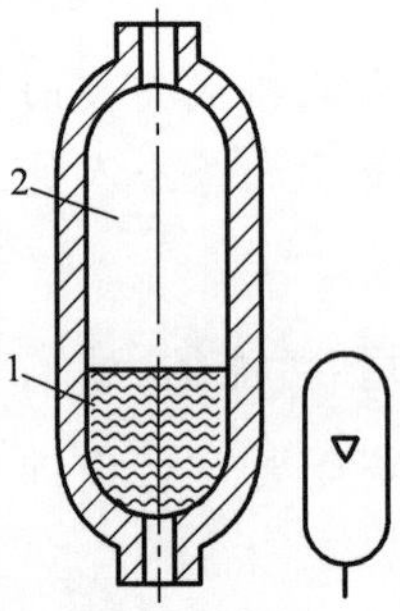	利用气体的压缩和膨胀原理来存储和释放能量。气体 2 和液压油 1 在容器内是直接接触的，因此又称直接接触式蓄能器。气体混入液压油中，增加了液压油的可压缩性，大大降低了执行元件的平稳性	结构简单，容量大，体积小。但耗气量大，需经常补气。因此它只适于压力不高的大流量液压系统
充气式蓄能器 活塞式蓄能器	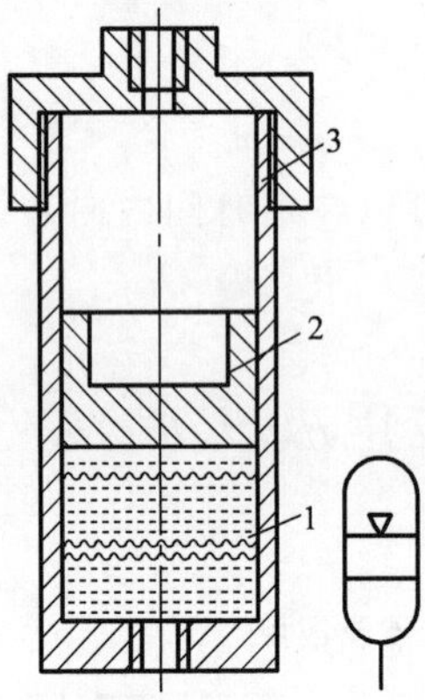	主要由活塞 2 和液压油 1 组成。活塞把容器内的气体 3 和液压油隔开，活塞上有密封圈，活塞的凹部面向气体，增加了气体室的容积，克服了气瓶式蓄能器的气体与液压油混装的不足，在一定程度上提高了蓄能器的性能。但由于活塞有惯性、密封件有摩擦力，所以其反应灵敏度不高，密封件磨损后的气、液渗透也会使执行元件的平稳性逐渐下降	结构简单，工作可靠，寿命长，安装维护方便。但灵敏度不高，密封件易磨损。因此这种蓄能器一般只用于储存能量，或在中、高压系统中吸收压力脉动
气囊蓄能器式	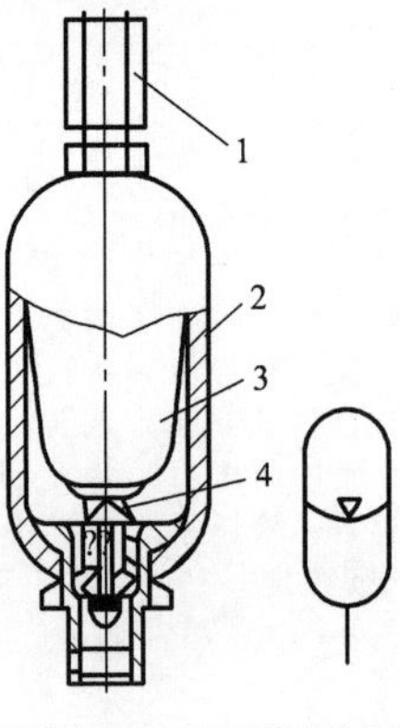	主要由充气阀 1、壳体 2、气囊 3、和限位阀 4 组成。利用气囊使气体与液压油隔离。工作前，从充气阀向气囊内充进一定压力的气体，并使气体密闭在气囊内。压力油从底部的限位阀进入壳体内部气囊的外腔，压缩气囊而存储液压油	完全克服了前两种阀气、液相混的不足，具有结构紧凑，质量轻，反应灵敏，易于安装等优点。因此应用较为广泛，适于储存能量或吸收冲击

6.1.2　蓄能器的应用 //

1. 作为辅助动力源

在需要间歇运动或短时高速运动的液压系统中,液压系统所需流量变化较大,可采用小流量泵和蓄能器联合使用,使蓄能器吸收多余的油,或泵与蓄能器同时供油,实现执行元件的短时快速供给或间歇运动。这样不仅节省能源,还可降低系统的温升。

2. 保压和补偿泄漏

执行元件要求长时间保压时,可用蓄能器补偿系统泄漏,稳定系统压力。

3. 作为应急能源

当停电、泵的驱动动力或泵发生故障造成油源突然中断时,蓄能器可作为系统的应急能源。

4. 缓冲液压冲击,吸收压力脉动

液压泵突然停车、执行元件突然停止运动、换向阀突然换向等,都会引起液流速度和方向的急剧变化,产生液压冲击。在产生冲击的部位安装蓄能器可使冲击有效缓解,在泵的出口处安装蓄能器,可以吸收液压泵的脉动压力。

6.1.3　蓄能器的安装 //

蓄能器安装时应注意以下问题:

(1)气囊式蓄能器一般应垂直安装,使其进油口向下,以提高使用寿命。

(2)吸收冲击压力和脉动压力的蓄能器,应尽可能安装在冲击源和振动源附近。

(3)安装在管路上的蓄能器,承受着一个相当于入口面积与油液压力之积的液压作用力,必须用支持板或支持架使之固定。

(4)蓄能器管路系统之间应安装截止阀,供充气和检修时使用。

(5)蓄能器与液压泵之间应安装单向阀,防止液压泵卸荷时蓄能器内储存的压力油倒流。

🐙 6.2　滤油器

滤油器的作用就是对液压油进行过滤,将液压油的污染程度控制在允许范围内,从而保证系统正常工作。

6.2.1　滤油器的分类、工作原理、特点及应用 //////////////////////////////

滤油器的分类、工作原理、特点及应用见表 6-2。

表 6-2 滤油器的种类、结构简图、工作原理、特点及应用

名称	结构简图	工作原理	特点及应用
网式滤油器		主要由上盖 1、圆筒 2、铜丝网 3 和下盖 4 组成。圆筒为周围开有很多孔的金属或塑料骨架，一层或两层铜丝网包在圆筒上。铜丝网的网孔大小及层数决定了其过滤精度，分为 80 μm、100 μm 和 180 μm 三个等级	结构简单，通流能力大，压力损失小，清洗方便，但过滤精度低，常用于吸油管路作为吸滤器，对油液进行粗滤
线隙式滤油器		分带壳体和不带壳体两种。带壳体的线隙式滤油器是一种普通滤油器，它主要由芯架 1、滤芯 2 和壳体 3 构成，它用铜线或铝线密绕在筒形芯架的外部，组成滤芯，并装在壳体上，利用线间的微小间隙过滤液压油。油液从右端进入，经绕在滤芯上的铜线圈过滤后，进入其内部，经左端口流出	结构简单，通流能力强，过滤精度高，但滤芯材料强度低，不易清洗。一般用作低压回路的回油滤油器或液压泵吸油管路的吸油滤油器，用于低压系统液压泵吸油管路的滤油器没有外壳
纸芯式滤油器		主要由堵塞状态发信装置 1、滤芯（包含滤芯外层 2、中层 3 和内层 4）及弹簧 5 等组成。滤芯的外层为粗眼金属钢丝网，中间为纸质滤芯，纸质滤芯为厚度为 0.35～0.7 mm 的平纹或皱纹的酚醛树脂或木浆微孔纸，内层由金属钢丝网和滤纸折叠在一起，有的滤芯中央还装有弹簧支撑，提高了滤芯的强度	过滤精度高，一般用于油液的精过滤。它具有结构紧凑，通油能力强的优点。但由于清洗困难，多为一次性使用，故需要经常更换滤芯
烧结式滤油器		主要由顶盖 1、壳体 2 和滤芯 3 等部件组成。油液从左端进入，通过滤芯过滤后，从下端流出。滤芯一般由颗粒状青铜压制、烧结而成，它是利用颗粒间的微孔过滤杂质的，不同粒度的粉末制成不同壁厚的滤芯，可以获得不同的过滤精度，其精度通常为 0.01～0.1 mm	能承受高压，耐高温，抗腐蚀性好，过滤精度高，制造简单，适于要求精度高、高压、高温的液压系统，但易堵塞、难清洗、烧结颗粒脱落造成油液二次污染等

6.2.2　滤油器的安装

1. 安装在液压泵的吸油口

网式和线隙式粗滤油器一般安装在液压泵的吸油管路上,可滤除较大颗粒的污染物,以保护液压泵。管路中要求滤油器的通流能力应大于泵输出流量的 2 倍,压力损失要小于 0.02 MPa。

2. 安装在液压泵的出口油路上

一般把过滤精度为 $10 \sim 15\ \mu m$,能承受油路上的工作压力和冲击压力,压降小于 0.35 MPa 的精细滤油器安装在液压泵的出口油路上,滤除可能对各类阀造成危害的污染物,以保护阀类元器件。同时应安装安全装置,以防止滤油器堵塞。

3. 安装在系统的回油路上

可采用强度低、压降对系统影响不大的滤油器,安装在系统的回路上,使液压油在流回油箱之前得到净化。安装时应并联一个背压阀,当滤油器堵塞达到一定压力值时,背压阀打开,起旁通作用。

4. 独立过滤系统

液压系统除了整个系统所需的滤油器之外,大型机械的液压系统可专门设立一个由液压泵和滤油器组成的独立于系统之外的过滤系统,用来清除污染物。

6.3　油　箱

液压油箱简称油箱,它是液压系统不可缺少的辅件。

6.3.1　油箱的用途

油箱主要用来储存液压系统的油液,同时具有散发油液热量、逸出和分离油液中气体、沉淀等杂质的作用。有时一些小的液压系统,把液压泵或部分控制阀安装在油箱顶面,以达到缩小液压系统的外形尺寸、优化液压系统的结构的目的。

6.3.2　油箱的分类及结构

1. 油箱的分类

根据油液与大气是否相通,油箱可分为开式和闭式,开式油箱又分为整体式和分离式两种;根据液压泵与油箱的相对位置,油箱可分为上置式、下置式和旁置式三种。开式油箱广泛用于一般的液压系统,闭式油箱则用于水下和无稳定气压及对工作的稳定性等有严格要求的工作环境。

2. 油箱的结构

油箱的典型结构如图 6-1 所示。油箱一般用 $2.5 \sim 6$ mm 的钢板焊接而成。箱体装有隔板 7 和 9,将装有滤油器 10 的吸油管 1 和回油管 4 隔开。顶部装有空气过滤器 3 和滤油器 2、液位计 6 和排污用的放油阀 8,液压泵及其电动机安装在上盖 5 上。有的油箱内通有管道与外界相通,通过管道导入循环水,辅助降低油液的温度。

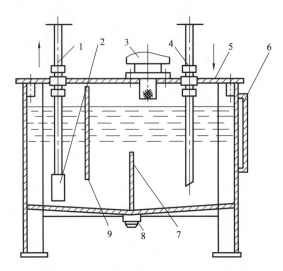

图 6-1   油箱结构示意图

1—吸油管;2—滤油器;3—空气过滤器;4—回油管;

5—上盖;6—液位计;7、9—隔板;8—放油阀

6.3.3   油箱的设计 //

油箱的设计应注意以下几个方面:

(1)油箱容量的确定。可以依照经验公式确定油箱的有效容积:

$$V = mq_p \tag{6-1}$$

式中 V——油箱的有效容积,L,还需要经过液压系统热平衡验算;

q_p——液压泵的实际流量,L/min;

m——经验值,min,见表 6-3。

表 6-3   经验值 m

系统类型	行走设备	低压系统	中压系统	中高压或高压系统
m	1~2	2~4	5~7	6~12

此外,也要考虑回油时,油液不能溢出,液面高度一般不超过油箱高度的 80%。

(2)吸油管和回油管的间距尽量远。两者之间要用多块隔板分为吸油区和回油区,隔板高度应不小于液面高度的 2/3,使相互间的液压油能充分沉淀和冷却,同时可减小回油口处液压油的搅动对吸油口的影响。

(3)吸油口处应安装有足够通流能力、距箱底或侧壁有足够距离的吸油过滤器,以便于拆装。

(4)箱底离地面距离至少 150 mm,以便于搬移和维护保养。同时,为了清洗方便,油箱底部应倾斜一定角度,并在最低处安放油塞,保证换油时放尽杂质。

(5)油箱的侧面应安装液面计或设置液面观察窗口,以便确定油面的高度是否合适。同时,内壁要进行防锈处理。

(6)要防止油液渗透和污染。油箱上盖以及管口处要加密封件。注油口应安装滤油网,通气孔处应装置空气过滤器。

(7)为方便安装、搬运或移动,大、中型油箱应设计有吊钩。小型分体式油箱应安装带制动装置的滚动轮或万向轮。

6.4 管 件

本教材主要介绍油管和管接头。

6.4.1 油 管

1.油管的分类及应用

液压系统中使用的油管可分为硬管和软管两类。硬管有钢管(有缝钢管和无缝钢管)、铜管(紫铜管和黄铜管)。软管有橡胶管、尼龙管和塑料管等。需根据液压系统的工作压力和安装位置选择相应类型的油管。表 6-4 给出了各种油管的性能及用途。

表 6-4　各种油管的性能及用途

油管种类		性　能	用　途
硬管	钢管	耐高压,耐油,抗腐蚀,不易氧化,刚性好,价格低廉,装配时不易弯曲变形	常用在装配方便处作为压力管道。中压以上常用 10#、15# 钢冷拔无缝钢管,低压用焊接管
	紫铜管	能弯曲成各种需要的形状,装配方便,价格高,抗振性差,承压能力差,易使液压油氧化	多在中、低压系统中使用,配以扩口管接头,常用于机床、仪表及装配不便处
	黄铜管	可承受 25 MPa 压力,比紫铜管略硬,不易弯曲变形	
软管	橡胶管	高压软管由几层钢丝编织制成或由钢丝缭绕为骨架制成,适用于中、高压液压系统,价格昂贵。低压管以麻线或棉纱编织体为骨架制成。能减轻液压系统的冲击,寿命低	用于相对运动之间的连接,或弯曲、开关复杂的地方
	尼龙管	乳白色半透明。能替代部分紫铜管,可观察流动情况。价格低廉,加热后可随意弯曲、变形,冷却后成形。承载情况因材料而异,多为 2.8~8 MPa,最高达 16 MPa	大多只在低压管道中使用
	塑料管	质量轻,耐油,价格低廉,装配方便,但承载能力低,长期使用会变质老化	只适用于压力小于 0.5 MPa 的回油、泄油回路

2.管件尺寸的确定

管件尺寸主要指内径 d 和壁厚 δ,由下述公式算出后,再查阅有关标准确定

$$d = 2\sqrt{q/\pi v_0} \tag{6-2}$$

$$\delta = pdn/2\sigma_b \tag{6-3}$$

式中　q——油管内的流量;

v_0——管内油液流速,吸油管为 0.5~1.5 m/s、回油管为 1.5~2.5 m/s、高压管为 2.5~5 m/s($p>6$ MPa 以上取 5 m/s,$p=3\sim6$ MPa 取 4 m/s,$p<3$ MPa 取 2.5~5 m/s),其中管道较长或油液黏度大时取小值,管道较短时取大值,对于橡胶管,流速均不能大于 5 m/s;

p——管内的最大压力;

n——安全系数,对钢管来说,$p<7$ MPa 时取 $n=8$,7 MPa$<p<$17.5 MPa 时取 $n=6$,$p>17.5$ MPa 时取 $n=4$;

σ_b——管道材料的抗拉强度。

6.4.2 管接头

管接头是用于连接油管与油管、油管与液压元件之间的可拆卸连接件。管接头必须

具备耐压能力强、强度大、通流能力强、压降小、装拆方便、连接和密封可靠、加工工艺好、结构紧凑等条件。常用管接头的类型、工作原理、特点与应用见表 6-5。

表 6-5　　　　　　　　　　　常用管接头的类型、工作原理、特点与应用

名称	结构简图	工作原理	特点与应用
焊接式管接头	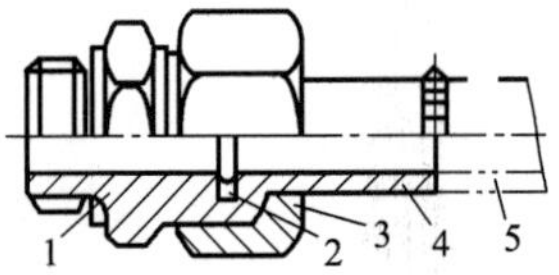	主要由接头体 1、O 形密封圈 2、螺母 3、接管 4 等组成。它把外接管 5 与接管焊接在一起，并通过螺母把接管与接头体压紧。接管与接头体的密封方式有球面-锥面接触密封和平面-O 形密封圈密封两种形式。接头体锥螺纹或圆柱螺纹与机件连接，接头体与机件之间可通过金属垫圈或组合垫圈密封	结构简单，易于制造，工作可靠，密封好，安装方便，对被连接管子的尺寸及表面粗糙度要求不高。工作压力可达 32 MPa 以上，被广泛用于油、气及一般腐蚀性介质的管路系统
卡套式管接头	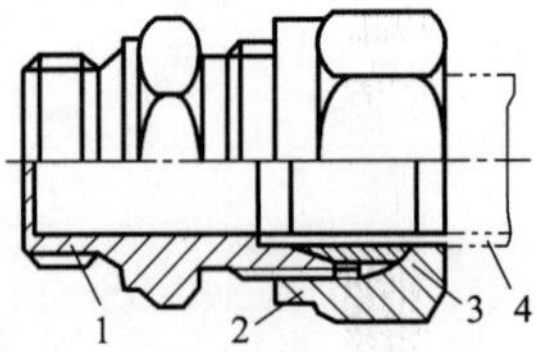	主要由接管 1、卡套 2、螺母 3、接头体 4 等组成。当把接管插入接头体后，通过螺母逐渐压紧卡套与接头体接触，使卡套发生变形并卡紧接管，同时密封。接头体通过锥螺纹或圆柱螺纹与机件连接，接头体与机件之间可通过金属垫圈或组合垫圈密封	轴向尺寸要求不严格，但对管子的径向尺寸和卡套的精度要求较高。结构先进，性能好，便于拆卸维修。采用冷拔钢管，工作压力可达 32 MPa。被广泛用于油、气及一般腐蚀性介质的管路系统
扩口式管接头	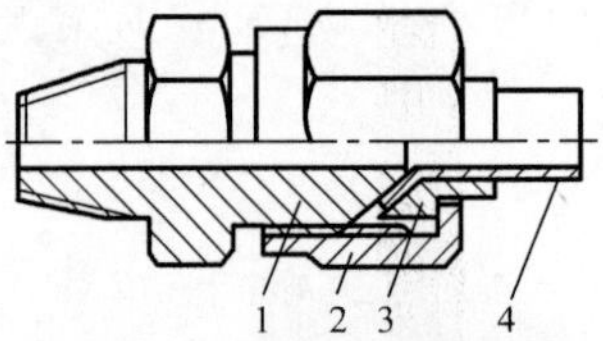	主要由接头体 1、螺母 2、管套 3 等组成。外接管 4 穿入管套后，其端部被扩成 74°～90°的喇叭口，再用螺母把管套及外接管压紧在接头体的锥面上，同时形成密封	结构简单，不需要其他密封件，适于铜、铝、尼龙、薄壁钢管等组成的低压系统
扣压式软管接头	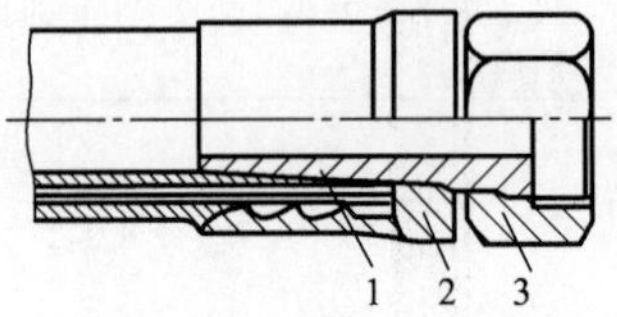	分为可拆式和卡扣式两种，又各有 A、B、C 三种。图示为卡扣式软管接头。它是 A 型连接软管接头。主要由接头芯 1、接头外套 2 和螺母 3 组成。它在专门设备上挤压而成	是一次性使用的连接。密封性好，成本低，软管装配工作量小，工作压力与软管结构及直径大小有关。多用于油、水、气等介质的管路系统
快换接头	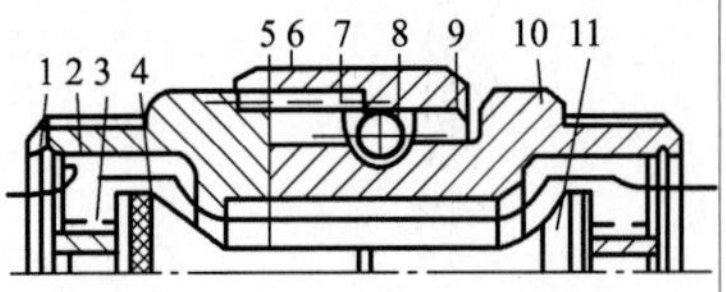	主要由挡圈 1、接头体 2、弹簧 3、7、单向阀 4、O 形密封圈 5、外套 6、钢球 8、弹簧卡圈 9 组成。图示为外套把钢球压入接头体 10 的槽底，接头体 10 和 2 连接，单向阀 4 和 11 压挤，从而使左、右油路接通。把外套向左推，钢球从接头体 10 退出，并拉出接头体 10，单向阀 4 和 11 回位，处于截止状态，油路断开。同时由于单向阀关闭，防止了左、右油管内的油液外流	油路组装与拆卸方便，并可自动密封，但其结构复杂，局部阻力大导致压力损失大。被广泛应用于经常拆卸的场合

//////////////////////////　习　题　//////////////////////////

6-1　常用的液压辅助元件有哪些?

6-2　蓄能器的作用是什么? 蓄能器可分为哪几类?

6-3　弹簧式蓄能器产生的压力取决于什么?

6-4　滤油器的作用是什么? 液压系统中常用的滤油器有哪几种? 其特性如何?

6-5　油箱的主要作用是什么? 设计油箱时应考虑哪些问题?

6-6　油管有哪几种? 有何特点? 它们的使用范围有什么不同?

6-7　管接头有哪几种? 有何特点?

6-8　如图 6-2 所示为滤油器综合布置图,已知液压泵的流量为 q_p,液压缸上、下两腔的面积分别为 A_1 和 A_2,试确定图 6-2 中各滤油器的类型及其最大通流流量。

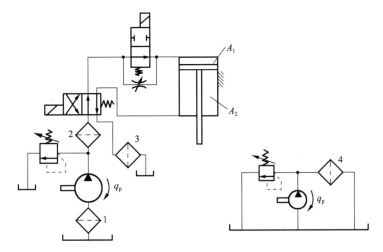

图 6-2　习题 6-8

第7章

液压基本回路

先导式溢流阀

通过分析各种液压基本回路,其本质是各种功能的液压元件和各种功能的液压辅助元件的不同组合,引导学生透过现象看本质,培养学生辩证唯物主义的认识观。

液压传动系统都是由一些基本回路组成的。所谓基本回路,是指能够完成某种特定控制功能的液压元件和管道的组合,它是液压传动系统的基本组成单元,一个液压传动系统由若干基本回路组成。

液压基本回路按功能可分为方向控制回路、压力控制回路、速度控制回路和多缸运动回路等。下面分别介绍液压系统中一些常见的基本回路。

7.1 方向控制回路

在液压系统中,工作机构的启动、停止和运动方向改变等都是利用控制压力油的通、断及改变运动方向来实现的,实现这些功能的回路称为方向控制回路。

7.1.1 换向回路 ///////////////////////////

换向回路是指在动力元件和执行元件之间连接换向阀,以控制执行元件的启动、停止和运动方向的回路。如图 7-1 所示为利用三位四通电磁换向阀来实现的换向回路。当该电磁换向阀左位接入系统时,压力油通过换向阀的左位进入液压缸左腔,液压缸右腔的压力油经过换向阀右位回油箱,液压缸活塞实现向右运动。反之,换向阀右位接入系统时,液压缸活塞向左运动。当换向阀处于中位时,液压泵供油经过换向阀的中位直接回油箱,液压缸活塞停止运动。

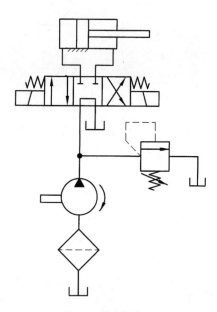

图 7-1　换向回路

7.1.2　锁紧回路 //

锁紧回路的功能是使液压缸能在任意位置停留,并且停留后不会因外力的作用而发生位置的移动。如图 7-2 所示为利用液控单向阀的锁紧回路。当换向阀处于左位时,压力油经液控单向阀 1 进入液压缸左腔,同时压力油进入液控单向阀 2 的控制油口 K,液控单向阀 2 反向导通,使液压缸右腔的油液可以经过液控单向阀 2 及换向阀流回油箱,活塞向右运动。反之,活塞向左运动。到了该停留的位置时,只要使换向阀处于中位,因换向阀的中位机能为 H 型,所有油流回油箱,由于控制油口 K 接通油箱,故压力信号立即消失,液控单向阀 1、2 均关闭,液压缸因两腔压力油被封死而被锁紧。

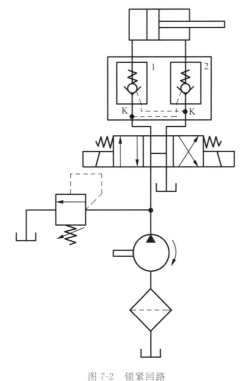

图 7-2　锁紧回路

1、2—液控单向阀;K—控制油口

由于液控单向阀采用座阀式结构,密封性好,故有液压锁之称。然而,换向阀的中位机能 O 型或 M 型等也能使液压缸锁紧,但因其是滑阀式结构,存在较大的泄漏,锁紧功能较差,故只能用于锁紧时间短且要求不高的场合。

7.2　压力控制回路

压力控制回路是指利用压力控制阀来控制系统整体或某一部分的压力,以满足液压执行元件对力和转矩要求的回路。

压力控制回路主要包括调压回路、减压回路、增压回路、卸荷回路、卸压回路、保压回路和平衡回路等。

7.2.1 调压回路 //

调压回路的功能是使液压系统整体或某一部分的压力保持恒定或不超过某个数值。在定量泵系统中，液压泵的供油压力可以通过溢流阀来调节。在变量泵系统中，用安全阀来限定系统的最高压力，防止系统过载。若系统中需要两种以上的压力，则可采用多级调压回路。

1. 单级调压回路

如图 7-3(a)所示，在液压泵的出口处并联一个溢流阀 1，即可组成单级调压回路，从而控制液压系统的最高工作压力。

2. 二级调压回路

如图 7-3(b)所示，在液压泵的出口处并联一个先导式溢流阀 2，并在其远程控制口接一个二位二通电磁换向阀 3 和一个直动式溢流阀 4 即可实现二级调压。当二位二通电磁换向阀处于图 7-3(b)所示位置时，系统压力由先导式溢流阀调定；当二位二通电磁换向阀的电磁铁得电后，二位二通电磁换向阀右位接入系统，此时系统的压力由直动式溢流阀来调定。但需注意：直动式溢流阀的调定压力一定要小于先导式溢流阀的调定压力，否则不能实现二级调压。

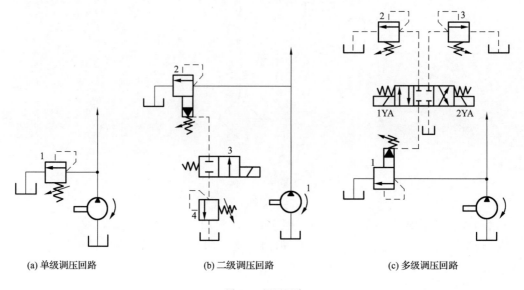

(a) 单级调压回路　　　　　(b) 二级调压回路　　　　　(c) 多级调压回路

图 7-3　调压回路

3. 多级调压回路

如图 7-3(c)所示，在液压泵的出口处并联一个先导式溢流阀 1，并在其远程控制口接一个三位四通电磁换向阀和两个直动式溢流阀 2、3，即可实现多级调压。当三位四通电磁换向阀处于图 7-3(c)所示位置，即电磁铁 1YA 和 2YA 均失电，系统压力由先导式溢流阀来调定；当三位四通电磁换向阀的电磁铁 1YA 得电时，系统压力由直动式溢流阀 2 调定;当三位四通电磁换向阀的电磁铁 2YA 得电时,系统压力由直动式溢流阀 3 调定。但需注意:直动式溢流阀 2 和 3 的调定压力一定要小于先导式溢流阀的调定压力,否则不能实现多级调压,而阀 2 和 3 的调定压力之间没有确定关系。

7.2.2　减压回路 //

　　减压回路的作用是使系统中的某一部分油路具有较低的稳定压力。常见的定位、夹紧、分度、控制油路等支路往往需要稳定的低压,为此在该支路中串联一个减压阀即可。

　　如图 7-4(a)所示,在支路中串联一个减压阀即可得到较低的稳定压力。回路中的单向阀在主油路降低(低于减压阀调定压力)时,可防止油液倒流,起短时保压作用。减压回路也可利用先导式减压阀的远程控制口接一个溢流阀实现二级减压。如图 7-4(b)所示,在先导式减压阀 1 的远程控制口接一个二位二通电磁换向阀和一个溢流阀 2,当二位二通电磁换向阀处于图 7-4(b)所示位置时,支路压力为先导式减压阀调定的低压;当二位二通电磁换向阀电磁铁得电,支路压力为溢流阀调定的低压。但需注意:溢流阀的调定压力一定要低于先导式减压阀的调定压力,否则不能实现多级减压。

　　为了使减压回路工作可靠,减压阀的最低调整压力不应小于 0.5 MPa,最高调整压力至少应比系统压力小 0.5 MPa。当减压回路中的执行元件需要调速时,节流元件应当放在减压阀的后面,以避免减压阀泄漏(指由减压阀泄油口流回油箱的油液)对节流元件调定的流量产生影响,继而影响执行元件的速度。

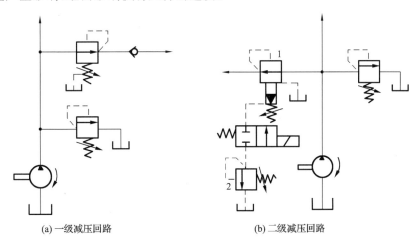

(a) 一级减压回路　　　　　　　　　　　(b) 二级减压回路

图 7-4　减压回路

7.2.3　增压回路 //

　　增压回路的作用是使系统或系统中的某一部分油路具有较高的稳定压力。如果系统或系统的某一支路需要压力较高但流量又不大的压力油,而采用高压泵又不经济,或者根本就没有必要增设高压泵时,就常采用增压回路,这样不仅易于选择液压泵,而且系统工作压力较可靠,噪声小。

1. 单作用增压器增压回路

如图 7-5(a)所示为利用增压器的单作用增压回路。在不考虑摩擦损失与泄漏的情况下，单作用增压器的增压倍数等于增压器大、小两腔有效作用面积之比。当二位四通电磁换向阀处于图 7-5(a)所示状态时，系统的压力油 p_1 进入增压器的大活塞腔，此时在小活塞腔即可得到所需的较高压力 p_2；当二位四通电磁换向阀电磁铁得电，右位接入系统时，增压器返回，辅助油箱中的油液经单向阀补入小活塞腔。因该增压器是一端输出高压，回路只能间歇增压，故称为单作用增压器增压回路。

2. 双作用增压器增压回路

如图 7-5(b)所示为双作用增压器增压回路。当二位四通电磁换向阀处于图 7-5(b)所示状态时，液压泵输出的压力油经换向阀 5 和单向阀 1 进入增压器左端大、小活塞腔，右端大活塞腔的压力油回油箱，右端小活塞腔增压后的高压油经单向阀 4 输出，此时单向阀 2 和 3 被关闭。当增压器活塞右移到底时，换向阀电磁铁得电，右位接入系统，增压器活塞向左移动，左端小活塞腔输出高压油经单向阀 3 输出，此时单向阀 1 和 4 被关闭。这样，增压器的活塞不断往复运动，两端交替输出高压油，从而实现连续增压，所以称为双作用增压器增压回路。

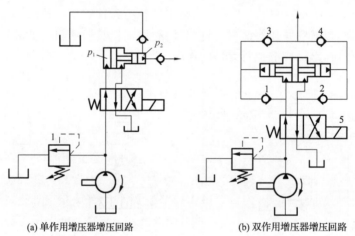

(a) 单作用增压器增压回路　　　　　　(b) 双作用增压器增压回路

图 7-5　增压回路

7.2.4　卸荷回路 //

卸荷回路的作用是在液压泵驱动电动机不需要频繁启闭的情况下，使液压泵在功率损耗接近零的情况下运转，以减少功率损耗，降低系统发热，延长液压泵和电动机的寿命。因液压泵的输出功率为其流量和压力之积，因而，两者任一近似为零，功率损耗就近似为零，因此液压泵的卸荷有流量卸荷和压力卸荷两种。流量卸荷主要使用变量泵，使泵仅用于补偿泄漏，以最小流量运转，比较简单，但泵仍处于高压状态下运转，磨损比较严重；压力卸荷使泵在接近零压下运转。常见的压力卸荷方式有以下几种：

1. 采用换向阀的卸荷回路

采用 M、H、K 型中位机能的三位换向阀处于中位时，液压泵即可实现卸荷。如图

7-6(a)所示为采用 M 型三位四通电液换向阀实现卸荷回路。这种回路切换时压力冲击小,但回路中必须设置单向阀,以使系统保持 0.3 MPa 左右的压力,供操纵控制油路之用。

2.采用先导式溢流阀的卸荷回路

如图 7-6(b)所示,在先导式溢流阀 2 的远程控制口接一个二位二通电磁换向阀 3,当其电磁铁得电即右位接入系统时,即可使先导式溢流阀的远程控制口通过二位二通电磁换向阀接油箱,实现了泵的卸荷,这种卸荷回路卸荷压力小,切换时冲击也小。

3.采用二通插装阀的卸荷回路

如图 7-6(c)所示为采用二通插装阀的卸荷回路。由于二通插装阀通流能力大,因而这种卸荷回路适用于大流量的液压系统。正常工作时,泵压力由阀 1 调定。当二位四通电磁换向阀 2 电磁铁通电后,主阀上腔接通油箱,主阀阀口安全打开,泵实现卸荷。

4.采用外控式顺序阀的卸荷回路

如图 7-6(d)所示,泵 1 为低压大流量泵,泵 2 为高压小流量泵,两泵并联。在液压缸快速进退阶段,泵 1 输出的油液经单向阀 4 和泵 2 输出的油液汇合在一起进入系统,使液压缸获得快速;当液压缸转为工进状态时,系统压力升高,外控式顺序阀 3 被打开,使泵 1 卸荷,由泵 2 单独给系统供油。

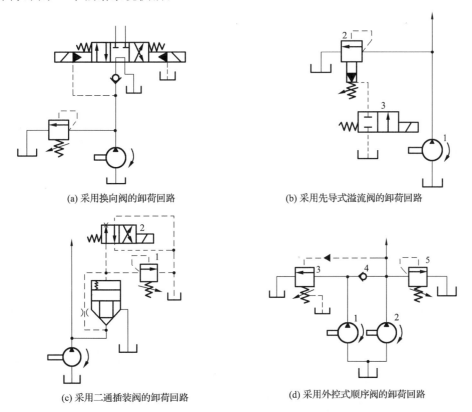

(a) 采用换向阀的卸荷回路　　　　　　　(b) 采用先导式溢流阀的卸荷回路

(c) 采用二通插装阀的卸荷回路　　　　　　(d) 采用外控式顺序阀的卸荷回路

图 7-6　卸荷回路

7.2.5 卸压回路//

卸压回路的作用是使执行元件在高压腔中的压力缓慢释放,以免卸压过快而引起强烈的冲击和振动。对于液压缸直径大于 25 cm、压力大于 7 MPa 的液压系统,通常需设置卸压回路,使液压缸高压腔中的压力能在换向前缓慢地释放。

1. 采用节流阀的卸压回路

如图 7-7(a)所示为采用节流阀的卸压回路。当工作行程结束后,M 型三位阀首先切换到中位使泵卸荷;同时,液压缸上腔的高压油通过节流阀卸压,卸压速度由节流阀调节。卸压后换向阀切换到左位,活塞上升。

2. 自动切换卸压回路

如图 7-7(b)所示回路能使卸压和切换自动完成。工作行程结束后,换向阀先切换至中位使泵卸荷;同时,液压缸上腔通过节流阀卸压。当压力降至压力继电器调定的压力时,微动开关复位发出信号,使换向阀切换至右位,压力油打开液控单向阀,液压缸上腔回油,活塞上升。

3. 采用溢流阀的卸压回路

如图 7-7(c)所示为采用溢流阀的卸压回路。工作行程结束后,换向阀先切换至中位使泵卸荷;同时,溢流阀的外控口通过节流阀和单向阀通油箱,因而溢流阀开启使液压缸上腔卸压。调节节流阀即可调节溢流阀的开启速度,因而调节了液压缸的卸压速度。溢流阀的调定压力应大于系统的最高工作压力,因此溢流阀也起安全阀的作用。

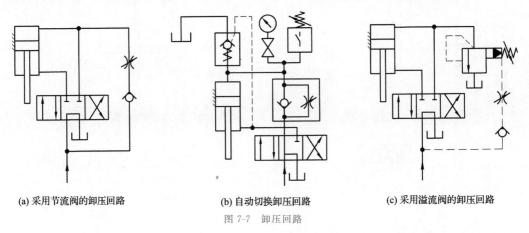

(a) 采用节流阀的卸压回路　　　　　(b) 自动切换卸压回路　　　　　(c) 采用溢流阀的卸压回路

图 7-7　卸压回路

7.2.6 保压回路//

保压回路的作用是在系统中液压缸不动或因工件变形而产生微小位移的工况下保持稳定不变的压力。保压性能的主要指标是保压时间和保压稳定性。最简单的保压方法是用一个密封性能好的液控单向阀来保压,但是阀类元件处泄漏使回路保压时间短,压力稳定性不高。由于在保压时液压泵常处于卸荷或给其他液压缸供应一定压力的工作油液状态,所以为了补偿保压缸的泄漏,保持其工作压力,可在回路中设置蓄能器或自动补油装置。

1.采用蓄能器的保压回路

如图 7-8(a)所示,当三位四通电磁换向阀左位接入系统时,液压缸移动并夹紧工件,此时进油路压力升高至调定值,压力继电器发出信号使二位二通电磁换向阀上位接入系统,油泵卸荷,单向阀自动关闭,液压缸由蓄能器保压。压力不足时,压力继电器复位使泵重新工作。保压时间长短取决于蓄能器的容量,调节压力继电器的工作区间即可调节液压缸中压力的最大值和最小值。

2.多缸系统中的一缸保压回路

如图 7-8(b)所示为多缸系统中的一缸保压回路。当主油路压力降低时,单向阀关闭,支路由蓄能器保压并补偿泄漏,压力继电器的作用是当支路中压力达到预定值时发出信号,使主油路开始工作。

3.自动补油保压回路

如图 7-8(c)所示为采用液控单向阀和电接触式压力表的自动补油保压回路。当1YA 得电,换向阀右位接入回路,进入液压缸上腔油液的压力上升至预定上限值时,电接触式压力表发出信号,使电磁铁 1YA 失电,换向阀处于中位,液压泵卸荷,液压缸由液控单向阀保压。当液压缸上腔压力下降到预定下限值时,电接触式压力表又发出信号,使1YA 得电,液压泵再次向系统供油,使压力上升,自动使液压缸补充压力油,使其压力能长期保持在一定范围内。

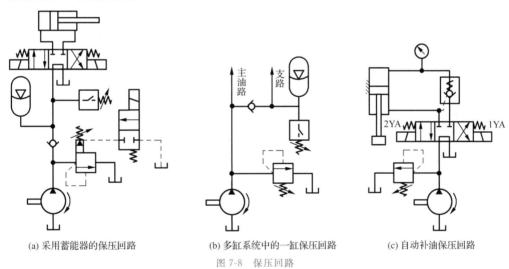

(a) 采用蓄能器的保压回路　　(b) 多缸系统中的一缸保压回路　　(c) 自动补油保压回路

图 7-8　保压回路

7.2.7　平衡回路 //

平衡回路的作用是防止垂直或倾斜放置的液压缸和与之相连的工作部件在悬空停止时因自重而自行下落。

1.采用外控式单向顺序阀的平衡回路

如图 7-9(a)所示,当活塞下行时,控制压力油打开外控式单向顺序阀,背压消失,因此它比内控式单向顺序阀的平衡回路功率损耗小,回路效率高。当停止工作时,外控式单向顺序阀关闭,以防止活塞和工作部件因自重而下降。这种回路的优点是只有上腔进油时活塞才下行,比较安全可靠;缺点是活塞下行时平稳性较差。这是因为活塞下行时,液压缸上腔油压降低,将使外控式单向顺序阀关闭,活塞停止下行,使液压缸上腔油压升高,又打开外控式单向顺序阀,从而造成下行时断时续,影响工作的平稳性,且由于顺序阀、换向阀的泄漏,悬停过程中运动部件会缓慢下落。因此这种回路适用于运动部件质量不很大、停留时间较短的液压系统中。

2. 采用液控单向阀的平衡回路

如图 7-9(b)所示,在垂直布置的液压缸下腔串联一个液控单向阀,防止液压缸因自重自行下滑。节流阀的作用是避免运动部件下行时因自重而超速,液压缸的上腔出现真空,使液控单向阀关闭,待压力重建后才打开,从而造成下行运动时断时续的现象。由于液控单向阀密封性能较好,因此这种回路适用于要求停止位置准确或停留时间长的液压系统。

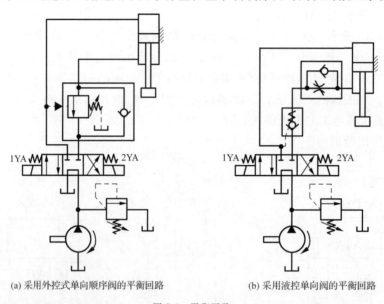

(a) 采用外控式单向顺序阀的平衡回路   (b) 采用液控单向阀的平衡回路

图 7-9 平衡回路

7.3 速度控制回路

在液压传动系统中,速度控制回路用于控制执行机构的动作速度。例如:在机床液压传动系统中,执行元件的速度应能在一定范围内调节(调速回路);由空载进入加工状态时,速度要能由快速运动稳定地转换为工进速度(速度换接回路);为了提高效率,空载快进速度应能超越泵的流量有所增加(增速回路)。机械设备,特别是机床,对调速性能有较高的要求。

在不考虑泄漏的情况下,液压缸的运动速度由进入(或流出)液压缸的流量 q 及其有效作用面积 A 决定,即

$$v = \frac{q}{A} \tag{7-1}$$

同样,马达的转速 n 由进入马达的流量 q 和马达的排量 V 决定,即

$$n=\frac{q}{V} \tag{7-2}$$

由式(7-1)、式(7-2)可知,改变流入(或流出)执行元件的流量 q,或改变液压缸的有效作用面积 A、马达的排量 V,均可调节执行元件的运动速度。一般来说,改变液压缸的有效作用面积比较困难,故常设计不同方式的调速回路,通过改变流量 q 和排量 V 来调节执行元件速度。改变流量有两种方法:一是在由定量泵、流量阀和溢流阀组成的系统中用流量控制阀调节;二是在变量泵组成的系统中用控制变量泵的排量调节。调速回路按改变流量的方式不同可分为三类:节流调速回路、容积调速回路和容积节流调速回路。

7.3.1　节流调速回路 //

节流调速回路是由定量泵和流量阀组成的调速回路,可以通过调节流量阀通流面积来控制流入或流出执行元件的流量,从而调节执行元件的运动速度。

节流调速回路按流量阀在回路中位置的不同,可分为进油节流调速回路、回油节流调速回路和旁路节流调速回路。按流量阀的类型不同可分为节流阀式节流调速回路和调速阀式节流调速回路。

1.采用节流阀的节流调速回路

(1)进油节流阀式节流调速回路

①结构和调速原理

节流阀串联在液压泵与执行元件之间的进油路上,即构成了进油节流阀式节流调速回路,其结构如图 7-10(a)所示。该回路由液压泵、溢流阀、节流阀和液压缸组成。泵的供油压力由溢流阀来调定,调节节流阀的开度,改变进入液压缸的流量,即可调节液压缸的速度,液压泵多余的流量经溢流阀流回油箱。为了完成调速功能,不仅节流阀的开度可调,而且溢流阀始终处于开启状态,此时溢流阀用作调压阀,调整并基本恒定系统的压力。

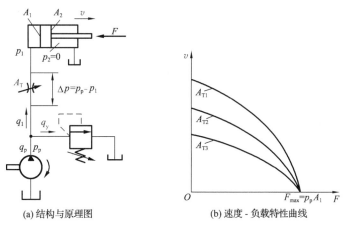

(a) 结构与原理图　　　　(b) 速度 - 负载特性曲线

图 7-10　进油节流阀式节流调速回路

液压缸在稳定工作时,以活塞为研究对象,其受力平衡方程为

$$p_1 A_1 = F + p_2 A_2$$

式中　p_1——液压缸无杆腔压力；

　　　p_2——液压缸有杆腔压力；

　　　A_1——液压缸无杆腔有效作用面积；

　　　A_2——液压缸有杆腔有效作用面积；

　　　F——液压缸所受负载。

由于有杆腔接油箱，即 $p_2 \approx 0$，所以

$$p_1 = \frac{F}{A_1}$$

液压泵的供油压力为 p_p，其值等于溢流阀调定压力 p_y，即 $p_p = p_y$，故节流阀两端的压力差为

$$\Delta p = p_p - p_1 = p_p - \frac{F}{A_1}$$

通过节流阀进入液压缸的流量为

$$q_1 = CA_T \Delta p^{\varphi} = CA_T \left(p_p - \frac{F}{A_1} \right)^{\varphi}$$

液压缸的运动速度为

$$v = \frac{q_1}{A_1} = \frac{CA_T \left(p_p - \dfrac{F}{A_1} \right)^{\varphi}}{A_1} \tag{7-3}$$

改变节流阀有效通流截面面积 A_T，就可以改变液压缸速度。

②速度-负载特性

调速回路的速度-负载特性是在回路中调速元件的调定值不变的情况下，负载变化引起速度变化的性能。

根据式(7-3)选用不同的 A_T 值($A_{T1} > A_{T2} > A_{T3}$)可得到一组 v-F 曲线，如图 7-10(b)所示。可以看出，液压缸速度 v 随负载 F 的增大而减小。当 $F_{max} = p_p A_1$ 时，液压缸速度为零。选用不同的 A_T 值所得到的一组 v-F 曲线在速度为零时，都汇交到同一负载点，说明该回路的最大承载能力不受节流阀通流截面面积变化的影响。

速度-负载特性曲线表明速度随负载变化的规律，曲线越陡，说明负载变化对速度变化的影响越大，即速度刚性越低。当节流阀通流截面面积不变时，轻载区比重载区的速度刚性高；在相同负载下工作时，节流阀通流截面面积小的比大的速度刚性高，即速度低时速度刚性高。

③功率和效率

回路的输入功率为

$$P_p = p_p q_p = 常量 \tag{7-4}$$

回路的输出功率为

$$P_1 = Fv = F \frac{q_1}{A_1} = p_1 q_1 \tag{7-5}$$

回路的功率损失为

$$\Delta P = P_p - P_1 = p_p q_p - p_1 q_1 = p_p (q_1 + q_y) - (p_p - \Delta p) q_1 = p_p q_y + \Delta p q_1 \tag{7-6}$$

式中 q_y——通过溢流阀的流量；

　　　Δp——节流阀两端的压力差。

由式(7-6)可知,这种调速回路的功率损失由两部分组成,即溢流损失 $\Delta P_y = p_p q_y$ 和节流损失 $\Delta P_j = \Delta p q_1$。

回路的效率为

$$\eta = \frac{P_1}{P_p} = \frac{Fv}{p_p q_p} = \frac{p_1 q_1}{p_p q_p} \tag{7-7}$$

由于存在两部分功率损失,故这种调速回路的效率较低。当负载恒定或变化很小时,一般 $\eta = 0.2 \sim 0.6$;当负载变化很大时,回路的最高效率 $\eta_{max} = 0.385$。机械加工设备常有快进→工进→快退的工作循环,工进时泵的大部分流量溢流,回路效率极低,而低效率导致了温度升高和泄漏增加,进一步影响了速度稳定性和效率。回路功率越大,问题越严重,因此,进油节流调速回路适用于轻载、低速、负载变化不大和对速度稳定性要求不高的小功率液压系统。

(2)回油节流阀式节流调速回路

在执行元件的回油路上串联一个节流阀,即构成回油节流阀式节流调速回路,如图 7-11 所示。利用节流阀调节液压缸的回油流量,也就控制了进入液压缸的流量,实现了调速。

参照式(7-3)的推导步骤,可得到回油节流调速回路液压缸的运动速度为

$$v = \frac{q_2}{A_2} = \frac{CA_T (p_p A_1 - F)^\varphi}{A_2^{1+\varphi}} \tag{7-8}$$

由式(7-3)和式(7-8)可知,回油节流调速回路的速度-负载特性曲线和图 7-10(b)类同,二者具有相同的速度-负载特性。

进油节流调速回路和回油节流调速回路的不同是:

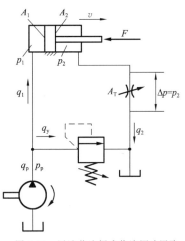

图 7-11 回油节流阀式节流调速回路

①回油节流调速回路的节流阀使液压缸回油腔产生一定的背压,因而它能承受一定的负值负载,并提高了液压缸的速度稳定性。对于进油节流调速回路,只有在液压缸的回油路上设置背压阀后,才能承受负值负载,但增加了回路的功率损失。

②在回油节流调速回路中,流经节流阀而发热的油液,直接流回油箱冷却;而进油节流调速回路中流经节流阀而发热的油液,还要进入液压缸,对热变形有严格要求的精密设备会产生不利影响。对于单伸出杆液压缸来说,在回油节流调速回路中,当负载变为零时,液压缸的背压腔压力将会升高很大,对密封不利。

③同一个节流阀,放在进油路上可获得比放在回油路上更低的速度。为了提高回路的综合性能,实践中常采用进油节流调速回路,并在回油路加设背压阀(用溢流阀或顺序阀等串接在回油路上),以兼具两种回路的优点。

（3）旁路节流阀式节流调速回路

将节流阀设置在与执行元件并联的旁路上，即构成了旁路节流阀式节流调速回路，如图 7-12 所示。利用节流阀调节液压泵溢流回油箱的流量来控制进入液压缸的流量，实现了调速。由于溢流由节流阀承担，所以溢流阀作为安全阀，过载时才打开，其调定压力为回路最大工作压力的 1.1～1.2 倍。故泵的工作压力不再恒定，它与液压缸的工作压力相等且随负载的变化而变化。液压缸的工作压力等于节流阀两端压力差，即 $p_p = p_1 = \Delta p = \dfrac{F}{A_1}$，在这种情况下，泵实际输出的流量 q_p 随其工作压力的变化而变化。这是因为泵在工作过程中泄漏量随压力的变化也在变化，并对液压缸的运动速度产生影响，所以

$$q_1 = q_p - q_T = (q_{tp} - kp_p) - CA_T \Delta p^\varphi = q_{tp} - k\left(\frac{F}{A_1}\right) - CA_T\left(\frac{F}{A_1}\right)^\varphi$$

式中 q_{tp}——泵的理论流量；

  k——泵的泄漏系数。

所以液压缸的运动速度为

$$v = \frac{q_1}{A_1} = \frac{q_{tp} - k\left(\dfrac{F}{A_1}\right) - CA_T\left(\dfrac{F}{A_1}\right)^\varphi}{A_1} \tag{7-9}$$

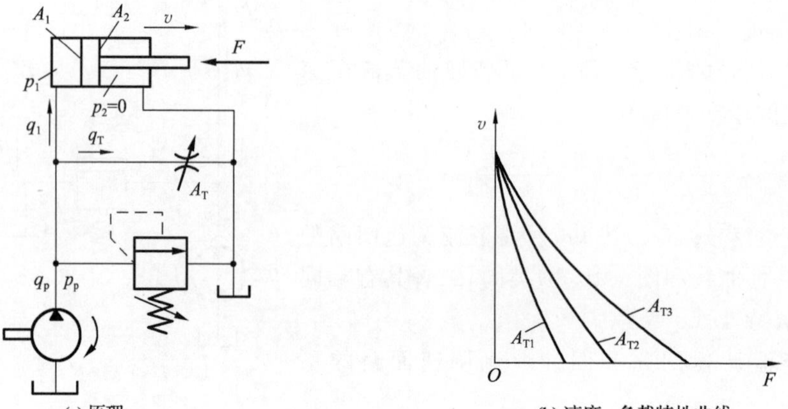

(a) 原理 (b) 速度 - 负载特性曲线

图 7-12 旁路节流阀式节流调速回路

根据式（7-9）选取不同的 A_T 值（$A_{T1} > A_{T2} > A_{T3}$）作图，可得到一组速度-负载特性曲线，如图 7-12(b) 所示。由该曲线可见，负载变化时速度变化较前两种回路更严重，即该回路的速度刚性更软，速度稳定性很差。主要原因有两点：一是当负载增大后，节流阀前、后的压差也增大，从而使通过节流阀的流量增加，这样会减少进入液压缸的流量，降低液压缸的速度；二是当负载增大后，液压泵出口压力也增大，从而使液压泵的内泄漏增加，使液压泵的实际输出流量减少，液压缸速度随之减小。因此，该回路在重载高速时速度刚性较高，这与前面两种回路正好相反。三条曲线在横坐标轴上并没有交汇，说明最大承载能力随节流阀有效通流截面面积 A_T 的增大而减小，即旁路节流调速回路的低速承载能力更差，调速范围也更小。

旁路节流调速回路中只有节流损失，而无溢流损失（因溢流阀常闭）。泵的工作压力

随负载的变化而变化,即节流损失也随负载的增减而增减,不像前两种回路为恒定值,因此其效率较高。

旁路节流调速回路的速度-负载特性很软,低速承载能力又差,故其应用比前两种回路少,只用于高速、重载及对速度平稳性要求很低的较大功率的系统,如牛头刨床运动系统、输送机械液压系统等。

2.采用调速阀的节流调速回路

在进油、回油和旁路节流阀式节流调速回路中,当负载变化时,会引起节流阀前、后两端工作压差的变化。对于有效通流面积一定的节流阀来说,当工作压差变化时,通过的流量也会变化,这样就会导致液压缸的运动速度变化。因此,以上三种调速回路的速度平稳性差的原因是采用了节流阀。

如果将节流阀用调速阀替代,便构成了进油、回油和旁路调速阀式节流调速回路,其速度平稳性大为改善。因为只要调速阀的工作压差超过它的最小工作压差值,一般为 $0.4\sim0.5$ MPa,则通过调速阀的流量便不随压差变化。

由调速阀组成的进油和回油节流调速回路的速度-负载特性如图 7-13($A_{T1}>A_{T2}>A_{T3}$)所示。当液压缸的负载为 $0\sim F_A$ 时,其速度恒定;当负载大于 F_A 时,由于调速阀的工作压差已小于调速阀正常工作的最小压差,其输出特性与节流阀式节流调速回路相同,因此其速度随负载的增大而减小;当负载增大到 $F_B=p_pA_1$ 时,液压缸停止运动。

由调速阀构成的进油和出油节流调速回路的其他特性与相应的节流阀式进油和出油节流调速回路类同。在计算和分析时可参照前述相应公式。

由调速阀构成的旁路调速阀式节流调速回路的速度-负载特性如图 7-14($A_{T1}>A_{T2}>A_{T3}$)所示。当液压缸的负载力为 $F_A\sim F_B$ 时,负载增大,速度有所减小,但幅度不大,这是由定量泵泄漏造成的。液压泵的泄漏量随负载增大而增多,当负载增大到 F_B 时,安全阀开启,液压缸停止运动。当负载小于 F_A 时,由于调速阀的工作压差小于它正常工作时的最小压差,其输出特性与节流阀相同,所以该段曲线与采用旁路节流阀式节流调速回路的速度-负载特性曲线的相应段一样。旁路调速阀式节流调速回路的其他特性与旁路节流阀式节流调速回路相同,在计算和分析时可参照前述相应公式。采用调速阀的节流调速回路在机床的中、低压小功率进给系统中得到了广泛的应用,例如组合机床液压滑台系统、液压六角车床及液压多刀半自动车床等。

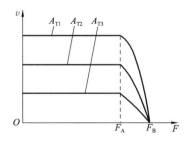

图 7-13　进油、回油调速阀式节流调速回路

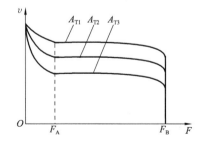

图 7-14　旁路调速阀式节流调速回路

例 7-1 如图 7-15 所示,已知液压泵 $q_p = 63$ L/min,液压缸面积 $A_1 = 100$ cm^2,$A_2 = 50$ cm^2,调速阀稳定工作时的最小压差 $\Delta p = 0.5$ MPa,当负载 F 为 $0 \sim 3 \times 10^4$ N 时,活塞向右运动速度稳定不变。试求:

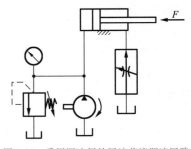

图 7-15 采用调速阀的回油节流调速回路

(1)溢流阀的最小调整压力 p_y;

(2)当负载 $F = 0$ 时,液压泵的工作压力及液压缸的回油压力 p_2;

(3)当调速阀处在某一开度,活塞向右运动的速度 $v = 0.08$ m/s 时,通过溢流阀的流量 q_y 及功率损失 ΔP。

解 (1)当负载 $F = F_{max} = 3 \times 10^4$ N,调速阀稳定工作最小压差 $\Delta p = 0.5$ MPa 时,溢流阀的调整压力为最小调整压力,即

$$p_y A_1 = \Delta p A_2 + F_{max}$$

所以

$$p_y = \frac{\Delta p A_2 + F_{max}}{A_1} = \frac{0.5 \times 10^6 \times 50 \times 10^{-4} + 3 \times 10^4}{100 \times 10^{-4}} \times 10^{-6} = 3.25 \text{ MPa}$$

(2)当 $F = 0$ 时,液压泵的工作压力 $p_p = p_y = 3.25$ MPa,则

$$p_2 = \Delta p = p_y \frac{A_1}{A_2} = 3.25 \times \frac{100}{50} = 6.5 \text{ MPa}$$

(3)当调速阀处在某一开度,活塞向右运动的速度 $v = 0.08$ m/s 时,进入液压缸的流量为

$$q_1 = A_1 v = 100 \times 10^{-4} \times 0.08 = 8 \times 10^{-4} \text{ m}^3/\text{s} = 48 \text{ L/min}$$

通过溢流阀的流量为

$$q_y = q_p - q_1 = 63 - 48 = 15 \text{ L/min}$$

此时通过溢流阀的功率损失为

$$\Delta P = p_y q_y = 3.25 \times 10^6 \times 15 \times 10^{-3}/60 \times 10^{-3} = 0.812\ 5 \text{ kW}$$

7.3.2 容积调速回路 //

节流调速回路由于存在节流损失和溢流损失,回路效率低,发热大,因此常用于小功率调速系统。而采用变量泵或变量马达的容积调速回路,因无节流损失和溢流损失,故效率高,发热小,适用于工程机械、矿山机械、农业机械和大型机床等大功率液压系统。

容积调速回路按油液循环方式不同,分为开式回路和闭式回路两种。开式回路即通过油箱进行油液循环的回路,泵从油箱吸油,执行元件的回油仍返回油箱。开式回路的优点是油液在油箱中便于沉淀杂质和析出气体,并得到良好的冷却;主要缺点是空气易侵入油液,致使运动不平稳,产生噪声,减低油液的使用寿命。另外,油箱结构尺寸较大,占有一定空间。闭式回路无油箱这一中间环节,泵吸油口和执行元件回油口直接连接,油液在系统内封闭循环。其优点是油气隔绝,结构紧凑,运行平稳,噪声小;缺点是散热条件差,对于有补油装置的闭式循环回路来说,结构比较复杂,造价较高。

按执行元件的不同,容积调速回路可分为变量泵—缸式和泵—马达式两类容积调速回路。

1.变量泵—缸式容积调速回路

如图 7-16(a)所示,改变变量泵的排量即可调节活塞的运动速度,溢流阀 2 为安全阀,限制回路中的最大压力。若不考虑液压泵以外的元件和管道的泄漏,这种回路的活塞运动速度为

$$v=\frac{q_{\mathrm{p}}}{A_1}=\frac{q_{\mathrm{tp}}-k\left(\dfrac{F}{A_1}\right)}{A_1} \tag{7-10}$$

式中　q_{tp}——变量泵的理论流量;

　　　k——变量泵的泄漏系数。

将式(7-10)按不同的 q_{tp} 值作图,可得到一组平行直线,如图 7-16(b)($q_{\mathrm{tp1}}>q_{\mathrm{tp2}}>q_{\mathrm{tp3}}$)所示。可见,由于变量泵有泄漏,所以活塞运动速度会随负载的增加而降低,其负载特性较软,当负载增大到 F' 时,变量泵的流量全部泄漏。因此,这种回路在低速下的承载能力很差。

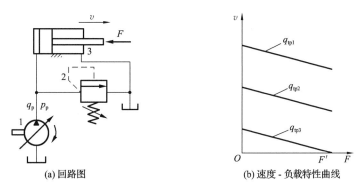

(a) 回路图　　　　　　　　　　(b) 速度 - 负载特性曲线

图 7-16　变量泵—缸式容积调速回路

2.泵—马达式容积调速回路

泵—马达式容积调速回路有变量泵—定量马达式、定量泵—变量马达式和变量泵—变量马达式三种形式的容积调速回路。

(1)变量泵—定量马达式容积调速回路

如图 7-17 所示为变量泵—定量马达式容积调速回路。该回路是闭式回路,溢流阀 3 起安全阀的作用,用于防止系统过载,为了补充液压泵和液压马达的泄漏,增加了补油泵 2 和溢流阀 4,溢流阀用来调节补油泵的补油压力,同时置换部分已发热的油液,降低系统的温升。

在图 7-17 中,若不计损失,则马达的转速 $n_{\mathrm{M}}=q_{\mathrm{p}}/V_{\mathrm{M}}$。因液压马达排量 V_{M} 为定值,故调节变量泵的流量 q_{p} 即可对马达的转速 n_{M} 进行调节。当负载 p 恒定时,则 p_{p} 也恒定,由于 V_{M} 恒定,故马达的输出转矩 $T=p_{\mathrm{p}}V_{\mathrm{M}}/(2\pi)$ 恒定,所以马达的输出转矩只与负载有关,不因调速而发生变化。然而,马达的输出功率($P=p_{\mathrm{p}}V_{\mathrm{M}}n_{\mathrm{M}}$)与转速 n_{M} 成正比,故回路的调速方式又称为恒转矩调速,其调速特性如图 7-17(b)所示。

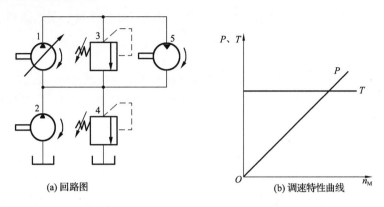

(a) 回路图   (b) 调速特性曲线

图 7-17　变量泵—定量马达式容积调速回路

（2）定量泵—变量马达式容积调速回路

图 7-18(a)所示为定量泵—变量马达式容积调速回路，由定量泵 1、变量马达 3、安全阀 2、补油泵 4、调节补油压力的溢流阀 5 等组成。定量泵输出流量不变，改变变量马达的排量 V_M 就可以改变液压马达的转速。在这种调速回路中，由于液压泵的流量 $q_p = V_p n_p$ 为常数，故当负载 p 恒定时，马达输出功率 P_M 也恒定。因为马达的输出转矩与马达的排量成正比，所以这种回路又称为恒功率调速回路，其调速特性如图 7-18(b)所示。

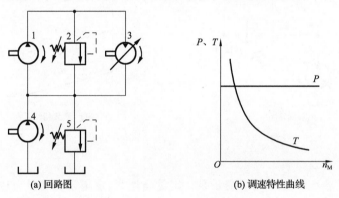

(a) 回路图   (b) 调速特性曲线

图 7-18　定量泵—变量马达式容积调速回路

该回路的调速范围很小，因过小的调节 V_M，输出转矩 T 将降至很小值，以致带不动负载，造成马达"自锁"现象，并且不能用来使马达反向旋转，故这种调速回路很少单独使用。

（3）变量泵—变量马达式容积调速回路

如图 7-19(a)所示为变量泵—变量马达式容积调速回路。变量泵 1 正向或反向供油，马达即正向或反向旋转。单向阀 6 和 8 用于使辅助泵 4 能双向补油，单向阀 7 和 9 使安全阀 3 在两个方向都能起过载保护作用。这种调速回路是前述两种调速回路的组合，由于液压泵和液压马达的排量均可改变，故扩大了调速范围，并扩大了液压马达转矩和功率输出的选择余地，其调速特性曲线如图 7-19(b)所示。

一般机械设备低速时要求有大转矩以顺利启动，高速时则要求有恒定功率输出，以不同的转矩和转速组合进行工作。这时应分两步调节转速：第一步，把马达排量 V_M 固定在

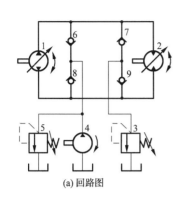
(a) 回路图

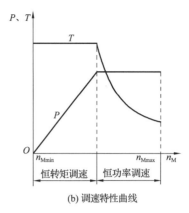
(b) 调速特性曲线

图 7-19 变量泵—变量马达式容积调速回路

最大值上,自小到大调节泵的排量 V_p,升高马达转速;第二步,把泵的排量 V_p 固定在最大值上,自大到小调节马达的排量 V_M,进一步提高马达转速。

7.3.3 容积节流调速回路 ///

容积调速回路虽然效率高,发热小,但存在速度-负载特性软的问题。尤其在低速时,泄漏在总流量中所占的比例增加,问题就更加突出。在低速稳定性要求高的场合(如机床进给系统中)常采用容积节流调速回路,即采用变量泵和流量控制阀联合调节执行元件的速度。

容积节流调速回路的特点是:变量泵的供油能自动接受流量的调节并与之吻合,没有溢流损失,效率高;进入执行元件的流量与负载变化无关,且能自动补偿泵的泄漏,故速度稳定性高。但回路有节流损失,故效率较容积调速回路要低一些。该回路常用在调速范围大、中小功率的场合。此外,回路与其他元件配合易实现快进→工进→快退的动作循环。

1. 采用定压式变量泵和调速阀的调速回路

图 7-20(a)所示为采用定压式变量泵和调速阀的调速回路,其中 1 为定压式变量泵,6 为背压阀。调速阀 2 也可以放在回油路上,但对单伸出杆液压缸,为获得更低的稳定速度,应放在进油路上。

空载时,泵以最大流量进入液压缸使其快进。进入工进工况时,电磁换向阀 3 通电使其油路断开,使压力油经过调速阀流往液压缸。液压缸的运动速度由调速阀中节流阀的有效通流面积 A_T 来控制。变量泵的输出流量 q 和进入液压缸的流量 q_1 能够自相适应,即当 $q>q_1$ 时,泵出口压力上升,通过压力反馈作用,使泵的流量自动减小到 $q \approx q_1$;反之,当 $q<q_1$ 时,泵出口压力下降,又会使其流量自动增大到 $q \approx q_1$。可见,调速阀在这里的作用不仅是使进入液压缸的流量保持恒定,而且还使泵的输出流量保持在相应的恒定值,从而使泵和液压缸的流量匹配。

工进工况结束后,压力继电器 5 发出信号,使换向阀 3 和 4 换向,调速阀再次被短路,液压缸快退。

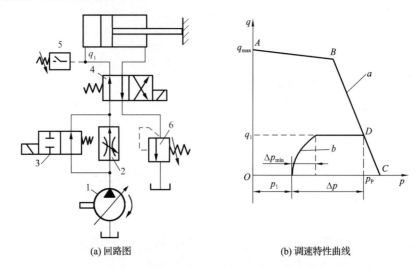

(a) 回路图　　　　　　(b) 调速特性曲线

图 7-20　采用定压式变量泵和调速阀的调速回路

图 7-20(b)所示为这种回路的调速特性。曲线 a 是定压式变量泵的流量-压力特性曲线,曲线 b 是回路工作中调速阀在某一开口 A_T 下通过流量与两端压差的关系曲线,它们的交点 D 即回路的工作点。调节调速阀的有效通流面积 A_T,D 点的位置随即改变。但当 A_T 与泵的工作曲线调定后,D 点即一固定点,泵压 p_p 和进入液压缸的流量 q_1 即定值,它不受负载变化的影响,故此回路的速度-负载特性很硬,速度稳定性很高。因该回路的泵压 p_p 为一定值,故称其为定压式容积节流调速回路。

当负载变化且较多时间在轻载下工作时,液压缸压力 p_1 因负载减小而下降为较小值,图 7-20(b)中的曲线 b 便左移,调速阀两端压降 Δp 增大,造成较大的节流损失;再加上变量泵本身的泄漏较大,特别是在低速情况下,泵的供油流量 $q=q_1$ 且很小,而对应的压力 p_p 很大,泄漏量增加,泄漏量在 q 中的比重增大,使系统的效率严重下降。故该回路用于低速、变载且轻载时间较长的场合时,其效率很低。

2.采用变压式变量泵和节流阀的调速回路

图 7-21 所示为采用变压式变量泵和节流阀的调速回路,该回路的工作原理和采用定压式变量泵和调速阀的调速回路基本相似:节流阀控制进入液压缸的流量 q_1,并使变量泵输出流量 q 自动和 q_1 相适应。当 $q>q_1$ 时,泵的出口压力便上升,泵内左、右柱塞便进一步压缩弹簧,推动定子向右移动,减小泵的偏心距,使泵的供油量下降到 $q≈q_1$;反之,当 $q<q_1$ 时,泵出口压力下降,弹簧推动定子和左、右柱塞向左移动,加大泵的偏心距,使泵的供油量增大到 $q≈q_1$。

在这种调速回路中,作用在液压泵定子上的力的平衡方程为

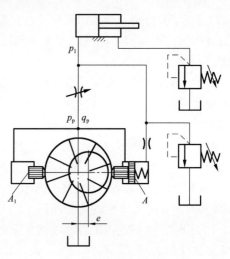

图 7-21　采用变压式变量泵和节流阀的调速回路

$$p_p A_1 + p_p(A - A_1) = p_1 A + F_s$$

即

$$p_p - p_1 = \frac{F_s}{A} \tag{7-11}$$

式中　A——控制缸无柱塞腔的面积；

A_1——柱塞的面积；

p_p——液压泵的供油压力；

p_1——液压缸工作腔的压力；

F_s——控制缸中的弹簧力。

由式(7-11)可知，节流阀前、后压差（$\Delta p = p_p - p_1$）基本上由作用在泵柱塞上的弹簧力来确定，由于弹簧刚度小，工作中伸缩量也很小，所以 F_s 基本恒定，则 Δp 也近似为常数，所以通过节流阀的流量就不会随负载而变化，这和调速阀的工作原理相似。因此，这种调速回路的性能和前述回路相似，它的调速范围也只受节流阀调节范围的限制。此外，这种回路因能补偿由负载变化引起的泵的泄漏变化，因此它在低速小流量的场合使用性能尤佳。在这种调速回路中，不但没有溢流损失，而且泵的供油压力随负载而变化，回路中的功率损失也只有节流阀处压降 Δp 所造成的节流损失一项，因而它的效率较定压式变量泵和调速阀的调速回路高，且发热少，这种回路宜应用在负载变化大，速度较低的中、小功率场合，如某些组合机床的进给系统中。

例 7-2　在变量泵—定量马达式容积调速回路中，已知变量泵转速 $n_p = 1\,500$ r/min，排量 $V_{pmax} = 8$ mL/r，定量马达排量 $V_M = 10$ mL/r，安全阀的调整压力 $p_y = 4 \times 10^6$ Pa，设液压泵和液压马达的容积效率和机械效率 $\eta_{pV} = \eta_{pm} = \eta_{MV} = \eta_{Mm} = 0.95$，试求：

(1)当马达转速 $n_M = 1\,000$ r/min 时泵的排量；

(2)当马达负载转矩 $T_M = 8$ N·m 时泵的排量；

(3)泵的最大输出功率。

解　(1)由马达转速公式 $n_M = \dfrac{q_M \eta_{MV}}{V_M} = \dfrac{q_p \eta_{MV}}{V_M} = \dfrac{V_p n_p \eta_{pV} \eta_{MV}}{V_M}$

得液压泵的排量为

$$V_p = \frac{n_M V_M}{n_p \eta_{pV} \eta_{MV}} = \frac{1\,000 \times 10}{1\,500 \times 0.95 \times 0.95} = 7.39 \text{ mL/r}$$

(2)当马达负载转矩 $T_M = 8$ N·m 时，由马达转矩 $T_M = \dfrac{1}{2\pi} \Delta p V_M \eta_{Mm}$ 可得马达前、后压差为

$$\Delta p = \frac{2\pi T_M}{V_M \eta_{Mm}} = \frac{2 \times 3.14 \times 8}{10 \times 10^{-6} \times 0.95} \times 10^{-6} = 5.29 \text{ MPa} > p_y = 4 \times 10^6 \text{ Pa}$$

但是，回路压力不可能超过溢流阀的调定压力，所以，当液压马达负载转矩 $T_M = 8$ N·m 时，安全阀开启，液压泵输出油液从安全阀返回油箱，进入液压马达的流量为零，液压马达转速为 $n_M = 0$。

(3)泵的最大输出功率为

$$P_{max} = p_y V_{pmax} n_p \eta_{pV} = 4 \times 10^6 \times 8 \times 10^{-6} \times 1\,500/60 \times 0.95 = 760 \text{ W}$$

7.3.4 三类调速回路的比较和选用 //

调速回路在液压传动系统中的应用非常广泛,合理选择调速回路对于提高液压系统的效率和速度稳定性有很重要的作用。

一般情况下,应根据液压传动系统的工作要求,结合调速回路的特点和适用场合进行合理选择。表7-1列出了三类调速回路的主要区别。

表 7-1 三类调速回路的主要区别

类型 \ 区别	节流调速回路	容积调速回路	容积节流调速回路
调速原理	利用流量控制阀调速	利用改变泵或马达的排量来调速	利用压力补偿泵和流量控制阀调速
特 点	能得到较低的速度,有节流损失和溢流损失,回路效率低,发热大,成本低	无节流损失和溢流损失,效率高,温升小,结构复杂,成本高	能得到较低的速度,无溢流损失,效率较高,速度稳定性较容积调速回路好
适用场合	低速小功率	高速大功率	调速范围大的中小功率

7.3.5 快速运动回路 ///

快速运动回路又称增速回路,其功能是使执行元件获得必要的高速,以提高系统的工作效率或充分利用功率。

1.液压缸差动连接回路

如图7-22所示为利用液压缸差动连接的快速运动回路。在此回路中,当换向阀1和2均右位接入系统时,液压缸为差动连接,可实现快速运动;当换向阀2电磁铁失电,左位接入系统时,差动连接被解除,液压缸有杆腔回油经调速阀和换向阀1实现工进;当换向阀1左位接入系统时,液压缸实现有杆腔进油的快退。这种连接方式可在不增加液压泵流量的情况下提高液压缸的运动速度。但是,泵的流量和有杆腔的回油汇合在一起流过的阀和管路应按合成流量来选择,否则会使压力损失过大,泵的供油压力过大,致使泵的部分压力油从溢流阀流回油箱而达不到差动快进的目的。

2.双泵并联回路

双泵并联回路可参考图7-6(d)采用外控式顺序阀的卸荷回路,其中泵1为低压大流量泵,以实现快速运动;泵2为高压小流量泵,以实现工进。在快进运动时,泵1输出的压力油经单向阀4和泵2输出的压力油汇合,共同流向液压系统;快进结束后,系统压力升高,外控式顺序阀3打开,使低压大流量泵1卸荷,泵2单独给液压系统供油,单向阀4在压力作用下关闭,整个系统的工作压力由溢流阀5调定。其优点是功率损耗小,系统效率高,应用较为普遍,但系统稍复杂。

3.蓄能器供油快速运动回路

如图7-23所示为蓄能器供油快速运动回路,其中蓄能器作为辅助动力源,当系统短时间需要大流量的压力油时,可使换向阀5处于左位或右位,由泵1和蓄能器4同时向系统供油;当系统快速运动结束后,可使换向阀5处于中位,这时泵经单向阀3向蓄能器供油,蓄能器压力升高后,外控式顺序阀2打开,泵卸荷。该回路中可以选择较小流量的液压泵实现液压缸的快速运动。

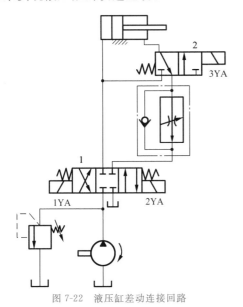

图 7-22　液压缸差动连接回路

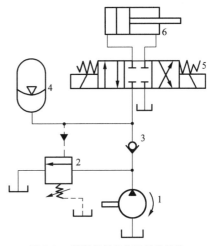

图 7-23　蓄能器供油快速运动回路

7.3.6　速度换接回路

速度换接回路的作用是使液压执行元件在一个工作循环中,实现从一种速度变换到另一种速度。如执行元件从快速到慢速的换接、两个慢速的换接等,在速度换接过程中液压系统要求有较高的速度换接平稳性。

1. 快慢速换接回路

能够实现快速到慢速换接的方法很多,前面讲到的快速运动回路都可以使液压执行元件的运动由快速换接到慢速。

如图 7-24 所示为行程阀的快慢速换接回路。当换向阀处于图 7-24 所示状态时,液压缸活塞快速运动;当活塞杆上的挡块压下行程阀 6 时,行程阀截止,液压缸有杆腔的回油通过节流阀 5 上才可回油箱,液压缸的运动就由快速运动换接为慢速运动;当换向阀 2 得电且左位接入系统后,压力油经单向阀 4 进入液压缸有杆腔,活塞快速退回。这种回路的快慢速换接比较平稳,换接点的位置比较准确,缺点是行程阀的安装位置不能任意布置,管路连接比较复杂。

2. 两种慢速换接回路

图 7-25 所示为采用调速阀的两种慢速换接回路,在图 7-25(a)中为两调速阀并联,调速阀 3 和 4 分别独立地调节液压缸的运动速度,速度换接由换向阀 5 来实现,并且互不影响。当调速阀 3 工

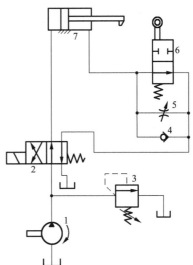

图 7-24　采用行程阀的快慢速换接回路

作时,调速阀4无油液通过,调速阀4中减压阀处于非工作状态而使其阀口完全打开,因此在速度切换瞬时,将会有大量的液压油通过调速阀4使液压缸6产生前冲现象。因此该回路不宜用于工作过程中的速度换接,只可用在速度预选的场合。

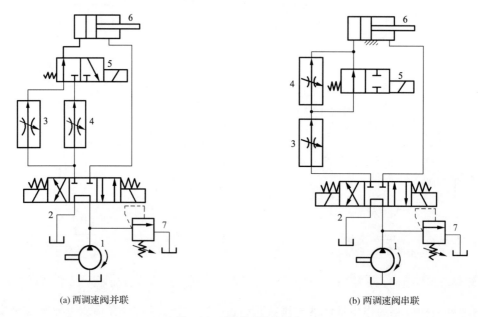

(a) 两调速阀并联　　　　　　　　　　　(b) 两调速阀串联

图 7-25　两种慢速换接回路

图 7-25(b)所示为两调速阀串联,当换向阀5处于图 7-25(b)所示状态时,调速阀4被短接,由调速阀3对液压缸起调速作用;当换向阀5的电磁铁得电且右位接入系统时,压力油通过调速阀3和4进入液压缸,因调速阀4对速度的调节比调速阀3小,所以液压缸的运动速度由调速阀4调节。在此回路中因调速阀4的减压阀一直处于工作状态,换接瞬间没有前冲现象,所以该回路的速度换接平稳性较好。但由于压力油流经两个调速阀,所以能量损失较大。

7.4　多缸运动回路

在液压系统中,如果由一个动力装置给多个液压缸供油,那么这些液压缸会因压力和流量的彼此影响而在动作上相互牵制,因此必须使用特殊的回路才能实现预定的动作要求。多缸动作回路分为顺序运动回路、同步运动回路和快慢速互不干扰回路。

7.4.1　顺序运动回路

顺序运动回路的作用是使多缸系统中的各个液压缸严格按规定的顺序运动。按照控制方式的不同,有行程控制和压力控制两种。

1.行程控制的顺序运动回路

如图 7-26 所示为行程控制的顺序运动回路。当1YA得电时,泵供油通过换向阀C左位进入液压缸A的有杆腔,完成动作①后,触动行程开关1ST使2YA得电,泵供油通过换向阀 D 的左位进入液压缸 B 的有杆腔,完成动作②后,触动行程开关 2ST 使 1YA 失电,换向阀 C 换向右位接入系统,泵供油通过换向阀 C 进入液压缸 A 的无杆腔,完成运动③后,触动行程开关 3ST 使 2YA 失电,换向阀 D 换向右位接入系统,泵供油通过换向阀 D 进入液压缸 B 的无杆腔,完成动作④后,触动行程开关 4ST,工作循环结束。

2.压力控制的顺序运动回路

如图 7-27 所示为采用顺序阀的压力控制的顺序运动回路。当换向阀左位接入系统且顺序阀调定压力大于液压缸 A 的最大工作压力时,压力油先进入液压缸 A 的无杆腔,实现动作①;当液压缸 A 运动到终点后压力升高,压力油打开顺序阀 D 进入液压缸 B 的无杆腔,实现动作②;同理,当换向阀右位接入系统且顺序阀 C 的调定压力大于液压缸 B 的最大返回压力时,两个液压缸会按照③和④的顺序返回。这种回路动作的可靠性取决于顺序阀的性能及其压力调定值,即它的调定值应比前一个动作的压力高 0.8~1.0 MPa,否则顺序阀易在系统压力脉冲中造成误动作,由此可见,这种回路适用于液压缸数目不多、负载变化不大的场合。其优点是动作灵敏,安装连接方便;缺点是可靠性不高,位置精度低。

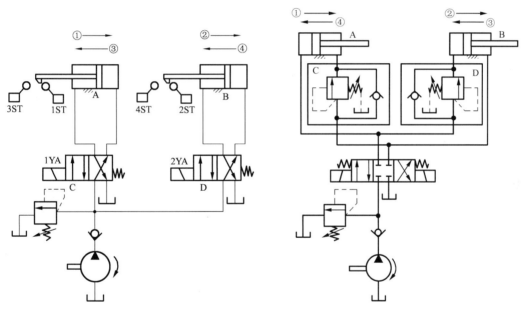

图 7-26　行程控制的顺序运动回路　　　　图 7-27　压力控制的顺序运动回路

7.4.2　同步运动回路

同步运动回路的作用是使两个或多个液压缸在运动中保持相对位置不变或保持速度相同。在多缸液压系统中,影响同步精度的因素主要有液压缸负载、泄漏、摩擦阻力、制造精度、结构强度、结构弹性变形及油液中的含气量等。

1.采用同步缸或同步马达的同步运动回路

如图 7-28 所示为采用同步缸或同步马达的同步运动回路。在图 7-28(a)中采用了同步缸,若同步缸 A、B 两腔有效面积相等,且两工作缸面积也相等,则能实现同步。这种同步运动回路的同步精度取决于液压缸的加工精度和密封性,一般精度可达到98%～99%。由于同步缸一般不宜做得过大,所以这种回路仅适用于小容量的场合。

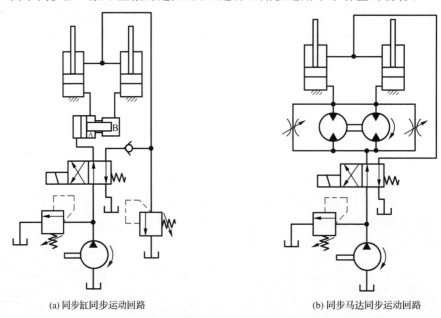

(a) 同步缸同步运动回路   (b) 同步马达同步运动回路

图 7-28 采用同步缸或同步马达的同步运动回路

在图 7-28(b)中采用了相同结构和排量的液压马达,其轴刚性连接,可把等量的压力油分别输入两个尺寸相同的液压缸中,使两个液压缸同步。图 7-28(b)中与马达并联的节流阀用于修正同步误差。

影响这种回路同步精度的主要因素有:马达制造误差引起的排量差别、作用于液压缸活塞上的负载不同引起的泄漏及摩擦阻力不等。这种回路的同步精度比节流控制的要高,由于马达一般为容积效率较高的柱塞式马达,所以费用较高。

2. 带补偿装置的串联液压缸同步运动回路

如图 7-29 所示为采用两个液压缸串联的同步运动回路,在此回路中,液压缸 1 的有杆腔 A 的有效面积和液压缸 2 的无杆腔 B 的有效面积相等,因而腔 A 排出的压力油进入腔 B 后,两个液压缸的运动便可实现同步。补偿装置可使同步误差在每一次下行运动中被消除。如当阀 6 右位接入系统时,液压缸下降,若缸 1 活塞先运动到底,触动开关 a,使阀 5 电磁铁得电右位接入系统,压力油便通过阀 5 和单向阀 3 进入腔 B,推动活塞继续向下运动,误差即被消除。同

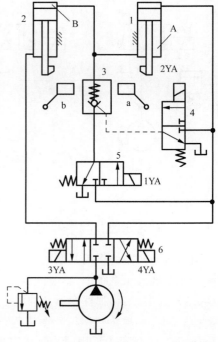

图 7-29 带补偿装置的串联液压缸同步运动回路

理,若缸 2 的活塞先到底,触动开关 b,使阀 4 的电磁铁得电上位接入系统,液控单向阀 3 反向导通,缸 1 的腔 A 的回油可通过液控单向阀回油箱,从而使活塞继续向下运动。这种串联液压缸同步运动回路只适用于负载较小的液压系统。

7.4.3　快慢速互不干扰回路

快慢速互不干扰回路的作用是防止液压系统中的几个液压缸因速度不同而在动作上产生干扰。

如图 7-30 所示为双泵供油的快慢速互不干扰回路,缸 A、B 的快速运动均由泵 2 供油,慢速运动由泵 1 供油,彼此互不干扰。图 7-30 所示状态下,两个液压缸处于原位停止。当电磁铁 2YA、4YA 得电时,阀 5、6 左位接入系统,缸 A、B 由泵 2 供油做差动快进。若缸 A 先完成快进,则电磁铁 3YA 得电,4YA 失电,此时泵 2 供油截止,由泵 1 通过调速阀 8、换向阀 7 左位、单向阀和换向阀 6 的右位向缸 A 供油,缸 A 工进,缸 B 仍做快进,互不影响。当各缸都转为工进后,它们都由泵 1 供油。此后若缸 A 又率先完成工进,则电磁铁 3YA、4YA 都得电,缸 A 由泵 2 供油快退。当所有电磁铁都失电时,缸 A、B 停止运动,并被锁于所在位置。由此可知,本回路可以实现快慢速互不干扰,是因为快速和慢速各由一个液压泵供油,并结合相应的电磁铁控制。电磁铁动作见表 7-2。

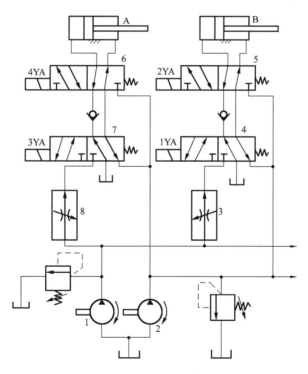

图 7-30　快慢速互不干扰回路

表 7-2   **电磁铁动作表**

动作	1YA、3YA	2YA、4YA
快进	−	+
工进	+	−
快退	+	+
原位停止		

注:"＋"表示电磁铁通电;"－"表示电磁铁失电。

///////////////////////// 习　题 /////////////////////////

7-1　锁紧回路中三位四通阀的中位机能是否可任意选择? 为什么?

7-2　减压回路有何作用? 试举例说明。

7-3　试分析在什么情况下需要采用保压回路? 实现保压的方法有哪些? 各有什么特点?

7-4　卸荷回路的作用是什么? 实现卸荷的方式有哪些? 各有什么特点?

7-5　试分析进油节流阀式节流调速回路的特点。

7-6　试分析回油节流阀式节流调速回路的特点。

7-7　试分析旁路节流阀式节流调速回路的特点。

7-8　试分析采用节流阀的节流调速回路和采用调速阀的节流调速回路的区别。

7-9　实现顺序运动的方式有哪些? 试举例说明。

7-10　本章所述两种不同的同步回路各有什么特点?

7-11　如图 7-31 所示,液压缸 A、B 完全相同,负载 $F_1 > F_2$。已知节流阀能调节液压缸速度并不计压力损失。试判断图 7-31 所示的两个液压回路中,哪个液压缸先动? 哪个液压缸速度快? 试说明理由。

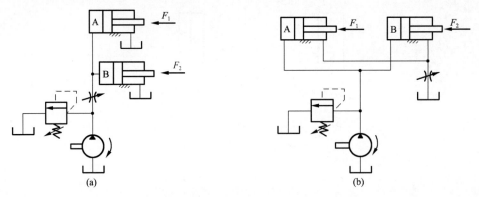

图 7-31　习题 7-11 图

7-12　如图 7-32 所示为双泵供油的差动快进-工进速度换接回路,已知泵的输出流量 $q_1 = 16$ L/min,$q_2 = 4$ L/min,输出油液密度 $\rho = 900$ kg/m^3,运动黏度 $\nu = 2 \times 10^{-5}$ m^2/s,缸的

有效面积 $A_1=100\ \mathrm{cm}^2$、$A_2=60\ \mathrm{cm}^2$，快进时的负载 $F=1\ \mathrm{kN}$，油液流过换向阀时的压力损失 $\Delta p=0.25\ \mathrm{MPa}$，连接液压缸两腔的管道 ABCD 的内径 $d=1.8\ \mathrm{cm}$，其中 ABC 段 $L=3\ \mathrm{m}$，计算时需计算其沿程压力损失，其他损失及速度、高度变化的影响皆可忽略。试求：

(1)快进时液压缸的速度 v 和压力表读数；

(2)工进时若压力表读数为 8 MPa，$C=0.65$，$A_T=0.05\ \mathrm{cm}^2$ 则回路承载能力有多大？（不计损失）

7-13　如图 7-33 所示的两个液压缸的活塞面积相同，液压缸无杆腔面积 $A_1=2\times10^{-3}\ \mathrm{m}^2$，负载分别为 $F_1=8\,000\ \mathrm{N}$，$F_2=4\,000\ \mathrm{N}$，溢流阀的调定压力为 $p_y=4.5\ \mathrm{MPa}$，试分析减压阀调定值分别为 1 MPa、2 MPa 及 4 MPa 时，两个液压缸的动作情况。

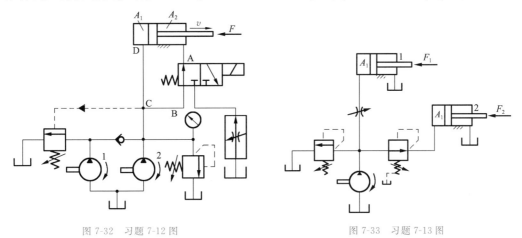

图 7-32　习题 7-12 图　　　　　　　图 7-33　习题 7-13 图

7-14　在进油节流调速回路中，已知液压泵流量 $q_p=6\ \mathrm{L/min}$，溢流阀调定压力 $p_y=3.0\ \mathrm{MPa}$，液压缸无杆腔面积 $A_1=2\times10^{-3}\ \mathrm{m}^2$，负载 $F=4\,000\ \mathrm{N}$，节流阀阀口为薄壁孔，阀口通流截面积 $A_T=0.01\ \mathrm{cm}^2$，流量系数 $C_q=0.62$，油液密度 $\rho=900\ \mathrm{kg/m}^3$。试求：

(1)活塞的运动速度 v；

(2)溢流阀的溢流量 q_y 和回路效率 η。

7-15　在回油节流调速回路中，液压泵输出流量 $q_p=25\ \mathrm{L/min}$，溢流阀调定压力 $p_y=5.4\ \mathrm{MPa}$，液压缸无杆腔面积 $A_1=80\ \mathrm{cm}^2$，有杆腔面积 $A_2=40\ \mathrm{cm}^2$。液压缸的工进速度 $v=0.18\ \mathrm{m/min}$，负载 $F=40\ \mathrm{kN}$，不考虑管路损失和液压缸的摩擦损失，试计算：

(1)液压缸工进时液压系统的效率 η；

(2)当负载 $F=0$ 时，回油腔的压力。

第8章

典型液压系统

素质目标

先导式定值减压阀

通过讲解液压工程的典型案例,加强学生对相关知识的理解和认识,并能将之应用于液压系统设计,引导学生举一反三,培养学生科学的学习、工作方法。

液压系统是根据机械设备的工作要求,选用适当的液压基本回路组合而成的,其工作原理一般用液压系统图来表示。在液压系统图中,各个液压元件及它们之间的连接和控制方式,均按照标准符号画出,分析液压系统图时,一般按以下步骤进行:

(1)了解主机的功能、对液压系统的要求、液压系统应实现的运动和工作循环以及工作循环各阶段对力、速度和方向等参数的要求。

(2)分析各液压元件的功能与原理,弄清它们之间的相互连接关系(若有几个执行元件,应先分为子系统逐一分析),一般"先看两头,后看中间"。

(3)参照电磁铁动作表和执行元件的动作(工作循环),分析油流路线,一般"先看阀的图示位置,后看其他位置""先看主油路,后看辅助油路"。

(4)找出液压基本回路,明确系统的功能,在全面读懂系统原理图的基础上,归纳液压系统的特点。

8.1 组合机床动力滑台液压系统

8.1.1 概 述 //

组合机床是由通用部件和专用部件组成的高效、专用、自动化程度较高的机床。动力滑台是组合机床用来实现进给运动的通用部件,配置动力头和主轴箱后可以对工件完成各种孔加工、端面加工等工序。液压动力滑台用液压缸驱动,可按照一定的动作循环实现多种进给运动。组合机床要求动力滑台空载时速度快、推力小;工进时速度慢、推力大,速度稳定;速度换接平稳,功率利用合理、效率高、发热小。

现以 YT4543 型组合机床动力滑台为例分析其液压系统的工作原理和特点。该液压系统采用限压式变量叶片泵及单活塞杆液压缸,通常实现的工作循环为:快进→第一工进→第二工进→死挡块停留→快退→原位停止。

8.1.2　YT4543 型组合机床动力滑台液压系统的工作原理/////////

YT4543 型组合机床动力滑台液压系统如图 8-1 所示。

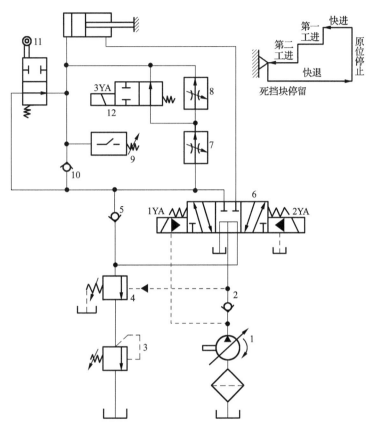

图 8-1　YT4543 型组合机床动力滑台液压系统

1. 快进

按下启动开关,电磁铁 1YA 得电,电液换向阀 6 左位接入系统,因系统压力较低,变量泵输出大量压力油进入液压缸,顺序阀 4 处于关闭状态,液压缸处于差动连接,即

进油路:泵 1→单向阀 2→电液换向阀 6→行程阀 11→液压缸无杆腔;

回油路:液压缸有杆腔→电液换向阀 6→单向阀 5→行程阀 11→液压缸无杆腔。

2. 第一工进

当动力滑台快进到预定位置时,挡块压下行程阀 11,切断快速运动油路,电磁铁 1YA 仍得电,电液换向阀 6 仍是左位接入系统。这时压力油经调速阀 7 和二位二通电磁换向阀 12 的右位进入液压缸无杆腔。由于工进时系统压力升高,泵 1 供油量减小,顺序阀 4 打开,单向阀 5 关闭,液压缸有杆腔的压力油通过溢流阀 3 回油箱。液压缸活塞的运动速度由调速阀 7 调节,即

进油路:泵 1→单向阀 2→电液换向阀 6→调速阀 7→二位二通电磁换向阀 12→液压缸无杆腔;

回油路:液压缸有杆腔→电液换向阀6→顺序阀4→溢流阀3→油箱。

3. 第二工进

第一工进终了时,动力滑台上挡块压下行程开关(图8-1中未画出),发出电信号使二位二通电磁换向阀12的电磁铁3YA得电,其油路关闭,这时压力油必须通过调速阀7和8才能进入液压缸,因调速阀8调速比调速阀7更小,所以由调速阀8决定液压缸的运动速度,即

进油路:泵1→单向阀2→电液换向阀6→调速阀7→调速阀8→液压缸无杆腔;

回油路:液压缸有杆腔→电液换向阀6→顺序阀4→溢流阀3→油箱。

4. 死挡块停留

当滑台以第二工进速度行进,碰上死挡块即停止运动。这时液压缸无杆腔压力升高,压力继电器9发出信号给时间继电器,停止运动的时间由时间继电器调定。设置死挡块可以提高动力滑台进给的位置精度。

5. 快退

当动力滑台停留时间结束后,时间继电器发出信号,使电磁铁1YA和3YA失电,2YA得电,这时电液换向阀6右位接入系统。在滑台返回时负载小,系统压力低,变量泵供油量又增大,动力滑台快速退回,即

进油路:泵1→单向阀2→电液换向阀6→液压缸有杆腔。

回油路:液压缸无杆腔→单向阀10→电液换向阀6→油箱。

6. 原位停止

当动力滑台快退回到原位时,挡块压下原位行程开关,发出信号,使电磁铁2YA失电,此时所有电磁铁均失电,电液换向阀6处于中位,液压缸左、右两腔的油路均切断,动力滑台原位停止。这时变量泵输出的油液经单向阀2排回油箱,泵在低压下卸荷。

系统工作循环中电磁铁及行程阀的动作见表8-1。

表8-1 电磁铁和行程阀的动作

部件 动作	电磁铁			行程阀	压力继电器 YJ	时间继电器 SJ
	1YA	2YA	3YA			
快进	+	−	−	−	−	−
第一工进	+	−	−	+	−	−
第二工进	+	−	+	+	−	−
死挡块停留	+	−	+	+	+	+
快退	−	+	−	±	−	−
原位停止	−	−	−	−	−	−

注:"+"表示电磁铁得电或行程阀压下;反之,用"−"表示。

8.1.3 YT4543型组合机床动力滑台液压系统的特点 //////////////

由前面分析可知,该系统主要由下列基本回路组合而成:限压式变量泵和调速阀组成的容积节流调速回路、液压缸差动连接增速回路、电液换向阀的换向回路、行程阀和电磁

换向阀的速度换接回路、两个调速阀串联的二次进给调速回路,这些回路的有机组合决定了该液压系统具有以下特点:

（1）采用限压式变量泵和调速阀组成的容积节流调速回路,且回油路上设置背压阀,保证了稳定的低速运动、较好的速度刚性和较大的调速范围。

（2）采用限压式变量泵和液压缸的差动连接可以得到较大的快进速度,提高系统能量利用率。

（3）采用行程阀和顺序阀实现快进和工进的速度换接,不仅简化了油路,而且动作可靠,转换位置精度也较高。

（4）在液压缸进油路上采用两个调速阀串联的调速回路,启动及速度换接冲击较小,便于利用压力继电器发出电信号进行自动控制。

（5）在动力滑台的工作循环中,采用死挡块停留,不仅提高了进给位置精度,还扩大了滑台工艺适用范围,适用于镗阶梯孔等工艺。

8.2 液压机液压系统

8.2.1 概　述 //

液压机是一种利用液体静压力来加工金属、塑料、橡胶、木材、粉末等制品的机械。通常用于压制工艺和压制成形工艺,如锻造、冲压、冷挤、校直、弯曲、翻边、薄板拉深等。

液压机的类型很多,其中以四柱式液压机最为典型,应用也最为广泛。这种液压机在它的四个立柱之间安装有上、下两个液压缸,它对液压系统的基本要求是:

（1）为完成一般的压制工艺,要求主缸（上液压缸）驱动上滑块能实现快速下行→慢速加压→保压延时→快速返回→原位停止的工作循环;要求顶出缸（下液压缸）驱动下滑块实现向上顶出→停留→向下返回→原位停止的工作循环,如图 8-2 所示。

（2）液压系统中的压力要能经常变换和调节,并能产生较大的压制力（吨位）,以满足工作要求。

（3）流量大、功率大、空行程和加压行程的速度差异大,因此要求功率利用合理,工作平稳性和安全性高。

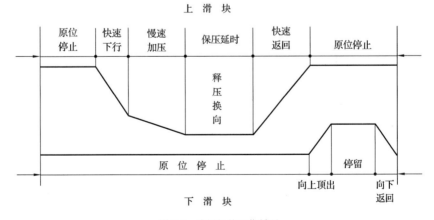

图 8-2　液压机的工作循环

8.2.2　YB32-200 型液压机液压系统的工作原理 //////////////////////////

图 8-3 为 YB32-200 型液压机液压系统的工作原理图，该系统由一个高压泵供油，控制油路的压力油经主油路中的减压阀 4 减压后得到。现以一般的定压成形工艺为例，说明该液压机液压系统的工作原理。

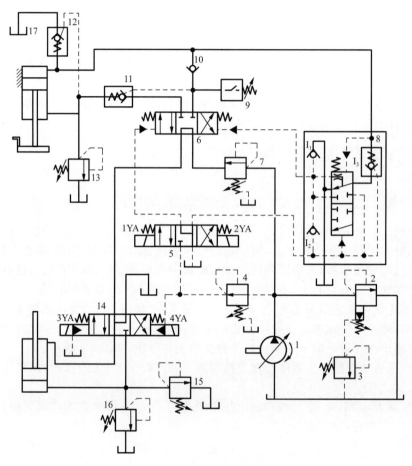

图 8-3　YB32-200 型液压机液压系统

1.液压机上滑块工作情况

(1)快速下行

按下启动开关，当电磁铁 1YA 得电时，作为先导阀的换向阀 5 使液动换向阀 6 左位接入系统，液控单向阀 10 被打开，这时系统中压力油进入上液压缸上腔，因上滑块在自重作用下迅速下降，尽管液压泵已输出最大流量，但上液压缸上腔仍因油液不足出现真空，液压机顶部充液筒 17 中的液压油经液控单向阀 12 流入上液压缸上腔，即

进油路：变量泵 1→顺序阀 7→液控换向阀 6 左位→单向阀 10
充液筒 17→液控单向阀 12 ⎫ →上液压缸上腔；

回油路：上液压缸下腔→液控单向阀 11→液动换向阀 6 左位→电液换向阀 14 中位→油箱。

（2）慢速加压

当上滑块运行中接触到工件时，上液压缸上腔压力升高，液控单向阀 12 关闭，加压速度由液压泵的流量决定，主油路的压力油流动情况与快速下行时相同。

（3）保压延时

保压延时是当系统中压力升高到压力继电器 9 的调定值时，压力继电器便发出信号，使电磁铁 1YA 失电，先导阀 5 和液动换向阀 6 都处于中位，保压时间由时间继电器控制，可在 0～24 min 内调节。保压时除了液压泵在低压下卸荷外，系统中没有压力油流动。

卸荷油路为：变量泵 1→顺序阀 7→液动换向阀 6 中位→电液换向阀 14 中位→油箱。

（4）快速返回

保压结束后，时间继电器发出信号，使电磁铁 2YA 得电。为了防止系统在保压状态快速转换到快速返回状态，在系统中产生强烈的液压冲击，造成不良后果，在系统中设置了释压换向阀组 8。它的功能是在电磁铁 2YA 通电后，控制压力油必须在上液压缸上腔释压后，才能进入液动换向阀 6 右腔，使其换向。释压换向阀组的工作原理是：在保压阶段，该阀组上位接入系统，当电磁铁 2YA 得电、先导阀 5 右位接入系统时，控制油路中的压力油虽然到达了释压换向阀组 8 阀芯的下端，但由于其上端的高压未卸除，所以阀芯不动。但是，由于液控单向阀 I_3 可以在控制压力低于其主油路压力下打开，所以其油路为：

上液压缸上腔→液控单向阀 I_3→释压换向阀组 8 上位→油箱。

当上液压缸上腔高压被卸除后，释压换向阀组 8 阀芯在控制压力油作用下向上移动，其下位接入系统，它一方面切断了上液压缸腔通油箱的通道，另一方面使控制油路中的压力油输入液动换向阀 6 的右端，使该阀右位接入系统。这时，液控单向阀 11、12 被打开，即

进油路：变量泵 1→顺序阀 7→液动换向阀 6 右位→液控单向阀 11→上液压缸下腔。

回油路：上液压缸上腔→液控单向阀 12→充液筒 17。

因此，上滑块快速返回，从回油路进入充液筒 17 中的油液，若超过预定位置，则从充液筒 17 中的溢流管道回油箱。由图 8-3 可见，液动换向阀 6 在由左位切换到中位时，阀芯右端由油箱经单向阀 I_1 补油，在由右位切换到中位时，阀芯右端的压力油经单向阀 I_2 流回油箱。

（5）原位停止

在上滑块上升到预定高度时，挡块压下行程开关，电磁铁 2YA 失电，先导阀 5 和液控换向阀 6 均处于中位时，上液压缸停止运动，液压泵在较低压力下卸荷，由于液控单向阀 11 和溢流阀 13 的支撑作用，上滑块悬空停止。

2. 液压机下滑块的运动情况

（1）向上顶出

电磁铁 4YA 得电时，电液换向阀 14 右位接入系统，其油路为：

进油路：变量泵 1→顺序阀 7→液控换向阀 6 中位→电液换向阀 14 右位→下液压缸下腔；

回油路：下液压缸上腔→电液换向阀 14 右位→油箱。

（2）停留

顶出缸的活塞向上运动到底时，下滑块便停留在这个位置上。电液换向阀 14 中位，停留时除了变量泵 1 在低压下卸荷外，系统中没有压力油流动。

（3）向下返回

向下返回是在电磁铁 3YA 得电的情况下动作的，即

进油路：变量泵 1→顺序阀 7→液控换向阀 6 中位→电液换向阀 14 左位→下液压缸上腔；

回油路：下液压缸下腔→电液换向阀 14 左位→油箱。

（4）原位停止

当电磁铁 3YA、4YA 均失电时，电液换向阀 14 处于中位，系统中溢流阀 16 为下液压缸安全阀，溢流阀 15 为下液压缸溢流阀，它们可以调整顶出压力。

YB32-200 型液压机液压系统工作循环中电磁铁的动作见表 8-2。

表 8-2 电磁铁的动作

动 作	电 磁 铁	1YA	2YA	3YA	4YA
上液压缸	快速下行	+	－	－	－
	慢速加压	+	－	－	－
	保压延时	－	－	－	－
	快速返回	－	+	－	－
	原位停止	－	－	－	－
下液压缸	向上顶出	－	－	－	+
	停留	－	－	－	－
	向下返回	－	－	+	－
	原位停止	－	－	－	－

注："＋"表示电磁铁得电；"－"表示电磁铁失电。

8.2.3　YB32-200 型液压机液压系统的特点 //////////////////////////////

（1）为合理利用功率，系统中采用轴向柱塞式高压变量泵供油，在工作过程中基本维持恒功率输出，使系统效率高、发热小。

（2）系统中采用释压换向阀组来实现上滑块快速返回前的释压，保证动作平稳，防止换向时的液压冲击和噪声。

（3）系统中用顺序阀调定压力为 2.5 MPa，以保证液压泵卸荷压力不至于太低，使控制油路具有一定的工作压力。

（4）为满足上液压缸快速下行以提高生产率的要求，系统采用充液筒自动补油措施。

（5）系统中上、下液压缸的动作协调由图 8-3 中的液控换向阀 6 和电液换向阀 14 的互锁来保证，一个液压缸必须在另一个液压缸静止时才能动作。但是，在拉深操作中，为了实现"压边"，上液压缸活塞必须推着下液压缸活塞移动，这时上液压缸下腔的压力油进入下液压缸上腔，而下液压缸下腔中的压力油则经下液压缸溢流回油箱，这时两个液压缸虽然同时动作，但不存在动作协调的问题。

（6）系统中的两个液压缸各有一个安全阀进行过载保护。

8.3 Q2-8 型汽车起重机液压系统

8.3.1 概　述

Q2-8 型汽车起重机采用液压传动,最大起重量为 80 kN(幅度为 3 m),最大起重高度为 11.5 m,起重装置可连续回转。该起重机有较高的行走速度,可以和运输车队编队行驶,机动性好,用途广泛。当装上附加臂后,可用于建筑工地吊装预制件,吊装的最大高度为 6 m。该起重机亦可在有冲击、振动、温差变化大和环境较差的条件下工作。它的动作比较简单,对于位置精度要求也不太高,因此可采用手动控制,但对液压系统的可靠性和安全性要求很高。

图 8-4 为 Q2-8 型汽车起重机的外形图。它由汽车 1、转台 2、支腿 3、吊臂变幅液压缸 4、伸缩臂 5、起升机构 6、基本臂 7 等组成。

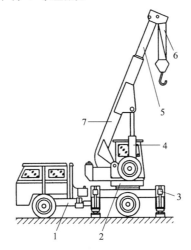

图 8-4 Q2-8 型汽车起重机的外形
1—汽车;2—转台;3—支腿;4—吊臂变幅液压缸;5—伸缩臂;6—起升机构;7—基本臂

8.3.2 Q2-8 型汽车起重机液压系统的工作原理

如图 8-5 所示,该液压系统属于高压系统,用一个额定压力为 21 MPa 的轴向柱塞泵作为动力源,由汽车发动机通过传动装置(取力箱)驱动工作。整个系统包括支腿收放、转台回转、吊臂伸缩、吊臂变幅和吊重起升五个工作阶段组成。其中,前、后支腿收放阶段的换向阀 A、B 组成一个阀组(双联多路阀,图 8-5 中的阀组 1),其余四个阶段的换向阀 C、D、E、F 组成另一个阀组(四联多路阀,图 8-5 中的阀组 2)。各换向阀均为 M 型中位机能三位四通手动换向阀,相互串联组合,可实现多缸卸荷。根据起重工作的具体要求,操纵各阀不仅可以分别控制各执行元件的运动方向,还可以通过控制阀芯的位移量来实现节流调速。

系统中除液压泵、安全阀、阀组 1 及支腿液压缸外,其他液压元件都装在可回转的上车部分。油箱也装在上车部分,兼做配重。上车部分和下车部分的油路通过中心旋转接头 7 连通。

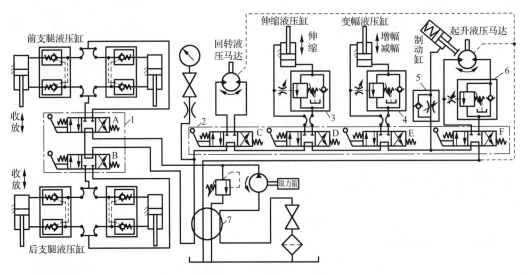

图 8-5　Q2-8 型汽车起重机液压系统的工作原理

1. 支腿收放

由于汽车轮胎支撑能力有限,且为弹性变形体,作业时很不安全,故在起重作业前必须放下前、后支腿,使汽车轮胎架空,用支腿承重。在行驶时又必须将支腿收起,轮胎着地。为此,在汽车的前、后端各设置两条支腿,每条支腿均配置有液压缸。前支腿有两个液压缸,同时用一个手动换向阀 A 控制其收、放动作。后支腿有两个液压缸,用阀 B 来控制其收、放动作。为确保支腿停放在任意位置并能可靠地锁住,在每一个支腿液压缸的油路中设置一个由两个液控单向阀组成的双向液压锁。

当阀 A 左位接入系统时,前支腿放下,即

进油路:液压泵→阀 A 左位→液控单向阀→前支腿液压缸无杆腔;

回油路:前支腿液压缸有杆腔→液控单向阀→阀 A 左位→阀 B 中位→阀 C 中位→阀 D 中位→阀 E 中位→阀 F 中位→油箱。

后支腿液压缸用阀 B 来控制,其油路和前支腿油路类似。

2. 转台回转

转台回转油路的执行元件是一个大转矩液压马达,它能双向驱动转台回转。通过齿轮、蜗杆机构减速,转台可获得 1～3 r/min 的低速。马达由手动换向阀 C 控制正转、反转、停止,即

进油路:液压泵→阀 A→阀 B→阀 C $\begin{cases} \text{左位→回转液压马达反转;} \\ \text{中位→回转液压马达停止;} \\ \text{右位→回转液压马达正转;} \end{cases}$

回油路:回转液压马达→阀 C $\begin{cases} \text{左位} \\ \text{中位} \\ \text{右位} \end{cases}$→阀 D 中位→阀 E 中位→阀 F 中位→油箱。

3. 吊臂伸缩

吊臂由基本臂和伸缩臂组成,伸缩臂套装在基本臂内,由吊臂伸缩液压缸带动做伸缩运动。为防止吊臂在停止阶段因自重作用而向下滑移,油路中设置了平衡阀 3(外控式单

向顺序阀)。吊臂的伸缩由阀 D 控制,使伸缩臂具有伸出、缩回和停止三种工况。例如,
当阀 D 右位接入系统时,吊臂伸出,即

进油路:液压泵→阀 A 中位→阀 B 中位→阀 C 中位→阀 D 右位→平衡阀 3 中的单向
阀→伸缩液压缸无杆腔;

回油路:伸缩液压缸有杆腔→阀 D 右位→阀 E 中位→阀 F 中位→油箱。

4.吊臂变幅

吊臂变幅是用液压缸来改变吊臂的起落角度的。变幅要求工作平稳可靠,故在油路
中设置了平衡阀 4。增幅和减幅运动由换向阀 E 控制,其油路与伸缩油路相似。

5.吊重起升

吊重起升是该系统的主要工作油路。吊重的提升和落下作业由一个大转矩液压马达
带动绞车来完成。液压马达的正、反转由阀 F 控制,马达转速即起吊速度可通过改变发
动机油门(转速)及控制阀 F 来调节。油路设置有平衡阀 6,用以防止重物因自重而下落。
由于液压马达的内泄漏量比较大,所以当重物吊在空中时,尽管油路中设有平衡阀,重物
仍会向下缓慢滑移,为此在液压马达驱动的轴上设有制动器。当起升机构工作时,在系统
油压作用下,制动器液压缸使闸块松开;当液压马达停止转动时,在制动器弹簧作用下,闸
块将轴抱紧;当重物悬空停止再次起升时,若制动器立即松闸,因马达的进油路可能来不
及建立足够的油压,故会造成重物短时间失控下滑。为避免产生这种现象,在制动器油路
中设置单向节流阀 5,使制动器抱闸迅速,松闸却能缓慢进行(松闸时间由节流阀调节)。

重物起升时

进油路:液压泵→阀 A 中位→阀 B 中位→阀 C 中位→阀 D 中位→阀 E 中位→
{ 节流阀 5→制动缸下腔,制动器松开;
{ 阀 F 右位→平衡阀 6 中的单向阀→起升液马达正转,重物起升;

回油路:起升液压马达→阀 F 右位→油箱。

重物下落时

进油路:液压泵→阀 A 中位→阀 B 中位→阀 C 中位→阀 D 中位→阀 E 中位→
{ 节流阀 5→制动缸下腔,制动器松开;
{ 阀 F 左位→起升液马达反转,重物下落;

回油路:起升液压马达→平衡阀 6→阀 F 左位→油箱。

8.3.3 Q2-8 型汽车起重机液压系统的特点 ////////////////////////////

(1)系统中采用了平衡回路、锁紧回路和制动回路,能够保证起重机工作可靠,运转平
稳,操作安全。

(2)系统中采用中位机能为 M 型的三位四通手动换向阀,不仅可以灵活、方便地控制
换向动作,而且可以通过操纵手柄来控制流量,以实现节流调速。在起升工作中,将这种
节流调速方法与控制发动机转速的方法结合使用,可以实现各工作部件微速动作。

(3)系统中各换向阀处于中位时可实现系统的卸荷,能减少功率损耗,适用于起重机
间歇性工作。

(4)换向阀串联组合,不仅各机构的动作可以独立进行,而且在轻载作业时,可实现起
升和回转复合动作,以提高系统的工作效率。

8.4 塑料注射成形机液压系统

8.4.1 概 述 //

塑料注射成形机简称注塑机,它是将颗粒状的塑料加热熔化成流动状态后,以高压、快速注入模腔,并经过一定时间保压,冷却凝固成为塑料制品的加工设备,其工作循环如图8-6所示。

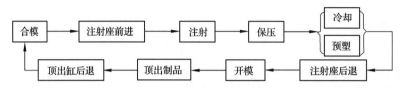

图 8-6 注塑机的工作循环

注塑机液压系统应满足以下要求:

1.有足够的合模力

熔融的塑料通常以 4~15 MPa 的高压注入模腔,因此合模缸必须有足够的合模力,否则在注射时会因模具离缝而产生塑料制品的溢边现象。

2.开、合模的速度可调节

在开、合模过程中,要求合模缸有慢、快、慢的速度变化,其目的是缩短空行程时间,提高生产率和保证制品质量,并避免产生冲击。

3.有足够的注射座移动液压缸推力

其目的是保证喷嘴与模具浇口紧密接触。

4.注射压力和速度可以调节

这是为了满足不同塑料品种、注射成品几何形状和模具浇注系统的要求。

5.保压功能

保压可使塑料注满并紧贴模腔以获得精确形状。此外,在冷却、凝固、收缩过程中,熔融塑料可不断补入模腔,避免产生废品。同时,可以根据需要调节保压压力。

6.预塑过程可调节

在模腔熔体冷却、凝固阶段,在料斗内的塑料颗粒通过筒内螺杆的回转卷入料筒,连续向喷嘴方向推移,同时加热、塑化、搅拌和挤压为熔体。在注塑成形加工中,通常将料筒每小时塑化的质量(塑化能力)作为生产力指标。当料筒的结构尺寸确定后,随塑料的熔点、流动性和制品不同,要求螺杆转速可以改变,以便使预塑过程的塑化能力可以调节。

7.顶出制品

顶出制品除了要求有足够的顶出力外,还要求顶出速度平稳、可调。

8.4.2 SZ-250A 型注塑机液压系统的工作原理 ///////////////////////////////////

图 8-7 为 SZ-250A 型注塑机液压系统的工作原理图。该注塑机属于中、小型注塑机,每次最大注射量为 250 cm^3。系统各执行元件的动作循环主要依靠行程开关切换电磁换向阀来实现,电磁铁的动作顺序见表8-3。

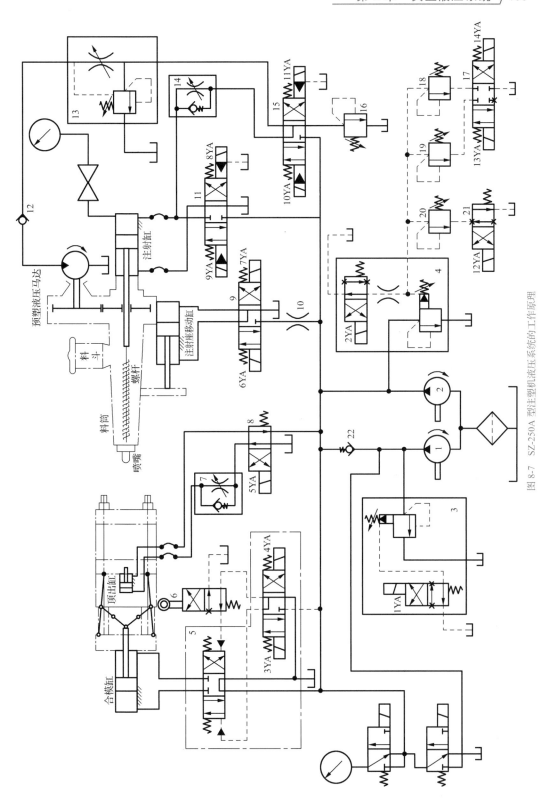

图 8-7　SZ-250A 型注塑机液压系统的工作原理

表 8-3　　　　　　　　　　SZ-250A 型注塑机电磁铁的动作顺序

动作循环		电磁铁 YA													
		1	2	3	4	5	6	7	8	9	10	11	12	13	14
合模	慢速合模	−	+	+	−	−	−	−	−	−	−	−	−	−	−
	快速合模	+	+	+	−	−	−	−	−	−	−	−	−	−	−
	低压慢速合模	−	+	+	−	−	−	−	−	−	−	−	−	+	−
	高压合模	−	+	+	−	−	−	−	−	−	−	−	−	−	−
注射座整体前移		−	+	−	−	−	−	+	−	−	−	−	−	−	−
注射	慢速注射	−	+	−	−	−	−	+	−	−	+	−	+	−	−
	快速注射	+	+	−	−	−	−	+	+	−	−	−	+	−	−
保压		−	+	−	−	−	−	+	−	−	+	−	−	−	+
预塑		−	+	−	−	−	−	+	−	−	−	+	−	−	−
防流涎		−	+	−	−	−	−	+	−	+	−	−	−	−	−
注射座整体后退		−	+	−	−	−	+	−	−	−	−	−	−	−	−
开模	慢速开模	−	+	−	+	−	−	−	−	−	−	−	−	−	−
	快速开模	+	+	−	+	−	−	−	−	−	−	−	−	−	−
	慢速开模	+	+	−	+	−	−	−	−	−	−	−	−	−	−
顶出	顶出缸前进	−	+	−	−	+	−	−	−	−	−	−	−	−	−
	顶出缸后退	−	+	−	−	−	−	−	−	−	−	−	−	−	−
螺杆前进		−	+	−	−	−	−	−	+	−	−	−	−	−	−
螺杆后退		−	+	−	−	−	−	−	−	+	−	−	−	−	−

注:"＋"表示电磁铁得电;"－"表示电磁铁失电。

1. 关安全门

为保证操作安全,注塑机都装有安全门。关闭安全门后,行程阀 6 恢复常位(下位),合模缸才能动作,开始整个动作循环。

2. 合模

当行程阀 6 恢复常位(下位)后,控制油液进入电液换向阀 5 右位控制腔。合模过程是动模板慢速启动、快速前移,接近定模板时,液压系统转为低压、慢速控制。在确认模具内没有硬质异物存在后,系统采用高压合模。具体动作如下:

(1)慢速合模

电磁铁 2YA、3YA 得电,大流量液压泵 1 通过电磁溢流阀 3 卸荷,小流量液压泵 2 的压力由电磁溢流阀 4 调定,泵 2 的压力油经电液换向阀 5 右位进入合模缸左腔,推动活塞带动连杆机构慢速合模,合模缸右腔油液经电液换向阀 5 和冷却器回油箱。

(2)快速合模

慢速合模转为快速合模时,由行程开关发出指令使电磁铁 1YA 得电(此前电磁铁 2YA 和 3YA 得电),泵 1 不再卸荷,其输出压力油与泵 2 一起双泵供油供给合模缸,实现快速合模,其供油压力由电磁溢流阀 3 调定。

（3）低压慢速合模

电磁铁 2YA、3YA 和 13YA 得电。泵 1 卸荷,泵 2 的压力由远程调压阀 18 控制,因远程调压阀 18 的压力调得较低,同时由于只有泵 2 供油,使得合模缸在低压下慢速合模,因此即使两个模板间有硬质异物,也不致损坏模具,起到了保护模具的作用。

（4）高压合模

当动模板越过保护段,压下高压锁模行程开关时,电磁铁 13YA 失电（电磁铁 2YA 和 3YA 得电）。泵 1 卸荷,泵 2 供油,系统压力由高压电磁溢流阀 4 控制进行高压合模,并使连杆产生弹性变形,使模具牢固地被锁紧。

3. 注射座整体前移

当电磁铁 2YA 和 7YA 得电时,泵 2 的压力油经电磁换向阀 9 右位进入注射座移动缸右腔,使注射座整体向前移动,使喷嘴与模具贴紧,缸的左腔油经电磁换向阀 9 流回油箱。

4. 注射

根据制品和注射工艺条件,注射螺杆以一定压力和速度将料筒前端的熔料经喷嘴注入模腔,按其速度不同分为慢速注射和快速注射两种。

（1）慢速注射

电磁铁 2YA、7YA、10YA 和 12YA 得电,泵 2 的压力油经电液换向阀 15 左位和单向节流阀 14 进入注射缸右腔,其注射速度可由单向节流阀 14 调节。远程调压阀 20 起调压作用,注射缸左腔油液经电液换向阀 11 中位流回油箱。

（2）快速注射

电磁铁 1YA、2YA、7YA、8YA 和 12YA 得电,泵 1,2 的压力油经电液换向阀 11 右位进入注射缸右腔,左腔油液经换向阀 11 流回油箱。由于两泵同时供油,且不经过单向节流阀 14,故注射速度加快。此时,远程调压阀 20 起安全作用。

5. 保压

电磁铁 2YA、7YA、10YA 和 14YA 得电,泵 1 卸荷,泵 2 单独供油,其供油仅用于补充保压时泄漏量,使注射缸对模腔内保压并进行补塑。保压压力由远程调压阀 19 调节,泵 2 供油的多余的油液从电磁溢流阀 4 流回油箱。

6. 预塑

电磁铁 1YA、2YA、7YA 和 11YA 得电,泵 1,2 双泵供油,压力油经电液换向阀 15 右位、溢流节流阀 13 和单向阀 12 进入驱动螺杆的预塑液压马达,将料斗中塑料颗粒卷入料筒,塑料颗粒被转动的螺杆带到料筒前端加热预塑,并建立起一定压力,螺杆转速由溢流节流阀来调节。当螺杆头部熔料压力达到能克服注射缸活塞退回的阻力时,即螺杆的反推力大于注射缸活塞退回的阻力时,使与注射缸活塞连在一起的螺杆向后移,注射缸右腔的油液经背压阀 16 流回油箱,同时注射缸左腔产生局部真空,油箱的油液在大气作用下经电液换向阀 11 的中位进入其左腔。当螺杆向后移到预定位置,即螺杆头部熔料达到下次注射所需量时,螺杆便停止转动,准备下次注射。与此同时,在模腔内的制品处于冷却成形阶段。

7. 防流涎

电磁铁 2YA、7YA 和 9YA 得电。泵 1 卸荷,泵 2 的压力油一方面经电磁换向阀 9 的右位进入注射座移动缸右腔,使喷嘴与模具保持接触,另一方面压力油经电液换向阀 11 的左位进入注射缸左腔,使螺杆强制向右移,减少料筒前端压力,防止在注射座整体后退时喷嘴端部物料流出。注射缸右腔和注射座移动缸左腔油液分别经电液换向阀 11 的左位和电磁换向阀 9 的右位流回油箱。

8. 注射座整体后退

防流涎动作结束后,电磁铁 2YA 和 6YA 得电,泵 1 卸荷,泵 2 压力油经电磁换向阀 9 的左位使注射座整体后退。注射座油缸右腔的油液经电磁换向阀 9 左位流回油箱,固定节流阀 10 是用来限制后退速度的。

9. 开模

(1)慢速开模

电磁铁 2YA 和 4YA 得电,泵 1 卸荷,泵 2 压力油经电液换向阀 5 左位进入合模缸右腔,而其左腔油液经电液换向阀 5 左位流回油箱,从而得到一种慢速开模。若电磁铁 1YA 和 4YA 得电,则泵 2 卸荷,泵 1 供油,则可得到另一种慢速开模。

(2)快速开模

电磁铁 1YA、2YA 和 4YA 得电,泵 1、2 双泵供油,经电液换向阀 5 的左位进入合模缸右腔,使开模速度提高,合模缸左腔的油经电液换向阀 5 的左位流回油箱。

10. 顶出

(1)顶出缸前进

电磁铁 2YA 和 5YA 得电,泵 1 卸荷,泵 2 压力油经电磁换向阀 8 的左位、单向节流阀 7 进入顶出缸左腔,推动顶出杆顶出制品,其运动速度由单向节流阀 7 调节,此时压力由电磁溢流阀 4 调节。顶出缸右腔的油则经电磁换向阀 8 的左位流回油箱。

(2)顶出缸后退

电磁铁 2YA 得电,泵 2 压力油经电磁换向阀 8 的右位进入顶出杆右腔,使顶出缸活塞杆后退,顶出缸左腔的油则经电磁换向阀 8 的右位流回油箱。

11. 螺杆前进和螺杆后退

在拆卸和清洗螺杆时,螺杆要退出,此时电磁铁 2YA 和 9YA 得电。泵 2 的压力油经电液换向阀 11 的左位进入注射缸左腔,使螺杆后退。当电磁铁 2YA 和 8YA 得电时,螺杆前进。

8.4.3 SZ-250A 型注塑机液压系统的特点 /////////////////////////////////

(1)为了保证有足够的合模力,防止高压注射时模具因离缝而产生塑料溢边,该注塑机采用了液压-机械增力合模机构,以使模具锁紧可靠和减小合模缸缸径尺寸。

(2)注塑机液压系统动作较多,并且各动作之间有严格的顺序要求。该系统以行程控制为主实现顺序动作,通过电气行程开关与电磁阀来保证动作顺序可靠。

(3)根据塑料注射成形工艺,模具启闭过程和塑料注塑各阶段的速度不同,而且快、慢速之比可达 50～100,为此该注塑机采用了双泵供油系统,快速时双泵合流,慢速时泵 2 供油,泵 1 卸荷,系统功率利用比较合理。有时在多泵分级调速系统中还兼用差动增速或充液增速等方法。

(4)系统所需多级压力由多个并联的远程调压阀控制。此外,某些注塑机采用电液比例压力阀、电液比例流量阀来实现多级压力和速度调节,不仅减少了元件,降低了压力及速度变换过程中的冲击和噪声,还为实现计算机控制创造了条件。

习 题

8-1 在图 8-1 所示的 YT4543 型组合机床动力滑台液压系统中,单向阀 2、5、10 在油路中分别起什么作用?

8-2 将图 8-1 所示的 YT4543 型组合机床动力滑台液压系统中的限压式变量叶片泵供油改为双联和单定量泵供油,试分析这三种系统的不同点。

8-3 如图 8-8 所示的液压机液压系统可实现快进→慢进→保压→快退→停止的动作循环。请读懂该液压系统图,并写出:

(1)该液压系统油液流动情况的动作循环表;

(2)图 8-8 中标号元件的名称和功能。

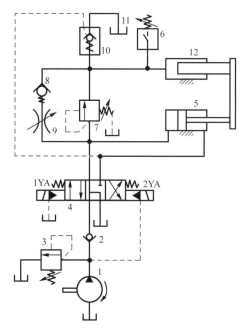

图 8-8 习题 8-3 图

8-4 在图8-5所示的Q2-8型汽车起重机液压系统中,为什么要采用弹簧复位式手动换向阀控制各执行元件动作?

8-5 指出图8-7所示的SZ-250A型注塑机液压系统中各压力阀分别用于哪些工作阶段。

8-6 如图8-9所示的液压系统图,两工作缸的运动互不干扰,该系统可实现"定位夹紧→快进→工进(大流量泵卸荷)→快退→松开拔销"的动作循环。读懂该液压系统图,并填写液压系统图中各电磁铁动作循环表。

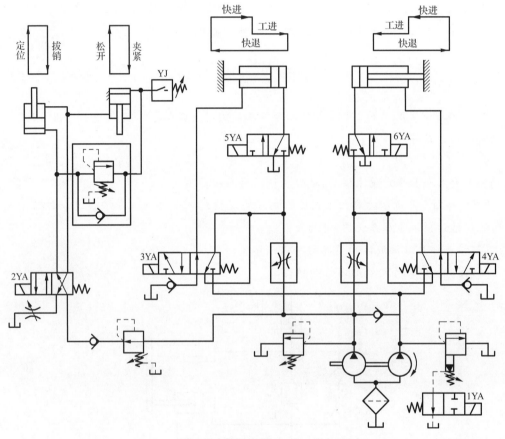

动作名称	电气元件							说明
	1YA	2YA	3YA	4YA	5YA	6YA	YJ	
定位夹紧								1. Ⅰ、Ⅱ两个回路各自进行独立循环动作,互不干扰; 2.3YA、4YA任一个通电,1YA必通电;只有3YA、4YA都断电时,1YA才断电
快进								
工进(大流量泵卸荷)								
快退								
松开拔销								
停止(大流量泵卸荷)								

图 8-9 习题 8-6 图

8-7　如图 8-10 所示是一专用铣床液压系统原理图,可实现快进→工进→快退→停止的动作循环。

(1)写出液压系统图中标号元件的名称。

(2)填写电磁铁动作顺序表(得电为"+",失电为"-")电磁铁动作表(用"+"表示得电,"-"表示失电)。

电磁铁\动作	1YA	2YA	3YA
快进			
工进			
快退			
停止			

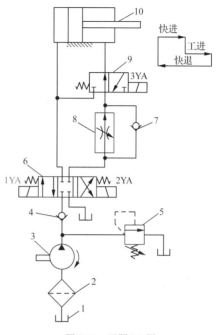

图 8-10　习题 8-7 图

8-8　如图 8-11 所示为某一组合机床液压传动系统原理图,该系统可实现快进→第一工进→第二工进→快退→原位停止的动作循环。

(1)写出液压传动系统原理图中标号元件的名称,说明此系统由哪些基本回路组成。

(2)试根据其动作循环填写电磁铁动作顺序表(得电为"+",失电为"-")。

电磁铁动作表(用"+"表示得电,"-"表示失电)。

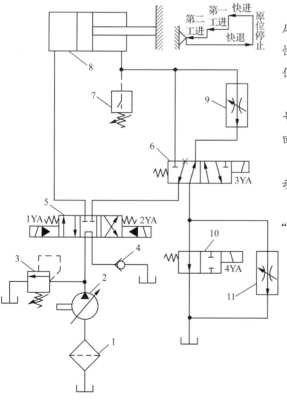

图 8-11　习题 8-8 图

电磁铁\动作	1YA	2YA	3YA	4YA
快进				
第一工进				
第二工进				
快退				
原位停止				

第9章

液压传动系统的设计与计算

调速阀平面

通过讲解在实际工程中液压传动系统的设计步骤，引导学生认识到事物发展的客观规律，按规律、按流程进行设计，培养学生一丝不苟的工作作风，以培养"匠人、匠心、匠作"为目标。

9.1 概　述

液压传动系统的设计是整机设计的重要组成部分，它和主机的设计紧密联系，二者往往同时进行、互相协调。进行液压系统设计时，必须从实际情况出发，结合各种传动形式，借鉴前人的设计经验，充分发挥液压传动的优势，设计出结构简单、操作方便、工作可靠、成本低、效率高、维修方便的液压传动系统。

液压传动系统的设计步骤大致包括：

(1)明确系统设计的要求。

(2)分析液压系统工况。

(3)确定执行元件的主要参数。

(4)拟定液压传动系统。

(5)计算和选择液压元件。

(6)验算液压系统的主要性能。

(7)设计液压装置，编写技术文件。

各步骤之间相互关联，常常需穿插进行，经反复修改才能完成。

9.1.1 明确系统设计的要求

液压机械对液压传动系统的要求是完成液压传动系统设计的主要根据，是设计中必须达到的要求。主要包括以下几个方面：

(1)主机的用途、性能指标、工艺流程、工作特点、总体布局，主机对液压系统执行元件在位置和空间尺寸上的限制。

(2)主机的工作循环、系统必须完成的动作形式、工作范围、动作顺序、动作间的互锁关系、负载和运动速度的大小、变化范围。

(3)执行元件动作控制方式、控制精度要求。

(4)综合考虑主机的总体设计，做到机、电、液相互配合，满足系统各方面的要求。

(5)液压系统的工作环境和条件。

(6)经济性和成本、效率等方面的要求。

9.1.2　分析液压系统工况 //

分析液压系统工况即分析主机在工作过程中各液压系统执行元件的负载和运动速度的变化规律,它包括运动分析和负载分析。

运动分析是指按工作要求和执行元件的运动规律,绘制执行元件的工作循环图和速度循环图的过程。为此,必须先确定执行元件的类型,然后绘制执行元件的工作循环图和速度循环图。

液压系统执行元件可按表 9-1 确定。

表 9-1　　　　　　　　　　液压执行元件的类型、特点和应用场合

类 型		特 点	应用场合
液压缸	活塞缸 双杆	两杆直径相等时,往返速度和输出力相等;两杆直径不等时,往返速度和输出力不等	双向往返直线运动
	活塞缸 单杆	一般连接时往返速度和输出力不等,差动连接时可实现快速运动;$d=0.707D$ 差动连接时,往返速度相等	双向往返直线运动
	柱塞缸	结构简单、制造容易	长行程,单向工作
	伸缩式	行程是缸长的数倍,节省安装空间	长行程
	摆动缸	单叶片缸转角小于 300°,双叶片缸转角小于 150°	往复摆动运动
液压马达	齿轮式	转速高,转矩小,结构简单,价格低廉	高速小转矩回转运动
	叶片式	转速高,转矩小,转动惯量小,动作灵敏,脉动小,噪音低	高速小转矩回转运动
	轴向柱塞式	运动平稳,转矩中等,转速范围宽,可变速	大转矩回转运动
	径向柱塞式	结构复杂,转矩大,转速低,低速稳定性好	低速大转矩回转运动

负载分析是指确定各液压执行元件的负载大小和方向,并分析各执行元件运动过程中的振动、冲击及过载能力等情况。液压系统承受的负载可由主机的规格确定,也可由样机通过实验测定,还可由理论分析确定。在分析负载组成时,必须做到理论分析与实际相吻合。

一般来说,液压缸承受的负载包括工作负载 F_w、导向摩擦负载 F_f、惯性负载 F_a、重力负载 F_g、密封负载 F_s 和背压负载 F_b。

1. 工作负载 F_w

不同的机器有不同的工作负载。工作负载与液压缸运动方向相反时为正值,方向相同时为负值。

2. 摩擦负载 F_f

摩擦负载是指液压缸驱动运动部件时所受的摩擦阻力,包括动、静摩擦阻力。

3. 惯性负载 F_a

惯性负载是指运动部件在启动加速或制动减速时的惯性力,其值可按牛顿第二定律求出。即

$$F_a = \frac{G\Delta v}{g\Delta t} \tag{9-1}$$

4. 重力负载 F_g

向上运动为正负载,向下运动为负负载(即负载方向与运动方向相同)。

5.密封负载 F_s

密封负载是指液压缸密封装置的摩擦力,一般通过液压缸的机械效率 η_m 加以考虑,常取 $\eta_m = 0.90 \sim 0.97$。

6.背压负载 F_b

背压负载 F_b 是指液压缸回油腔压力所造成的阻力。应在液压缸结构及液压系统方案确定后再计算 F_b,因此在负载计算时可暂不考虑。

液压缸各个主要工作阶段的机械总负载 F 可按下列公式计算

空载启动加速阶段: $$F = (F_f + F_a \pm F_g)/\eta_m \tag{9-2}$$

快速阶段: $$F = (F_f \pm F_g)/\eta_m \tag{9-3}$$

工进阶段: $$F = (F_f \pm F_w \pm F_g)/\eta_m \tag{9-4}$$

制动、减速阶段: $$F = (F_f \pm F_g - F_a)/\eta_m \tag{9-5}$$

根据计算出的负载和循环周期,即可绘制负载循环图(F-t 图),其示例如图 9-1 所示。

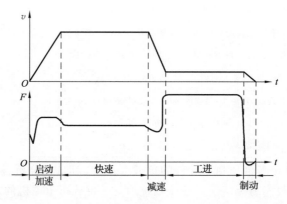

图 9-1　液压缸的速度、负载循环图

9.1.3　确定执行元件的主要参数 //

执行元件的主要参数包括压力、流量和功率。通常,首先选择执行元件的工作压力(也称设计压力或系统压力)并按最大负载和选定的工作压力计算执行元件的主要几何参数,然后根据对执行元件的速度(或转速)要求,确定其流量。压力和流量确定后,即可计算其功率,并绘制液压执行元件的工况图。

1.初选执行元件的工作压力

执行元件的工作压力可根据负载大小和设备类型而定,还要考虑执行元件的装配空间、经济条件及元件供应情况等。在负载一定的情况下,工作压力低,势必要加大执行元件的结构尺寸,对某些设备来说,尺寸要受到限制,从材料消耗角度看也不经济;反之,压力选得过高,对泵、缸、阀等元件的材质、密封、制造精度也要求高,必然要提高设备的成本。一般来说,对于固定的尺寸不太受限制的设备,压力可以选得低一些;对于行走机械等重载设备,压力要选得高一些。具体可根据负载图中的最大负载来选取,见表 9-2,也可根据主机的类型来选取,见表 9-3。

表 9-2　　　　　　　　　　　　　　按负载选择液压执行元件的工作压力

负载 F/kN	<5	5～10	10～20	20～30	30～50	>50
工作压力 p/MPa	<0.8～1	1.5～2	2.5～3	3～4	4～5	>5～7

表 9-3　　　　　　　　　　　　按主机类型选择液压执行元件的工作压力

主机类型	机　床				农业机械、小型工程机械、工程机械辅助机构	塑料机械	液压机、大中型工程机械、起重运输机械
	磨床	组合机床	龙门刨床	拉床			
工作压力 p/MPa	≤2	3～5	≤8	8～10	10～16	6～25	20～32

2. 执行元件主要参数的确定

液压缸缸内径、活塞杆直径及有效面积或液压马达的排量是其主要结构参数,可根据最大负载和初选压力及估取的机械效率计算有效面积或排量。

(1)计算液压缸的主要结构尺寸

对于单杆缸,当无杆腔进液体时,由式(4-3)可得

$$D = \sqrt{\frac{4F_1}{\pi(p_1 - p_2)} - \frac{p_2 d^2}{p_1 - p_2}}　　　　　　　(9-6)$$

当有杆腔进液体时,由式(4-5)可得

$$D = \sqrt{\frac{4F_2}{\pi(p_1 - p_2)} + \frac{p_1 d^2}{p_1 - p_2}}　　　　　　　(9-7)$$

式中　p_1——执行元件工作压力;

　　　p_2——液压缸回油腔压力(背压力),其值根据回路的具体情况而定,初算时可参照表 9-4 取值,差动连接时要另行考虑;

　　　D——液压缸缸内径;

　　　d——活塞杆直径。

表 9-4　　　　　　　　　　执行元件的背压力

系统类型	背压力 p_2/MPa
简单系统或轻载节流调速系统	0.2～0.5
回油路带节流阀的系统	0.4～0.6
回油路设置有背压阀的系统	0.5～1.5
带补油泵的闭式系统	0.8～1.5
回路较复杂的工程机械液压系统	1.2～3
回油路较短,且直接接回油箱的系统	初算时背压可以忽略不计

运用式(9-5)或式(9-6)前必须先确定活塞杆直径 d 与液压缸缸内径 D 的关系,令 $\varphi = d/D$,可按表 9-5 或表 9-6 选取;如果要求往返速度相同,则采用差动连接,应取 $d = 0.707D$。

表 9-5　　　　　　　　　　　　按工作压力选取 d/D

液压缸工作压力/MPa	≤5	5～7	≥7
d/D	0.5～0.55	0.62～0.7	0.7

表 9-6　　　　　　　　　　　　　按速度比确定 d/D

v_2/v_1	1.15	1.25	1.33	1.46	1.61	2
d/D	0.3	0.4	0.5	0.55	0.62	0.71

(2)液压马达主要参数的确定

液压马达排量的计算公式为

$$V_M = \frac{2\pi T}{\Delta p} \tag{9-8}$$

式中　T——液压马达的负载转矩；

Δp——液压马达两腔的工作压差。

对有低速运动要求的系统,必须检验液压缸或液压马达的结构参数 A 和 V_M 是否满足系统最小稳定流量下的最低运行速度要求,检验公式为

对液压缸　　　　　　　　　　　$A \geqslant \dfrac{q_{\min}}{v_{\min}}$

$$\tag{9-9}$$

对液压马达　　　　　　　　　$V_M \geqslant \dfrac{q_{\min}}{n_{\min}}$

式中　$q_{\min}$——节流阀、调速阀或变量泵的最小稳定流量,由产品性能表查出；

$v_{\min}$——液压缸应达到的最低运动速度；

$n_{\min}$——液压马达应达到的最低转速。

当验算结果不能满足要求时,就必须修改 A 和 V_M 的值,这些执行元件的结构参数(如液压缸缸内径 D、活塞杆直径 d 等)需圆整成标准值(见 GB/T 2347—1980 和 GB/T 2348—1993)。

3.计算液压缸或液压马达所需流量

(1)液压缸工作时所需流量

$$q = Av \tag{9-10}$$

式中　A——液压缸有效作用面积；

v——活塞与缸体的相对速度。

(2)液压马达的流量

$$q = V_M n \tag{9-11}$$

式中　V_M——液压马达排量；

n——液压马达的转速。

4.复算执行元件的工作压力

当液压缸的主要尺寸 D、d 和液压马达的排量 V_M 计算出来以后,要按各自的系列标准圆整,经过圆整的标准值与计算值之间一般都存在一定的差别,因此必须根据圆整值对工作压力进行复算。

对单杆液压缸,其工作压力 p_1 的复算公式为

差动快进阶段

$$p_1 = \frac{F}{A_1 - A_2} + \frac{A_2}{A_1 - A_2} p_2 \tag{9-12}$$

无杆腔进油工进阶段

$$p_1 = \frac{F}{A_1} + \frac{A_2}{A_1} p_2 \tag{9-13}$$

有杆腔进油快退阶段

$$p_1 = \frac{F}{A_2} + \frac{A_1}{A_2} p_2 \tag{9-14}$$

式中　F——液压缸在各种情况下的最大机械总负载；

　　　A_1——液压缸无杆腔的有效工作面积；

　　　A_2——液压缸有杆腔的有效工作面积；

　　　p_2——液压缸回油腔压力，即背压力。

5.绘制液压系统工况图

在执行元件主要参数确定后，就可根据负载图和速度图绘制执行元件的工况图。工况图包括压力循环图、流量循环图和功率循环图。它们是调整系统参数，选择液压泵、阀等元件的依据。

(1)压力循环图（p-t 图）

通过最后确定的液压执行元件的结构尺寸，再根据实际载荷的大小，可求出液压执行元件在其动作循环各阶段的工作压力，然后把它们绘制成 p-t 图。

(2)流量循环图（q-t 图）

根据已确定的液压缸有效工作面积或液压马达的排量，结合其运动速度计算出它在工作循环下每一阶段的实际流量，把它绘制成 q-t 图。若系统有多个液压执行元件同时工作，则要把各自的流量图叠加起来绘出总的流量循环图。

(3)功率循环图（P-t 图）

绘出压力循环图和总的流量循环图后，根据 $P = pq$，即可绘出系统的功率循环图。

9.1.4　拟定液压传动系统 ///

液压系统方案设计是整个设计工作中最关键的步骤，它根据主机的工作情况、主机对液压系统的技术要求、液压系统的工作条件以及设计方案的经济性、合理性等因素进行全面、综合设计，从而拟定一个各方面比较合理的、可实现的液压系统。具体步骤一般包括以下几个方面。

1.选择油路循环方式

液压系统油路循环方式有开式系统和闭式系统两种。它主要取决于主机的类型、工作环境及液压系统的调速方式和散热条件。一般来说，对固定设备且有较大空间可存放油箱且不需要另设散热装置的系统、要求结构尽可能简单的系统、采用节流调速或容积节流调速的系统，均宜采用开式系统。对工作稳定性和效率有较多要求的系统、需尽量减少体积和质量的系统、采用容积调速的系统，都宜采用闭式系统。

2.选择液压基本回路

液压基本回路的选择要根据系统的设计要求和工况图。一般可按以下步骤进行：

(1)考虑对主机主要性能起决定作用的调速回路。调速回路要根据工况图上的压力、流量和功率以及系统对温升、工作平稳性等方面的要求来选择。

（2）考虑一般液压系统都必须设置的回路，如调压回路、换向回路、卸荷回路、安全回路等。

（3）考虑系统负载性质和特殊要求来选择回路，如液压执行元件存在外负载对系统做功工况时（垂直运动部件的系统），需设置平衡回路，以防止外负载使液压执行元件超速运动。对外负载惯性较大的系统，需设置制动回路，以防止产生液压冲击。对有快速运动要求或精确换向要求的系统，需设置减速回路或缓冲回路。对有多个液压执行元件的系统，需设置顺序回路、同步回路或互不干扰回路等。有些系统需设置速度换接回路、增速回路、增压回路、锁紧回路等。对闭式循环系统，需设置补油、冷却回路。当一个油源同时提供两种不同工作压力时，需采用减压回路等。

总之，每一种基本回路都有各自的特点和适用场合，应用时，要反复进行对比之后再确定。

3. 绘制液压系统原理图

选定调速方案和液压基本回路后，把各种基本回路综合在一起，进行整理，增添一些必要的元件并配置一些辅助油路，如控制油路、润滑油路、测压油路等，使之成为完整的液压系统，检查并确保拟定的液压系统结构简单，工作安全可靠，动作平稳，效率高，使用和维护方便，并尽可能采用标准元件，以降低成本，缩短设计和制造周期。

对可靠性要求特别高的系统来说，绘制系统原理图时还要考虑"结构储备"问题，即在系统中设置一些必要的备用元件或备用回路，以使系统在发生故障时备用元件或备用回路能确保系统持续运转，工作不受影响。

9.1.5　计算和选择液压元件 //

1. 液压泵的计算与选择

（1）确定液压泵的最大工作压力

$$p_p \geqslant p_{max} + \sum \Delta p \qquad (9\text{-}15)$$

式中　p_p——液压泵的最大工作压力；

　　　p_{max}——执行元件的最大工作压力；

　　　$\sum \Delta p$——进给油路上的总压力损失，系统管路未画出前按经验选取：对一般节流调速及管路简单的系统，可取 0.2～0.5 MPa；对进油路有调速阀及管路复杂的系统，可取 0.5～1.5 MPa。

（2）确定液压泵的最大流量

液压泵的最大流量按执行元件工况图中的最大工作流量和回路的泄漏量确定。即

$$q_p \geqslant kq_{max} \qquad (9\text{-}16)$$

式中　q_p——液压泵的最大流量；

　　　q_{max}——执行元件的最大流量；

　　　k——系统的泄漏系数，一般取 $k=1.1～1.3$，小流量取大值，大流量取小值。

如果有多个执行元件同时工作，则 q_{max} 为同时工作的执行元件总流量的最大值。液压执行元件总流量的最大值可以从工况图或表中找到（当系统中备有蓄能器时，该值应为一个工作循环中液压执行元件的平均流量）。

（3）选择液压泵的规格

根据以上求得的最大工作压力 p_p 和最大流量 q_p，按系统中拟定的液压泵形式，查阅产品样本或有关设计手册来选择液压泵的规格、型号。但要注意：所选液压泵的额定流量要不小于前面计算的最大流量 q_p，并应尽可能接近计算值；为使液压泵有一定的压力储备，所选液压泵的额定压力应比前面计算的液压泵的最大工作压力高 20%～60%。

确定了泵的额定压力和额定流量后，再根据系统的工作特性，初步确定泵的结构形式和类型。一般情况下，若压力 $p < 21$ MPa，则选用齿轮泵和叶片泵；若压力 $p > 21$ MPa，则选用柱塞泵；精度高的液压设备可用双作用叶片泵或螺杆泵；有快慢速工作行程的设备可选用限压式变量泵。最后确定液压泵的基本型号。

（4）选择驱动液压泵的电动机

驱动液压泵的电动机根据液压泵的驱动功率和液压泵的转速来选择。

①在工作循环中，如果液压泵的压力和流量比较恒定，即 $p\text{-}t$ 图和 $q\text{-}t$ 图变化较平缓，则

$$P = \frac{p_p q_p}{\eta_p} \tag{9-17}$$

式中　p_p——液压泵的最大工作压力；

q_p——液压泵的最大流量；

η_p——液压泵的总效率，参考表 9-7 选择。

表 9-7　　　　　　　　　　　　　　　液压泵的总效率

液压泵的类型	齿轮泵	螺杆泵	叶片泵	柱塞泵
液压泵的总效率	0.60～0.70	0.65～0.80	0.60～0.75	0.80～0.85

②限压式变量叶片泵的驱动功率，可按流量特性曲线拐点处的流量、压力值计算。一般情况下，可取 $p_p = 0.8 p_{max}$，$q_p = q_n$。则

$$P = \frac{0.8 p_{max} q_n}{\eta_p} \tag{9-18}$$

式中　p_{max}——液压泵的最大工作压力，Pa；

q_n——液压泵的额定流量，m^3/s。

③在工作循环中，如果液压泵的流量和压力变化较大，即 $q\text{-}t$ 图和 $p\text{-}t$ 图变化较大，则应分别计算出各个动作阶段内所需功率。驱动功率取其平均功率，即

$$P_{cp} = \sqrt{\frac{P_1^2 t_1 + P_2^2 t_2 + \cdots + P_n^2 t_n}{t_1 + t_2 + \cdots + t_n}} \tag{9-19}$$

式中　t_1、t_2、$\cdots t_n$——一个循环中每一个动作阶段内所需的时间，s；

P_1、P_2、$\cdots P_n$——一个循环中每一个动作阶段内所需的功率，W。

在选择电动机时，应将求得的 P_{cp} 值与各工作阶段的最大功率值比较，若最大功率未超过电动机短时超载 25% 的范围，则按平均功率选择电动机；否则应按最大功率选择电动机。

应该指出，确定驱动液压泵的电动机时，一定要同时考虑功率和转速两个因素。除电动机功率应满足泵的需要外，电动机的同步转速不应高出泵的额定转速。例如，泵的额定转速为 1 000 r/min，则电动机的同步转速亦应为 1 000 r/min，当然，若选择同步转速为

750 r/min 的电动机,并且泵的流量能满足系统需要,也是可以的。

2. 液压控制阀的选择

液压控制阀的规格是根据系统的最高工作压力和通过该阀的实际流量,从产品样本上选取的。选择阀时需注意油路有串、并联之分,油路串联时系统的流量为油路中各处通过的流量;油路并联且各油路同时工作时,系统的流量为各条油路通过的流量总和;油路并联且油路顺序工作时的情况与油路串联时相同。阀选定的额定压力和流量应尽可能与计算值相接近,必要时,允许通过阀的实际流量超过其额定流量 20%。流量过大会引起发热、噪声和过大的压力损失,使阀的性能下降。一般溢流阀按液压泵的最大流量选取;节流阀和调速阀要考虑通过的最小稳定流量是否满足设计要求;对压力阀应考虑其调压范围;对换向阀应考虑其滑阀机能;对可靠性要求特别高的系统,阀类元件的额定压力应高出其所在回路的工作压力较多。选择阀时要同时考虑阀的结构形式、特性、压力等级、连接方式、集成方式及操纵方式等。

3. 辅助元件的选择与设计

(1)蓄能器的选择

在液压系统中,蓄能器的作用是储存压力能、减小液压冲击和吸收压力脉动。在选择时可根据蓄能器在液压系统中所起的作用,相应地确定其容量;具体可参阅第 6 章和相关手册。

(2)过滤器的选择

过滤器是保持工作介质清洁,使系统正常工作所不可缺少的辅助元件。过滤器应根据其在系统中所处部位及所保护元件对工作介质的过滤精度要求、工作压力、过流能力及其他性能要求而定,通常应注意以下几点:

①过滤精度要满足被保护元件或系统对工作介质清洁度的要求;

②过流能力应大于或等于实际通过的流量的 2 倍;

③过滤器的耐压应大于其安装部位的系统压力;

④使用的场合一般按产品样本上的说明选择。

(3)油管尺寸的确定

油管需确定两个基本尺寸,即管道的内径和管道的壁厚。其中油管的内径的计算公式为

$$d = \sqrt{\frac{4q}{\pi v}}$$
(9-20)

式中 q——通过管道的流量;

v——管内允许流速,见表 9-8。

表 9-8   管内允许流速推荐值

管 道	管内允许流速推荐值/(m/s)
液压泵吸油管道	0.5~1.5,一般取值小于 1
液压系统压油管道	3~6,压力高,管道短,黏度小取大值
液压系统回油管道	1.5~2.6

计算出管道的内径后,可按标准系列选取相应的管道。

油管管道的壁厚 δ 的计算公式为

$$\delta = \frac{pd}{2[\sigma]}$$ (9-21)

式中　p——管道内最高工作压力;

　　　d——管道的内径;

　　　$[\sigma]$——管道材料的许用应力。

(4)冷却器的选择

液压系统如果依靠自然冷却不能保证油温维持在限定的最高温度之下,就需装设冷却器进行强制冷却。

冷却器有水冷和风冷两种。主要根据其热交换量来确定冷却器的散热面积及其所需的冷却介质量,具体可参阅第 6 章和相关手册。

(5)加热器的选择

环境温度过低使油温低于正常工作温度的下限时,必须安装加热器。具体加热方法有蒸汽加热、电加热、管道加热。通常采用电加热器。

使用电加热器时,单个电加热器的容量不能选得太大;如功率不够,可多装几个电加热器,且加热管部分应全部浸入油中。

根据油的温升和加热时间及有关参数可计算出电加热器的发热功率,然后求出所需电加热器的功率,具体可参阅第 6 章和相关手册。

(6)油箱的设计

液压系统中油箱的作用是:储油,以保证供给系统充分的油液,它的容积与泵的流量有关,一般可根据泵的最大流量选取;散热,液压系统中由于能量损失所转换的热量大部分由油箱表面散失,油箱体积大,则散热快,但占地面积大;油箱体积小,则油温较高;沉淀油中的杂质;分离油中的气泡,净化油液。油箱的具体设计可参阅第 6 章和相关手册。

9.1.6　验算液压系统的主要性能 //

在选定了液压元件之后,有时还需要对整个液压系统的某些技术性能进行必要的验算,以便对所选的液压元件和液压系统的参数进行进一步调整。液压系统性能验算主要包括系统压力损失、调整压力、系统效率、泄漏量、系统温升、运动平稳性等验算,这里仅介绍系统压力损失和系统发热后温升的验算,其他验算可参阅液压设计手册。

1. 系统压力损失验算

回路压力损失是管道内的沿程压力损失和局部压力损失以及阀类元件处的局部压力损失三项之和,它们可用第 2 章中的有关公式来计算。进油路和回油路上的压力损失应分别计算,并且回油路上的压力损失应折算到进油路上去。当计算出的压力损失值与确定系统最高工作压力时选定的压力损失相差太大时,则应对设计进行必要的修改。在未画出管路装配图之前,有些压力损失只能估算。

2. 发热温升验算

系统工作时,液压泵和执行元件存在容积损失和机械损失,管路和阀产生压力损失。所有这些损失所消耗的能量都转变成热能,使油温升高。不同的主机,因工作环境和工况不同,最高允许温度是不同的。系统发热温升的验算,就是计算系统的实际油温,若实际油温小于最高允许温度,则系统满足要求;若实际油温超过最高允许温度,则必须采取降温措施。

9.1.7 设计液压装置,编写技术文件

对初步拟定的液压系统经过验算修改后,即可进行液压装置设计,绘制正式的装配图和编制技术文件。液压装置设计包括选择确定元、辅件的连接装配方案、具体结构,设计和绘制液压系统产品工作图样。

液压系统产品工作图样包括按国家标准绘制正规的系统原理图,系统装配图,阀块等非标准元、辅件的装配图及零件图。

系统原理图中应附有元件明细表,其中标明各元件的规格、型号和压力、流量调整值。一般还应绘出各执行元件的工作循环图和电磁铁动作顺序表。

系统装配图是系统布置全貌的总布置图和管路施工图(管路布置图)。对液压系统应包括油箱装配图、液压泵站装配图、液压集成块装配图和管路安装图等。在管路安装图中应画出各管路的走向、固定装置结构、各种管接头的形式和规格等。

标准件、辅件和连接件的清单,通常以表格形式给出;同时给出工作介质的品牌、数量及系统对其他配置(如厂房、电源、电线布置、基础施工条件等)的要求。

技术文件一般包括系统设计计算说明书;系统使用及维护技术说明书;零部件明细表和标准件、通用件及外购件明细表等;系统有关的其他注意事项。

9.2 液压传动系统的设计与计算实例

设计一个卧式单面多轴钻孔组合机床动力滑台的液压系统,其动作顺序为:快进→工进→快退→停止。液压系统的主要参数与性能要求如下:轴向切削力为 20 kN,运动部件的总重为 10 kN;总行程长度为 0.15 m,其中工进长度为 0.005 m,快进、快退的速度为 5 m/min,工进速度为 0.1 m/min,加速、减速时间 $\Delta t = 0.15$ s;静摩擦系数 $f_s = 0.2$,动摩擦系数 $f_d = 0.1$。

9.2.1 分析液压系统工况

在负载分析中,先不考虑回油腔的背压力。因工作部件水平放置,故重力的水平分力为零,在运动过程中的负载包括工作负载(切削力)、导轨摩擦负载、惯性负载。导轨的正压力等于动力部件的重力。

工作负载:$F_w = 20\ 000$ N

导轨的静摩擦负载:$F_{fs} = f_s G = 0.2 \times 10\ 000 = 2\ 000$ N

导轨的动摩擦负载:$F_{fd} = f_d G = 0.1 \times 10\ 000 = 1\ 000$ N

惯性负载:$F_a = m \dfrac{\Delta v}{\Delta t} = \dfrac{G \Delta v}{g \Delta t} = \dfrac{10\ 000 \times 5/60}{9.8 \times 0.15} = 567$ N

设计中不考虑切削力引起的倾覆力矩的作用,并设液压缸的机械效率 $\eta_m = 0.95$,则液压缸在各工作阶段的负载值见表9-9。

表 9-9		液压缸在各工作阶段的负载值	
运动阶段		计算公式	负载 F/N
快　进	启　动	$F=F_{fs}/\eta_m$	2 105
	加　速	$F=(F_{fd}+F_a)/\eta_m$	1 649
	匀　速	$F=F_{fd}/\eta_m$	1 053
工　进		$F=(F_{fd}+F_w)/\eta_m$	22 105
快　退		$F=F_{fd}/\eta_m$	1 053

根据计算出的各阶段的负载和已知的各阶段的速度,可绘制出负载、速度图,如图 9-2 所示。

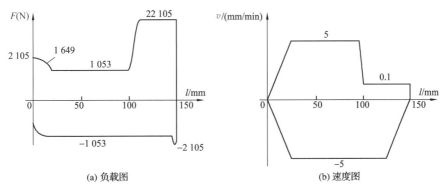

(a) 负载图　　　　　　　　　　(b) 速度图

图 9-2　负载、速度图

9.2.2　确定主要参数 //

1. 初定液压缸的工作压力

参考同类型组合机床,查表 9-3 初定液压缸的工作压力为 4 MPa。

2. 液压缸主要参数的确定

本实例中动力滑台的快进、快退速度相等,可选用单活塞杆液压缸,快进时采用差动连接,故 $d=0.707D$。为了防止在钻孔钻通时滑台突然前冲,查表 9-4 可取背压 $p_2=0.6$ MPa。

由表 9-9 可知最大负载为工进阶段 $F=22\ 105$ N,由工进时的负载计算液压缸面积

$$A_2=\frac{F}{2p_1-p_2}=\frac{22\ 105}{2\times40\times10^5-6\times10^5}=2.987\times10^{-3}\text{ m}^2$$

$$A_1=2A_2=5.974\times10^{-3}\text{ m}^2$$

$$D=\sqrt{\frac{4A_1}{\pi}}=\sqrt{\frac{4\times5.974\times10^{-3}}{3.14}}\times10^3=87.2\text{ mm}$$

$$d=0.707D=61.7\text{ mm}$$

D、d 按 GB/T 2348—1993 优选系列选取并圆整得

$$D=100\text{ mm}$$

$$d=70\text{ mm}$$

则液压缸两腔的实际有效面积为

$$A_1=\frac{\pi D^2}{4}=\frac{\pi\times10^2}{4}=78.5\text{ cm}^2$$

$$A_2 = \frac{\pi(D^2 - d^2)}{4} = \frac{\pi \times (10^2 - 7^2)}{4} = 40.1 \text{ cm}^2$$

按最低工进速度验算液压缸尺寸,设进油腔用调速阀调速,查产品的样本,调速阀最小稳定流量 $q_{\min} = 0.05$ L/min,因工进速度 $v = 0.1$ m/min,为最小速度,故

$$A \geqslant \frac{q_{\min}}{v_{\min}} = \frac{0.05 \times 1\,000}{0.1 \times 10^2} = 5 \text{ cm}^2$$

因 $A_1 = 63.6 \text{ cm}^2 > 5 \text{ cm}^2$,故满足最低速度要求。

3. 绘制液压系统工况图

根据液压缸的负载图和速度图以及液压缸的有效工作面积,可以得出液压缸工作过程各阶段的压力、流量和功率,见表 9-10,并可以画出液压系统工况图,如图 9-3 所示。在计算工进时背压 $p_2 = 0.6$ MPa,快进时液压缸工作差动连接,管路中有压力损失,有杆腔的压力应大于无杆腔,但差值较小,取 $\Delta p = 0.3$ MPa,因快退时回油路有背压,故也可取 $\Delta p = 0.6$ MPa。

表 9-10　液压缸在不同阶段的压力、流量和功率

工况		计算机公式	负载 F/N	回油腔压力 p_2/MPa	进油腔压力 p_1/MPa	输入流量 q/(L/min)	输入功率 P/kW
快进（差动）	启动	$p_1 = \dfrac{F + A_2(p_2 - p_1)}{A_1 - A_2}$ $q_1 = (A_1 - A_2)v_1$ $P = p_1 q_1$	2 015	$p_2 = p_1$	0.5	—	—
	加速		1 649	$p_2 = p_1 + \Delta p$ （$\Delta p = 0.3$）	0.74	—	—
	匀速		1 053		0.58	19.20	0.19
工进		$p_1 = \dfrac{F + A_2 p_2}{A_1}$ $q_1 = A_1 v_1$ $P = p_1 q_1$	22 105	0.6	3.12	0.79	0.04
快退		$p_1 = \dfrac{F + A_1 p_2}{A_2}$ $q_1 = A_2 v_1$ $P = p_1 q_1$	1 053	0.6	1.44	20.05	0.48

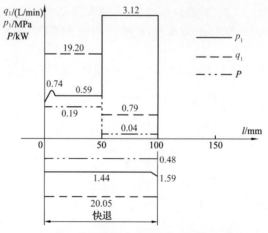

图 9-3　组合机床液压系统工况图

9.2.3　拟订液压传动系统原理图 //

由于系统的功率较小,运动部件速度也较低,工作负载变化不大,因此采用调速阀的

进油节流调速回路并在液压缸回油路上设置背压阀。由于液压系统采用了调速阀调速方式,所以系统的油路循环方式是开式的。

从工况图中可以看出,快进、快退和工进的流量相差较大,要求交替地供应低压大流量和高压小流量的液压油,而且快进、工进的速度变化较大,所以宜采用双泵供油和差动连接两种快进运动回路来实现。即快进时,由大、小泵同时供油,液压缸实现差动连接。采用二位二通电磁阀来控制由快进转为工进,采用外控顺序阀与单向阀来切断差动油路,所以速度换接回路是行程和压力联合控制,换向阀选用三位五通电磁换向阀,为提高换向的位置精度,采用死挡块和压力继电器的行程终点返程控制。最后绘制出如图 9-4 所示的液压系统原理图。

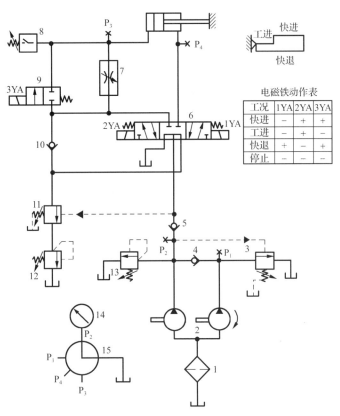

图 9-4 组合机床动力滑台液压系统原理图

9.2.4 计算与选择液压元件 //

1. 液压泵及驱动电动机的选择

(1)确定液压泵的最大工作压力

小流量液压泵的最大工作压力可按式(9-15)计算出:

$$p_{p1} \geqslant 3.12 + 1.0 = 4.12 \text{ MPa}$$

因此小流量液压泵的额定压力可以取为 $4.12 + 4.12 \times 25\% = 5.15$ MPa

大流量液压泵在快进、快退运动时才向液压缸输油,由表 9-10 可知,快退时液压缸的工作压力比快进时大,如取进油路上的压力损失为 0.5 MPa,则大流量液压泵的最高工作

压力为

$$p_{p2} \geqslant 1.44 + 0.5 = 1.94 \text{ MPa}$$

因此大流量液压泵的额定压力可以取为 $1.94 + 1.94 \times 25\% = 2.43$ MPa

(2)确定液压泵的最大流量

将表 9-10 中的流量值代入式(9-16),可分别求出快进、工进以及快退阶段的供油量。

快退时所需液压泵的流量最大,为

$$q_{pk} \geqslant k q_{1k} = 1.2 \times 20.05 = 24.06 \text{ L/min}$$

工进时液压泵的流量为

$$q_{pg} \geqslant k q_{1g} = 1.2 \times 0.79 = 0.95 \text{ L/min}$$

考虑到调速系统中溢流阀的性能特点,尚需加上溢流阀稳定工作的最小溢流量,一般取 3 L/min,则小流量泵的流量为

$$q_{p1} \geqslant 0.95 + 3 = 3.95 \text{ L/min}$$

(3)选择液压泵的规格

根据上面计算的压力和流量,查产品样本,选用小泵排量 $V_1 = 6$ mL/r,大泵排量 $V_2 = 25$ mL/r 的 YB1 型双联叶片泵,其额定转速为 960 r/min,额定压力为 6.3 MPa,容积效率 $\eta_{pV} = 0.85$,则小流量泵的流量为

$$q_{p1} = V_1 n \eta_{pV} = 6 \times 10^{-3} \times 960 \times 0.85 = 4.9 \text{ L/min}$$

大流量泵的流量为

$$q_{p2} = V_2 n \eta_{pV} = 25 \times 10^{-3} \times 960 \times 0.85 = 20.4 \text{ L/min}$$

因 $q_{p1} + q_{p2} = 4.9 + 20.4 = 25.3$ L/min > 24.06 L/min,4.9 L/min > 3.95 L/min,故可以满足要求。

因此,本系统选用一台 YB_1-25/6 型双联叶片泵。

(4)选择驱动液压泵的电动机

因为液压泵在快退阶段功率最大,故取液压缸进油路上的压力损失为 0.5 MPa,则液压泵输出压力为 $p_p = 1.44 + 0.5 = 1.94$ MPa,取液压泵的总效率为 $\eta_p = 0.8$,则液压泵驱动电动机所需的功率为

$$P = \frac{p_p q_p}{\eta_p} = \frac{1.94 \times 10^6 \times (4.9 + 20.4) \times 10^{-3}}{60 \times 0.8} = 1\ 023 \text{ W}$$

查电动机产品样本,选取 Y100L-6 型电动机,其功率为 1.5 kW,转速为 940 r/min。按电动机转速复算大流量泵和小流量泵的输出流量分别为 20 L/min、4.8 L/min,仍能满足系统要求。

2. 液压阀的选择

根据液压阀在系统中的最高工作压力和通过该阀的最大流量,可选出所需元件的型号及规格。所有阀的额定压力都为 6.3 MPa,额定流量根据各阀通过的流量分别确定为 10 L/min、25 L/min、63 L/min,详见表 9-11。

表 9-11　　　　　　　　　　　　　液压元件型号

序 号	元件名称	通过最大实际流量/(L/min)	型　号
1	过滤器	24.8	XU-B32×100
2	双联叶片泵	24.8	YB1-16/6
3	顺序阀	20	XY-25B
4	单向阀	20	I-25B
5	单向阀	24.8	I-25B

序　号	元件名称	通过最大实际流量/(L/min)	型　号
6	三位五通电磁阀	48.5	35E/E2-63B
7	调速阀	0.79	Q-10B
8	压力继电器		DP1-63B
9	二位二通电磁阀	50.7	22D/D2-63B
10	单向阀	25.9	I-63B
11	液控顺序阀	0.4	XY-25B
12	背压阀	0.4	B-10B
13	溢流阀	4.8	Y-10B
14	压力表		Y-100T
15	压力表开关		K-6B

3.辅助元件的选择和设计

各液压阀间连接管道的规格按液压阀连接油口处的尺寸决定,液压缸进、出油管则按输入、输出的最大流量来计算。本实例中当液压缸差动连接时,油管内通油量最大,实际流量为泵的额定流量的 2 倍(24.8×2＝49.6 L/min)。因此液压缸进、出油管直径 d 按产品样本,选用内径为 20 mm、外径为 25 mm 的 10 钢冷拔无缝钢管。

9.2.5　验算液压系统的主要性能 //

由于该液压系统比较简单,所以压力损失验算可以忽略。该系统采用双泵供油方式,在工进阶段,大流量泵卸荷,功率使用合理,同时油箱容量可以取较大值,系统发热温升不大,故省略了系统温升验算。

//////////////////////////////////// 习　题 ////////////////////////////////////

9-1　试简述设计液压系统的一般步骤。

9-2　设计一台小型液压机的液压系统,要求实现快速空行程下行→慢速加压→保压→快速回程→停止的工作循环。快速往返速度为 3 m/min,加压速度为 40～250 mm/min,压制力为 200 000 N,运动部件总重量为 20000 N。

9-3　现有一台专用铣床,铣头驱动电动机功率为 5.5 kW,铣刀直径为 120 mm,转速为 350 r/min。工作台、工件和夹具的总重量为 4 500 N,工作台行程为 400 mm,快进、快退速度为 4.5 m/min,工进速度为 60～1 000 mm/min,加速(减速)时间为 0.05 s,工作台采用平导轨,静摩擦系数为 0.2,动摩擦系数为 0.1,工作台快进行程为 0.3 m,工进行程为 0.1 m。试设计该机床的液压系统。

9-4　设计一台卧室单面多轴钻孔组合机床的液压系统,要求完成该机床液压系统的工作循环为:工件的定位→夹紧→动力滑台快进→工进→快退→停止→原位→夹具松开→拔定位销。其他已知条件包括:

(1)工件的定位与夹紧时所需夹紧力为 6 000 N,行程长度 $l=0.05$ m,速度 $v=0.01$ m/s;

(2)机床工作时轴向切削力 $F_t=25 000$ N,往复运动加速、减速的惯性力 $F_a=500$ N,静摩擦阻力 $F_{fs}=1 500$ N,动摩擦阻力 $F_{fd}=850$ N,快进、快退速度 $v_1=v_3=0.1$ m/s,快进行程长度 $l_1=0.1$ m,工进速度 $v_2=0.000 833$ m/s,工进行程长度 $l_2=0.04$ m。

第10章

液压伺服系统

通过讲解液压伺服系统是一种精准的自动控制系统,使学生认识到伺服元件从设计精度到加工精度都要求很高,引导学生在设计伺服阀时必须认真细致,培养学生严谨的工作作风和精益求精的"工匠精神"。

伺服系统又称随动系统或跟踪系统,即执行元件能够自动、快速而准确地按照输入信号的变化规律而动作。由液压元件组成的伺服系统称为液压伺服系统,它是一种自动控制系统。

10.1 概　述

10.1.1 液压伺服系统的工作原理及特点 //////////////////////////////

如图 10-1 所示的是单边滑阀式液压伺服系统的工作原理。该系统的主要组成元件是滑阀 1 和单杆液压缸 2,阀体与缸体刚性连接。来自泵压力为 p_s 的工作油液进入单杆液压缸的有杆腔,通过活塞上的小孔 a 进入无杆腔,压力由 p_s 降为 p_1,通过滑阀唯一的节流边流回油箱。在液压缸不受外负载的情况下,$p_1 A_1 = p_s A_2$ 时,液压缸不动。当阀芯根据输入信号往左移动时,开口量 x_s 增大,无杆腔压力 p_1 减小,于是 $p_1 A_1 < p_s A_2$,缸体随即向左移动,因为缸体和阀体刚性连接为一个整体,故阀体随之向左移动,又使 x_s 减小(负反馈),当 x_s 回到原开口量时,缸停止运动,缸和阀处于一个新的平衡位

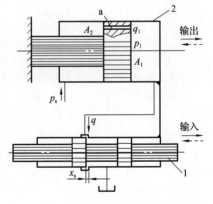

图 10-1　单边滑阀式液压伺服系统的工作原理

置。如果阀芯不断地向左移动,液压缸就不断地向左移动。如果阀芯反向移动,则液压缸也跟随着反向移动。因此,滑阀控制边的开口量 x_s 通过控制液压缸右腔的压力和流量,从而控制液压缸运动的速度和方向。

液压伺服系统有如下特点:

1.随动(或跟踪)功能

执行元件能够自动、快速而准确地按照输入信号的变化规律而动作。

2.放大功能

移动阀芯只用很小的输入力（输入力小），液压缸输出的力却很大，其输出的能量由液压能源供给。

3.反馈功能

如图 10-1 所示把输出量（液压缸的移动量）的一部分或全部按一定方式（刚性连接）送回到输入端（阀芯），再和输入信号进行比较，这就是反馈。若反馈信号不断地抵消输入信号的作用，则称为负反馈。图 10-1 中负反馈是一种机械反馈，还可以是电气、气动、液压反馈或是它们的组合。

4.靠偏差工作

输入信号与反馈信号的差值称为偏差，在图 10-1 中就是输入信号后阀芯移动的开口量与缸移动的输出量的差值。只要有偏差存在，液压缸就可以运动来消除这个偏差。伺服系统正是依靠这一偏差信号进行工作的。

综上所述，通过液压伺服系统的工作原理是：利用反馈信号与输入信号的比较得出偏差信号，该偏差信号通过控制液压能源的输入，使系统向着减小偏差（最好为零）的方向变化，使系统的实际输出与希望值一致。液压伺服系统是有反馈的，因此它属于闭环控制系统。

10.1.2　液压伺服系统的分类 //

1.按输入信号工作介质分类

液压伺服系统按输入信号的工作介质不同可分为有机液伺服系统、电液伺服系统和气液伺服系统。

2.按输出的物理量分类

液压伺服系统按输出的物理量不同可分为有位置伺服系统、速度伺服系统和力（或压力）伺服系统等。

3.按控制元件分类

液压伺服系统按控制元件不同可分为阀控系统和泵控系统，以阀控系统的应用较多。

10.1.3　液压伺服系统的特点 //

液压伺服系统除拥有液压传动的优点外，还有控制精度高、响应速度快、自动化程度高等优点。但伺服元件加工精度高，因此价格贵，在小功率系统中，它不如电气控制灵活。在自动化技术领域中，应用得越来越广泛。

10.2　典型的液压伺服阀

液压伺服阀是液压伺服系统中最重要、最基本的组成部分。它起着信号转换、功率放大及反馈等控制作用。常见的液压伺服阀有滑阀、射流管阀、喷嘴挡板阀和电液伺服阀等。

10.2.1　滑　阀 //

滑阀具有信号转换、功率放大及反馈等控制作用。根据滑阀上控制边数的不同，有单边、双边和四边滑阀控制式三种结构类型。

如图 10-1 所示为单边控制式滑阀的工作原理。

如图 10-2(a)所示为双边控制式滑阀的工作原理。它有两个控制边 a 和 b，有负载口、供油口和回油口三个通道，故称为三通伺服阀。压力为 p_p 的工作油液一路直接进入液压缸有杆腔,有 $p_1=p_p$;一路经阀口 x_1 进入液压缸无杆腔并经阀口 x_2 流回油箱,这时 $p_1>p_2$。当 $p_1A_1=p_2A_2$ 时,缸不动。当阀芯向左移动时,x_1 增大,x_2 减小,液压缸无杆腔压力 p_2 减小,$p_1A_1>p_2A_2$,缸体也跟随向左运动。反之,阀芯向右移动时,缸体也跟随向右运动。双边滑阀比单边滑阀的灵敏度高,精度高。

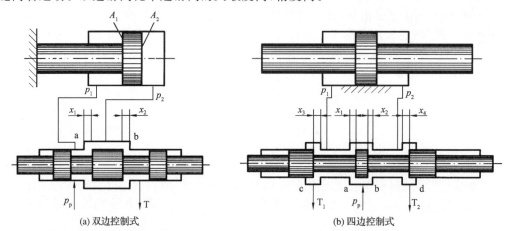

(a) 双边控制式   (b) 四边控制式

10-2　滑阀的结构形式

如图 10-2(b)所示为四边控制式滑阀的工作原理。它有四个控制边 a、b、c、d。有两个负载口、供油口和回油口四个通道,故又称为四通伺服阀。其中 a 和 b 控制流体进入左、右两腔,c 和 d 控制左、右油腔回油。当阀芯向左移动时,x_1 和 x_4 减小,x_2 和 x_3 增大,使 p_1 减小,p_2 增大,活塞也向左移动。同理,阀芯右移,活塞也右移。四边控制式滑阀的灵敏度高、精度高。

由上述分析可知,单边、双边和四边控制式滑阀的控制作用是相同的,均起到换向和节流的作用。控制边数越多,控制性能越好,但其结构越复杂,加工就会越困难,成本也越高。通常情况下四边控制式滑阀多用于精度要求高的系统,单边、双边控制式滑阀用于一般精度的系统。

根据滑阀在初始平衡状态下,其阀芯凸肩宽度 f 与阀体内孔环槽宽度的不同,滑阀的开口形式有三种:负开口($f>h$)、零开口($f=h$)和正开口($f<h$),如图 10-3 所示。具有零开口的滑阀,其工作精度最高;负开口有较大的不灵敏区,故较少采用;具有正开口的滑阀,工作精度较负开口高,但功率损耗大,稳定性也差。

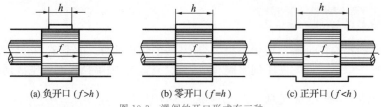

(a) 负开口 ($f>h$)   (b) 零开口 ($f=h$)   (c) 正开口 ($f<h$)

图 10-3　滑阀的开口形式有三种

10.2.2　射流管阀///

图 10-4 所示为射流管阀的工作原理,它主要由射流管 1 和接收板 2 组成。

射流管可以绕支撑点 O 摆动。压力油从射流管的喷嘴射出,经接收板上的接收孔 a 和 b 进入液压缸两腔。当射流管在中位时,两接收管的压力相等,液压缸不动。当射流管向左偏摆时,进入接收孔 a 的油液压力大于进入接收孔 b 的油液压力,液压缸向左移动。因接收板与缸体连接,因此接收板也向左移动,形成负反馈。若射流管向右偏摆,则缸也向右运动。

因为射流管阀喷嘴孔直径大,不易堵塞,所以其最大的优点是抗污染能力强,工作可靠,输出功率比喷嘴挡板高。缺点是运动部件惯性大,能量损耗大,特性不易预测,因此常用于对抗污染能力要求高的场合。

10.2.3　喷嘴挡板阀 //

根据结构不同,喷嘴挡板阀可分为单喷嘴和双喷嘴两种形式。如图 10-5 所示为双喷嘴挡板阀的工作原理,它主要由挡板 1、喷嘴 3 和 6、固定节流孔 2 和 7 及液压缸组成。流体经两个阻尼孔进入中间油室再进入液压缸的两腔,并有一部分经喷嘴挡板的两个节流缝隙 4、5 流回油箱。当挡板处于中间位置时,两个节流缝隙相等,液阻相等,$p_1 = p_2$,液压缸不动;当输入信号使挡板向左移动时,节流缝隙 5 关小、4 开大,$p_1 > p_2$,液压缸向左移动。因负反馈的作用,喷嘴跟随缸体移动到挡板处于两个喷嘴的中间位置时,液压缸停止运动,建立起一种新的平衡。若挡板向右偏摆,则缸也向右运动。

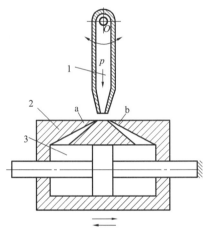

图 10-4　射流管阀的工作原理
1—射流管;2—接收板;3—液压缸

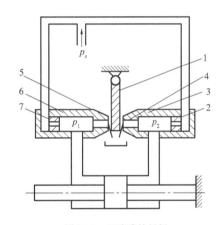

图 10-5　双喷嘴挡板阀
1—挡板;2、7—固定节流孔;3、6—喷嘴;4、5—节流缝隙

喷嘴挡板阀与滑阀相比最大的优点是结构简单,加工方便,挡板运动阻力小,惯性小,反应快,灵敏度高,对油污染不太敏感。缺点是功率损耗大,因此只能用于小功率系统。

10.2.4　电液伺服阀 //

电液伺服阀是液压伺服系统中比较典型的液压伺服元件,它既是电液转换元件,也是功率放大元件。它具有体积小、放大系数高、控制性能好等优点,得到了广泛的应用。

如图 10-6 所示为电液伺服阀的工作原理。它由电磁和液压放大器两部分组成,其中电磁部分是一个力矩马达,液压部分是两级液压放大器:第一级是双喷嘴挡板阀,称为前置放大级;第二级是零开口四边控制式滑阀,称为功率放大级。

1. 力矩马达

力矩马达把输入的电信号转换为力矩输出。它主要由一对永久磁铁 1、导磁体 2 和 4、衔铁 3、线圈 5 和弹簧管 6 组成,衔铁、弹簧管、挡板和反馈杆弹簧连接在一起。永久磁

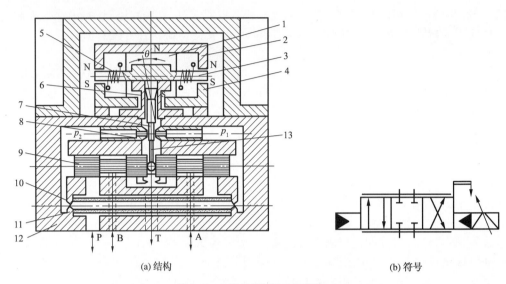

(a) 结构　　　　　　　　　　　　　(b) 符号

图 10-6　电液伺服阀的工作原理

1—永久磁铁；2、4—导磁体；3—衔铁；5—线圈；6—弹簧管；

7—挡板；8—喷嘴；9—滑阀；10—固定节流孔；11—过滤器；12—阀体；13—反馈弹簧杆

铁把上、下两块导磁体磁化成具有 N 极和 S 极。当没有电流时，衔铁由弹簧管支撑在上、下导磁体的中间位置，力矩马达无输出。当有控制电流时，衔铁被磁化，如果衔铁的左端为 N 极，右端为 S 极，则根据同性相斥、异性相吸的原理，衔铁将逆时针方向偏转，同时弹簧管弯曲变形，产生反力矩，直到电磁力矩与弹簧管反力矩平衡为止。电流越大，产生的电磁力矩也越大，于是衔铁偏转的角度 θ 就越大。

2. 液压放大器

力矩马达产生的力矩很小，无法直接操纵滑阀阀芯移动，来使其对系统产生足够的液压功率，但它可以操纵喷嘴挡板阀，由喷嘴挡板阀操纵滑阀，进而实现液压放大器中的二级放大。

第一级前置放大是一个双喷嘴挡板阀。当力矩马达无输出信号时，挡板不动，左、右两腔压力相等，滑阀不动，当力矩马达有输出信号时，挡板偏转，使两喷嘴与挡板之间的间隙不等，造成滑阀两端压力不等，推动阀芯移动。

第二级功率放大主要由滑阀和挡板下部的反馈弹簧杆组成。衔铁、挡板、反馈弹簧杆、弹簧管是连接在一起的组合件。当前置放大级有压差信号输出时，滑阀阀芯产生移动，传递动力的液压主油路被接通。滑阀移动的同时，卡在滑阀阀芯中间的反馈弹簧杆端部的小球也随着移动，使反馈弹簧杆产生弹性反力，阻止滑阀阀芯继续移动。另外，挡板变形又使它在两喷嘴间的位移量减少，实现反馈。滑阀上的液压作用力和挡板弹性反力平衡时，滑阀便保持在这一开度上不再移动。因为这一最终位置由反馈弹簧杆反力的反馈作用而达到平衡，所以称这种反馈作用为力反馈。滑阀的开度正比于力矩马达输入的电流，即输出流量正比于输入电流。输入反向电流时，输出的流量也反向。

液压放大器的结构形式有滑阀、喷嘴-挡板阀和射流管阀三种。

10.3　液压伺服系统实例

本节介绍车床液压仿形刀架和机械手伸缩运动伺服系统,它们分别代表机液伺服系统和电液伺服系统。

10.3.1　车床液压仿形刀架 //

图 10-7 为卧式车床液压仿形刀架的工作原理图,采用正开口双边滑阀伺服系统控制。液压仿形刀架倾斜安装在车床溜板 5 的上面,工作时随溜板纵向移动。样板 12 安装在床身后侧支架上固定不动。仿形刀架液压缸的活塞杆固定在刀架 3 的底座上,缸体及阀体 6 和刀架 3 连接成一体,可在刀架底座的导轨 4 上沿液压缸轴向移动。滑阀阀芯 10 在弹簧 9 的作用下通过杆 8 使杠杆 7 的触头 11 紧压在样板 12 上。

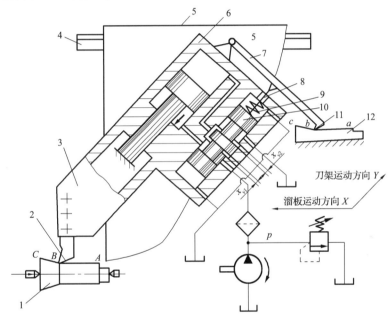

图 10-7　卧式车床液压仿形刀架的工作原理
1—工件;2—车刀;3—刀架;4—导轨;5—溜板;6—缸体及阀体;
7—杠杆;8—杆;9—弹簧;10—阀芯;11—触头;12—样板

在车削圆柱面时,溜板 5 沿导轨 4 纵向移动。杠杆触销在样板的圆柱段内水平滑动,滑阀阀口不打开,刀架只能随溜板一起纵向移动,刀架在工件 1 上车出 AB 段圆柱面。

车削圆锥面时,触头沿样板的圆锥段滑动,使杠杆向上偏摆,从而带动阀芯上移,打开阀口,压力油进入液压缸上腔,产生两腔的压力偏差,推动缸体连同阀体和刀架轴向后退,即刀架跟踪阀芯(或随触头)运动。阀体后退又逐渐使阀口关小,直至关闭为止,这是负反馈。在溜板不断地做纵向(X 向)运动的同时,触头在样板的圆锥段上不断抬起,刀架也就不断地做轴向(Y 向)后退运动,这两种运动的合成使刀具在工件上车出 BC 段圆锥面。

同理,其他曲面形状也都可以由不同的 Y 向的速度和 X 向的速度合成的切削所形成。

10.3.2 机械手伸缩运动伺服系统 ///

机械手应能按要求完成一系列动作,包括伸缩、回转、升降、手腕动作等。每一个液压伺服系统的原理均相同,现仅以伸缩运动伺服系统为例,介绍其工作原理。

图 10-8 是机械手手臂伸缩电液伺服系统的工作原理图。它主要由电液伺服阀 1、液压缸 2、活塞杆带动的机械手手臂 3、齿轮齿条机构 4、电位器 5、步进电动机 6 和电放大器 7 等元件组成。其控制顺序为:首先由数字控制装置发出的脉冲数和脉冲频率控制步进电动机的角位移和角速度,步进电动机带动电位器触头旋转,由电位器触头控制电液伺服阀的开闭,电液伺服阀再控制机械手手臂的伸缩。其工作原理为:当数字控制装置发出一定数量的脉冲,使步进电动机带动电位器的动触头转过一定的角度(假定为沿顺时针方向转动),动触头偏离电位器中位,产生微弱电压,经电放大器放大后输出电流,到电液伺服阀的控制线圈,使其产生一定的开口量。这时压力油经阀的开口进入液压缸的左腔,推动活塞连同机械手手臂一起向右移动。液压缸右腔的回油经伺服阀流回油箱。由于齿轮和机械手手臂上齿条相啮合,所以手臂向右移动时,电位器随之按顺时针方向转动,这样电位器壳体同齿轮一起转动,形成负反馈。当电位器的中位和触头重合时,偏差为零,则动触头输出电压为零,电液伺服阀失去信号,阀口关闭,手臂停止移动。手臂移动的行程决定于脉冲数量,速度决定于脉冲频率。当数字控制装置发出反向脉冲时,步进电动机沿逆时针方向转动,手臂缩回。

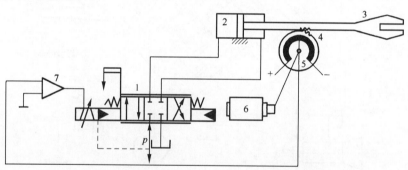

图 10-8 机械手手臂伸缩电液伺服系统的工作原理
1—电液伺服阀;2—液压缸;3—机械手手臂;
4—齿轮齿条机构;5—电位器;6—步进电动机;7—电放大器

////////////////////////// 习 题 //////////////////////////

10-1 什么是液压伺服系统? 液压伺服系统分为几类? 由哪些部分组成?

10-2 液压伺服系统有什么特点?

10-3 车床液压仿形刀架是如何工作的?

10-4 机械手手臂的伸缩是如何实现的?

10-5 滑阀式伺服阀按工作边数可分为几类? 哪种控制性能最好?

10-6 什么是滑阀式伺服阀的正开口和负开口? 各是怎样控制的?

10-7 试简述喷嘴挡板阀的工作原理。

第11章

气压传动

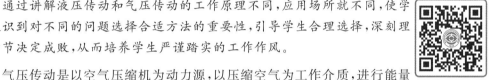

素质目标

通过讲解液压传动和气压传动的工作原理不同,应用场所就不同,使学生认识到对不同的问题选择合适方法的重要性,引导学生合理选择,深刻理解细节决定成败,从而培养学生严谨踏实的工作作风。

YT4543型组合机床动力滑台液压系统的工作原理

气压传动是以空气压缩机为动力源,以压缩空气为工作介质,进行能量和信号传递的一门技术,气压传动的工作原理是利用空气压缩机把电动机或其他原动机输出的机械能转换为空气的压力能,然后在控制元件的作用下,通过执行元件把压力能转换为直线运动或回转运动形式的机械能,从而完成各种动作,并对外做功。

11.1 概 述

11.1.1 气压传动的工作原理 ///

图 11-1(a)为剪切机气压传动系统的工作原理图,图示位置为棒料被剪前的状态,由空气压缩机 1 产生,经过冷却器 2、油水分离器 3 初次处理后储藏在气罐 4 中的压缩空气,经干燥器 5、过滤器 6、减压阀 7 和油雾器 8 及换向阀 10,进入气缸的上腔,气缸下腔的压缩空气通过换向阀 10 排入大气。此时,剪口张开,剪切机处于预备工作状态。

当送料装置将棒料 12 送入剪切机,并限位于机动阀 9 左端的顶杆时,机动阀的顶杆受压而使阀内通路打开,换向阀的控制腔 A 便与大气相通,阀芯受弹簧力的作用而下移,此时,气缸活塞向上运动,带动剪刀将棒料切断。棒料剪下后,即与机动阀脱开,机动阀复位,所有的排气通道被封死,换向阀的控制腔 A 气压升高,迫使阀芯上移,气路换向,气缸活塞带动剪刀复位,准备第二次进料剪切。

图 11-1(b)为剪切机气压传动系统的图形符号图。可以看出,气压阀和液压阀的图形符号很相似,气压图形符号采用 GB/T 786.1—2009,详见附录。

由此可见,气压传动装置也是一种能量转换装置,它先将机械能(电动机输出的机械能用来驱动空气压缩机)转变为气压能,再将气压能转变为机械能(通过气缸推动剪刀将棒料切

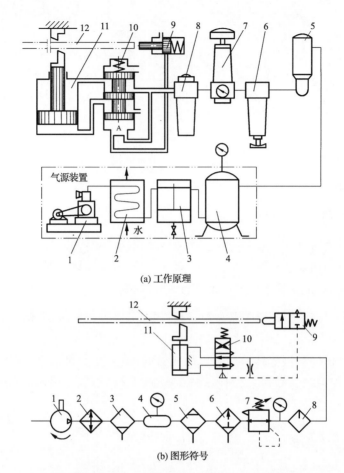

(a) 工作原理

(b) 图形符号

图 11-1　剪切机气压传动系统的工作原理及图形符号图

1—空气压缩机；2—冷却器；3—油水分离器；4—气罐；5—干燥器；6—过滤器；

7—减压阀；8—油雾器；9—机动阀；10—换向阀；11—气缸；12—棒料

断）。

11.1.2　气压传动系统的组成 //

气压传动系统与液压传动系统一样，也是由五个部分组成的：

1.动力元件

动力元件是指把机械能转换成气体的压力能的装置，最常见的是气源装置（空气压缩机及冷却器、油水分离器、气罐等辅助元件）。

2.执行元件

执行元件是指把流体的压力能转换成机械能的装置，一般是指做直线运动的气缸、做回转运动的气马达等。

3.控制元件

控制元件是指对气压系统中气体的压力、流量和流动方向进行控制和调节的装置。

4.辅助装置

辅助装置是指除以上三种元件以外的其他装置,如过滤器、油雾器、消声器等。

5.工作介质

工作介质是指在气压系统中传递运动和动力能量的气体,即压缩空气。

11.1.3　气压传动与液压传动主要特点比较 //////////////////////////////////

(1)气压传动的适用压力一般为 0.2~1.0 MPa,因此它一般用于小动力的场合;而液压传动可用于很高的压力(可达 32 MPa 甚至更高),以及功率大的动力系统。

(2)气压传动以空气为工作介质,取之不尽,用后可直接排入大气,不污染环境,但噪音大,特别适于无线电元器件、食品、医药、服装等生产过程;液压传动以液压油为工作介质,使机件在油中工作,润滑好,寿命长,但有污染。

(3)气压传动动作速度及反应快,因液压油在管道中的流速一般为 1~5 m/s,而气体流速可以大于 10 m/s,因此气压传动能在 0.02~0.03 s 内到达所要求的工作压力及速度。

(4)液压传动工作运动平稳;空气的压缩性远大于液压油的压缩性,导致气压工作速度的平稳性较差,给系统的速度控制带来影响。

(5)空气的黏性很小,在管路中流动的阻力损失远远小于液压传动系统,适于远程传输及控制;而液压传动不宜进行远距离传动。

(6)气压元件用于低压,元件的材料和制造精度较低,成本较低的系统;液压元件制造精度高,造价高,对油液的污染比较敏感。

11.2　气源装置及辅助元件

气压传动系统中的气源装置可为系统提供满足一定质量要求的压缩空气,它是气压传动系统的重要组成部分。由空气压缩机产生的压缩空气,必须经过降温、净化、减压、稳压等一系列处理后,才能供给控制元件和执行元件使用。辅助元件是元件连接和提高系统可靠性、使用寿命以及改善工作环境等所必需的。

11.2.1　气源装置 ///

1.气源装置的组成

气源装置一般包括产生压缩空气的空气压缩机和使气源净化的辅助设备,如图 11-2 所示。

在图 11-2 中,1 为空气压缩机,用以产生压缩空气,一般由电动机带动,其吸气口装有空气过滤器以减少进入空气压缩机的杂质。2 为冷却器,用以降温冷却压缩空气,使汽化的水、油凝结出来。3 为油水分离器,用以分离并排出降温冷却的水滴、油滴、杂质等。4、7 为贮气罐,用以贮存压缩空气,稳定压缩空气的压力并除去部分油和水。5 为干燥器,用以进一步吸收或排除压缩空气中的水和油,使之成为干燥空气。6 为过滤器,用以进一步过滤压缩空气中的灰尘、杂质颗粒。贮气罐 4 输出的压缩空气可用于一般要求的气压

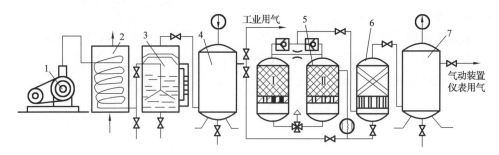

图 11-2　气源装置的组成及布置示意图

1—空气压缩机；2—冷却器；3—油水分离器；4、7—贮气罐；5—干燥器；6—过滤器

传动系统，贮气罐 7 输出的压缩空气可用于要求较高的气压传动系统（如气压传动仪表及射流元件组成的控制回路等）。

2. 空气压缩机

（1）空气压缩机的分类

空气压缩机是一种压缩空气发生装置，它是将机械能转换成气体压力能的能量转换装置，其种类很多。它按工作原理可分为容积型压缩机和速度型压缩机，容积型压缩机的工作原理是通过压缩气体的体积，使单位体积内气体分子的密度增大以提高压缩空气的压力。速度型压缩机的工作原理是提高气体分子的运动速度，然后使气体的动能转换为压力能以提高压缩空气的压力。

（2）空气压缩机的工作原理

气压传动系统中最常用的空气压缩机是往复式活塞，其工作原理是通过曲柄连杆机构使活塞做往复运动而实现吸、压气，并达到提高气体压力的目的，如图 11-3 所示。当活塞 3 向右运动时，气缸 2 内活塞左腔的压力低于大气压力，吸气阀 8 被打开，空气在大气压力作用下进入气缸内，这个过程称为"吸气过程"。当活塞向左移动时，吸气阀在缸内压缩气体的作用下关闭，缸内气体被压缩，这个过程称为压缩过程。当气缸内空气压力增高到略高于输气管内压力后，排气阀 1 被打开，压缩空气进入输气管道，这个过程称为"排气过程"。活塞的往复运动是由电动机带动曲柄转动，通过曲柄连杆 7、滑块 5、活塞杆 4 转化为直线往复运动而产生的。图 11-3 中只表示了一个活塞一个缸的空气压缩机，大多数空气压缩机是多缸多活塞的组合。

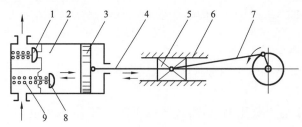

图 11-3　往复活塞式空气压缩机的工作原理

1—排气阀；2—气缸；3—活塞；4—活塞杆；5—滑块；

6—滑道；7—曲柄连杆；8—吸气阀；9—弹簧

（3）空气压缩机的选用原则

选用空气压缩机的根据是气压系统所需的工作压力（排气压力）和流量。排气压力为

0.2～1.0 MPa 的是低压空气压缩机;排气压力为 1.0～10 MPa 的是中压空气压缩机;排气压力为 10～100 MPa 的是高压空气压缩机;排气压力为 100 MPa 以上的是超高压空气压缩机。低压空气压缩机为单级式,中压、高压和超高压空气压缩机为多级式,目前级数最多可达 8 级。

空气压缩机输出流量的选择要根据整个气压传动系统对压缩空气的需要并备以一定的备用余量。空气压缩机铭牌上的流量是未经压缩状态下的自由空气流量。

(4)压缩空气净化、储存设备

压缩空气净化、储存设备一般包括冷却器、油水分离器、贮气罐、干燥器、过滤器等。

①冷却器

冷却器安装在空气压缩机出口处的管道上,也称为后冷却器。它的主要作用是冷却空气和除水、除油。后冷却器的结构形式有:蛇管式、列管式、散热片式、管套式。冷却方式有水冷和气冷两种方式,蛇管式和列管式后冷却器的结构如图 11-4 所示。

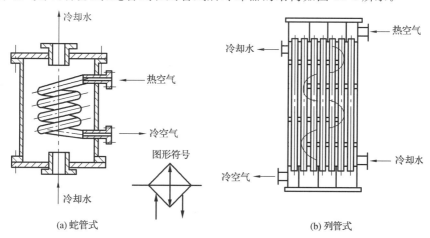

图 11-4 后冷却器

②油水分离器

油水分离器安装在冷却器出口管道上,它的作用是分离并排出压缩空气中凝聚的油、水和灰尘等杂质,使压缩空气得到初步净化。图 11-5 是油水分离器的示意图。压缩空气由入口进入油水分离器壳体后,气流先受到隔板阻挡而被撞击折回向下,之后又上升产生环形回转,这样凝聚在压缩空气中的油、水等杂质受惯性力作用而被分离析出,沉降于壳体底部,由放水阀定期排出。

③贮气罐

贮气罐的主要作用是:储存一定数量的压缩空气,以备发生故障或临时需要应急使用;消除由于空气压缩机断续排气而引起的系统压力脉动,保证输出气流的连续性和平稳性;进一步分离压缩空气中的油、水等杂质。贮气罐一般采用焊接结构。

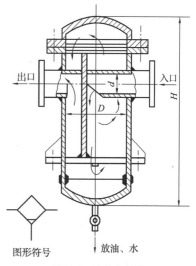

图 11-5 油水分离器

④干燥器

经过后冷却器、油水分离器和贮气罐后得到初步净化的压缩空气,已可满足一般气压传动的需要,但对于某些要求较高的气动装置、气动仪表,其压缩空气还必须进行干燥处理。压缩空气的干燥主要采用吸附法、离心法、机械降水法及冷却法等。

吸附法利用具有吸附性能的吸附剂(如硅胶、铝胶或分子筛等)来吸附压缩空气中含有的水分,而使其干燥;冷却法则利用制冷设备使空气冷却到一定的露点温度,析出空气中超过饱和水蒸气部分的多余水分,从而达到所需的干燥度。吸附法是干燥处理方法中应用最为普遍的一种方法。吸附式干燥器的结构如图11-6所示。它的外壳呈筒形,其中分层设置栅板、吸附剂、滤网等。湿空气从湿空气进气管22进入干燥器,通过上吸附剂层2、钢丝过滤网3、上栅板4和下部吸附剂层7后,因其中的水分被吸附剂吸收而变得很干燥。然后,再经过钢丝过滤网8、下栅板9和钢丝过滤网11,干燥、洁净的压缩空气便从干燥空气输出管15排出。

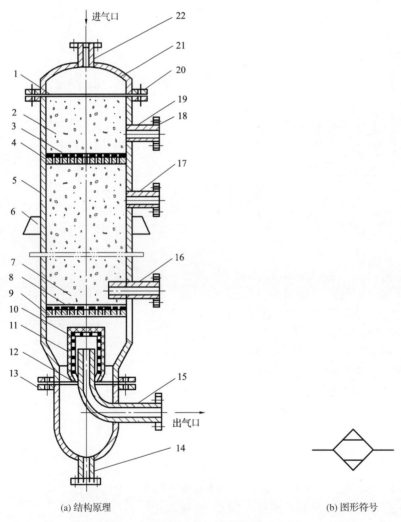

(a) 结构原理   (b) 图形符号

图 11-6　吸附式干燥器的结构

1、12—密封座;2、7—吸附剂层;3、8、11—钢丝过滤网;4—上栅板;

5—筒体;6—支撑板;9—下栅板;10—毛毡;13、18、20—法兰;14—排水管;

15—干燥空气输出管;16—再生空气进气管;17、19—再生空气排气管;21—顶盖;22—湿空气进气管

⑤过滤器

过滤器的作用是进一步滤除压缩空气中的杂质,达到系统所要求的净化程度。常用的过滤器有一次过滤器(也称简易过滤器,滤灰效率为 50%～70%);二次过滤器(滤灰效率为 70%～99%)。在要求高的特殊场合,还可使用高效率的过滤器(滤灰效率大于 99%)。

11.2.2 辅助元件 ///

1.分水滤气器

分水滤气器能除去压缩空气中的冷凝水、固态杂质和油滴,用于空气精过滤。分水滤气器的结构如图 11-7 所示。其工作原理如下:当压缩空气从输入口流入后,由导流叶片 1 引入滤杯中,导流叶片使空气沿切线方向旋转形成旋转气流,夹杂在气体中的较大水滴、油滴和杂质被甩到滤杯的内壁上,并沿杯壁流到底部。然后气体通过中间的滤芯 2,部分灰尘、雾状水会被拦截而滤去,洁净的空气便从输出口输出。挡水板 4 可防止气体漩涡将滤杯中积存的污水卷起而破坏过滤作用。为保证分水滤气器正常工作,必须及时将储水杯 3 中的污水通过手动排水阀 5 放掉。在某些人工排水不方便的场合,可采用自动排水式分水滤气器。

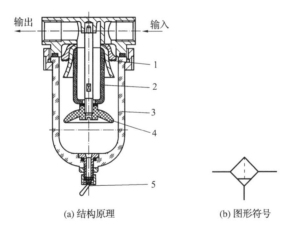

(a) 结构原理　　　　　(b) 图形符号

图 11-7　分水滤气器

1—导流叶片;2—滤芯;3—储水杯;4—挡水板;5—手动排水阀

2.油雾器

油雾器是一种特殊的注油装置,它以空气为动力,使润滑油雾化后,注入空气流中,并随空气进入需要润滑的部件,达到润滑的目的。

如图 11-8 所示是普通油雾器(也称一次油雾器)的结构简图。当压缩空气由气流入口 1 进入后,一部分进入小孔 2 的气流经过加压通道到达截止阀 10。在压缩空气刚进入时,钢球被压在阀座上,但钢球与阀座的密封不严,略有漏气,就可使储油杯 5 上腔的压力逐渐升高,将截止阀打开。使储油杯内油面受压,迫使储油杯内的油液经吸油管 11、单向阀 6 和节流阀 7 滴入透明的视油帽 8 内,然后从小孔 3 被主气道中的气流引射出来。油滴在气流的气动力和油的黏性力的作用下,雾化后随气流从出口 4 流出。节流阀可以调节流量,使滴油量在 0～120 滴/min 内变化。

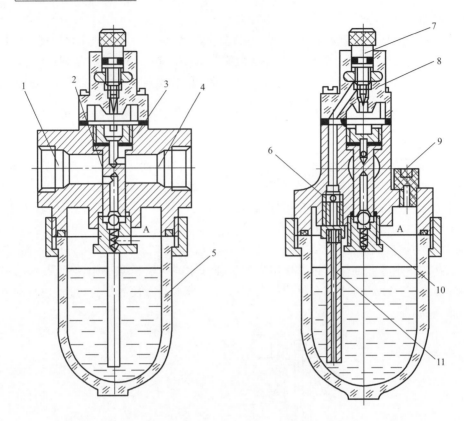

图 11-8　普通油雾器的结构简图

1—气流入口；2、3—小孔；4—出口；5—储油杯；6—单向阀；
7—节流阀；8—视油帽；9—油塞；10—截止阀；11—吸油管

　　二次油雾器能使油滴在雾化器内进行两次雾化，使油雾粒度更小、更均匀，输送距离更远，二次雾化粒径可达 5 μm。

　　油雾器的选择主要是根据气压传动系统所需额定流量及油雾粒径大小来进行的。所需油雾粒径在 50 μm 左右时选用一次油雾器。若所需油雾粒径很小，则可选用二次油雾器。油雾器一般应配置在滤气器和减压阀之后、用气设备之前较近处。

　　分水滤气器、减压阀和油雾器共称为气动三大件，它们依次无管化连接而成的组件称为三联件，是多数气动设备中必不可少的气源装置。在大多数情况下，三联件组合使用，依进气方向其安装次序为分水滤气器、减压阀、油雾器。

　　压缩空气经过三联件的最后处理，将进入各气动元件及气动系统。因此，三联件是气动系统使用压缩空气质量的最后保证。其组成及规格，必须由气动系统具体的用气要求确定。目前，气压传动系统一般是无润滑就可以复位，不再需要油雾器，只要分水滤气器和减压阀即可。

　　3. 消声器

　　在气压传动系统之中，一般不设排气管道，用后的压缩空气直接排入大气，伴随有强烈的排气噪声，一般可达 100～120 dB，为了降低噪声，可以在排气口安装消声器。

消声器是通过阻尼或增加排气面积来降低排气速度和功率,从而降低噪声的。根据消声原理不同,消声器可分为三种类型:吸收型、膨胀干涉型和膨胀干涉吸收型。常用的是吸收型消声器。

图 11-9 是吸收型消声器的结构简图。这种消声器主要依靠吸音材料消声。消声套 1 为多孔的吸音材料,一般用聚苯乙烯或铜珠烧结而成。当消声器的通径小于 20 mm 时,多用聚苯乙烯作为消音材料制成消声套;当消声器的通径大于 20 mm 时,消声套多用铜珠烧结,以增加强度。其消声原理是:当有压缩气体通过消声套时,气流受到阻力,声能被部分吸收而转化为热能,从而降低了噪声强度。吸收型消声器结构简单,使用方便,一般用螺纹连接方式直接拧在排气口上,消除中、高频噪声的效果较好。

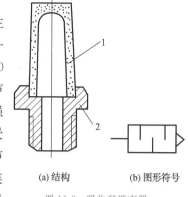

(a) 结构　　　　(b) 图形符号

图 11-9　吸收型消声器
1—消声套;2—管接头

11.3　气动执行元件

气动执行元件是将压缩空气的压力能转换为机械能的装置。它包括气缸和气马达。气缸用于实现直线往复运动,气马达用于实现连续回转运动。

11.3.1　气　缸

除几种特殊气缸外,普通气缸的种类及结构形式与液压缸基本相同。目前常用的标准气缸,其结构和参数都已系列化、标准化、通用化,如 QGA 系列为无缓冲普通气缸,QGB 系列为有缓冲普通气缸。

其他几种较为典型的特殊气缸有气液阻尼缸、薄膜式气缸和冲击气缸等。

1.气液阻尼缸

普通气缸工作时,由于气体具有可压缩性,所以当外部载荷变化较大时,会产生“爬行”或“自走”现象,使气缸的工作不稳定。为了使气缸运动平稳,普遍采用气液阻尼缸。

气液阻尼缸是由气缸和油缸组合而成的,它的工作原理如图 11-10 所示。它以压缩空气为能源,并利用油液的不可压缩性和控制油液排量来获得活塞的平稳运动和调节活塞的运动速度。它将油缸和气缸串联成一个整体,两个活塞固定在一根活塞杆上。当气缸右端供气时,气缸克服外负载并带动油缸同时向左运动,此时油缸左腔排油、单向阀关闭,油液只能经节流阀缓慢流入油缸右腔,对整个活塞的运动起阻尼作用。调节节流阀的阀口大小就能达到调节活塞运动速度的目的。当压缩空气经换向阀从气缸左腔进入时,油缸右腔排油,此时单向阀开启,活塞能快速返回原来位置。

这种气液阻尼缸的结构一般是将双活塞杆缸作为油缸。因为这样可使油缸两腔的排油量相等,油杯内的油液只用来补充因油缸泄漏而减少的油量。

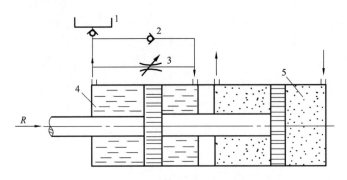

图 11-10　气液阻尼缸的工作原理图

1—油杯；2—单向阀；3—节流阀；4—油液；5—气体

2. 薄膜式气缸

薄膜式气缸是一种利用压缩空气通过膜片推动活塞杆做往复直线运动的气缸。它由缸体 1、膜片 2、膜盘 3 和活塞杆 4 等主要零件组成。其功能类似于活塞式气缸，它可分为单作用式（图 11-11(a)）和双作用式（图 11-11(b)）两种。

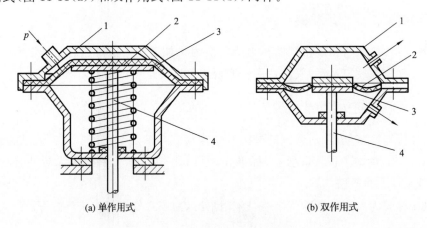

(a) 单作用式　　　　　　　　　　(b) 双作用式

图 11-11　薄膜式气缸结构简图

1—缸体；2—膜片；3—膜盘；4—活塞杆

薄膜式气缸的膜片可以做成盘形膜片和平膜片两种形式。膜片材料为夹织物橡胶、钢片或磷青铜片。常用夹织物为橡胶，橡胶的厚度多为 5～6 mm，也可为 1～3 mm。金属式膜片只用于行程较小的薄膜式气缸中。

薄膜式气缸和活塞式气缸相比较，具有结构简单紧凑、制造容易、成本低、维修方便、寿命长、泄漏小、效率高等优点。但是膜片的变形量有限，故其行程短（一般不超过40 mm），且气缸活塞杆上的输出力随着行程的加大而减小。

3. 冲击气缸

冲击气缸是一种体积小、结构简单、易于制造、耗气功率小但能产生相当大的冲击力的特殊气缸。与普通气缸相比，冲击气缸的结构特点是增加了一个具有一定容积的蓄能腔和喷嘴，其工作原理如图 11-12 所示。

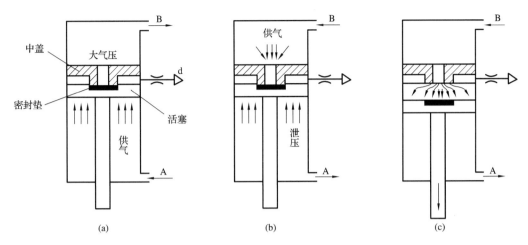

图 11-12 冲击气缸的工作原理

冲击气缸的整个工作过程可简单地分为三个阶段:

第一个阶段如图 11-12(a)所示,压缩空气由孔 A 输入冲击气缸的下腔,蓄能缸经孔 B 排气,活塞上升并用密封垫封住喷嘴,中盖和活塞间的环形空间经排气孔与大气相通。

第二阶段如图 11-12(b)所示,压缩空气改由孔 B 进气,输入蓄能缸中,冲击气缸下腔经孔 A 排气。由于活塞上端气压作用在面积较小的喷嘴上,而活塞下端受力面积较大,一般设计成喷嘴面积的 9 倍,所以气缸下腔的压力虽因排气而下降,但此时活塞下端向上的作用力仍然大于活塞上端向下的作用力。

第三阶段图 11-12(c)所示,蓄能缸的压力继续增大,冲击气缸下腔的压力继续降低,当蓄能缸内压力高至活塞下腔压力 9 倍时,活塞开始向下移动,活塞一旦离开喷嘴,蓄能缸内的高压气体迅速充入活塞与中盖间的空间,使活塞上端受力面积突然增至 9 倍,于是活塞将以极大的加速度向下运动,气体的压力能转换成活塞的动能。在冲程达到一定时,获得最大冲击速度和能量,利用这个能量对工件进行冲击做功,可产生很大的冲击力。

11.3.2 气马达及其工作原理 //

气马达是一种气动执行元件,它按结构形式可分为叶片式气马达、活塞式气马达和齿轮式气马达等。最为常见的是活塞式气马达和叶片式气马达。

如图 11-13 所示是叶片式气马达的工作原理。它的主要结构和工作原理与液压叶片式马达相似,主要包括一个径向装有 3~10 个叶片的转子,偏心安装在定子内,转子两侧有前、后盖板(图 11-13 中未画出),叶片在转子的槽内可径向滑动,叶片底部通有压缩空气,转子转动是靠离心力和叶片底部气压将叶片紧压在定子内表面上的。定子内有半圆形的切沟,提供压缩空气及排出废气。

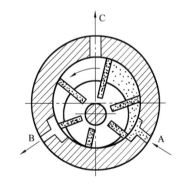

图 11-13 叶片式气马达的工作原理

当压缩空气从 A 口进入定子内时,会使叶片带动转子沿逆时针方向旋转,产生转矩。

废气从排气口 C 排出；而定子腔内残留气体则从 B 口排出。如果需要改变气马达旋转方向，只需调换进、排气口即可。

11.4 气动控制元件和逻辑元件

11.4.1 气动控制元件 //

气动控制元件就是各种气阀，可用来控制和调节压缩空气的方向、压力和流量。气阀有三种类型：方向控制阀、压力控制阀和流量控制阀。此外，气压控制元件还包括各种逻辑控制元件。

1.方向控制阀

方向控制阀是指在气压传动系统中通过改变压缩空气的流动方向和气流的通断，来控制执行元件启动、停止及运动方向的气动元件，方向控制阀可分为两大类：单向型方向控制阀和换向型方向控制阀。

(1)单向型方向控制阀

单向型方向控制阀只允许气流沿着一个方向流动，通常包括单向阀、梭阀、双压阀和快速排气阀等。单向阀的结构、原理和图形符号与液压阀中的单向阀基本相同，这里不再重复，而只介绍其他三种阀。

①梭阀（或门阀）

如图 11-14 所示，梭阀相当于两个单向阀组合的阀，其作用相当于"或门"。梭阀有两个进气口 P_1 和 P_2，一个出口 A。其中 P_1 口或 P_2 口都可分别与 A 口相通。当 P_1 口进气时，阀芯右移，封住 P_2 口，使 P_1 口与 A 口相通，A 口出气，如图 11-14(a)所示。反之，P_2 口进气时，阀芯左移，封住 P_1 口，使 P_2 口与 A 口相通，A 口也出气。当 P_1 口与 P_2 口都进气时，则高压口打开，低压口被封闭，高压口气流从 A 口输出。梭阀的应用很广，多用于手动与自动控制的并联回路中。

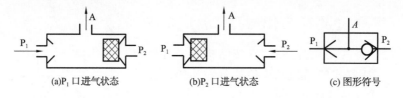

(a)P_1 口进气状态　　　(b)P_2 口进气状态　　　(c) 图形符号

图 11-14　梭阀

②双压阀（与门阀）

如图 11-15 所示，双压阀也相当于两个单向阀组合的阀，其作用相当于"与门"。它有两个输入口 P_1 和 P_2，一个输出口 A。当 P_1 口或 P_2 口单独有输入时，阀芯被推向另一侧，A 口无输出。只有当 P_1 口与 P_2 口同时有输入时，A 口才有输出。当 P_1 口与 P_2 口输入的气压不等时，气压低的通过 A 口输出。

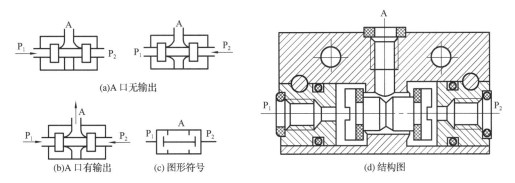

图 11-15　双压阀

③快速排气阀

快速排气阀简称快排阀,其作用是使气缸快速排气,使气缸获得最快的运动速度。如图 11-16 所示,快排阀有三个阀口 P、A、O,当 P 口有压缩空气输入时,推动阀芯上移,P 口和 A 口通,关闭 O 口。当 P 口没有空气输入时,A 口的气体推动阀芯下移,关闭 P 口,A 口气体经 O 口快速排出。

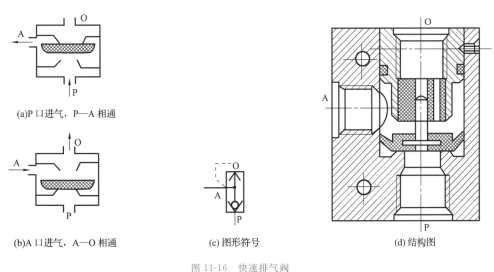

图 11-16　快速排气阀

快速排气阀常安装在换向阀和气缸之间。如图 11-17 所示为快速排气阀应用回路。它使气缸的排气不用通过换向阀而快速排出,从而加速了气缸往复的运动速度,缩短了工作周期。

(2)换向型方向控制阀

换向型方向控制阀简称换向阀,它与液压换向阀相似,分类方法也大致相同。

如图 11-18 所示为单气控加压式换向阀的工作原理。其中图 11-18(a)所示为无气控信号 K 时的状态(常态),此

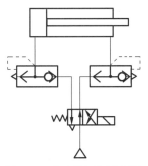

图 11-17　快速排气阀应用回路

时,阀芯 1 在弹簧 2 的作用下处于上端位置,使 A 口与 O 口相通,O 口排气。图 11-18(b)

所示为在有气控信号 K 时阀的状态,由于气压力的作用,阀芯 1 压缩弹簧 2 下移,使 A 口与 O 口断开,P 口与 A 口接通,A 口有气体输出。

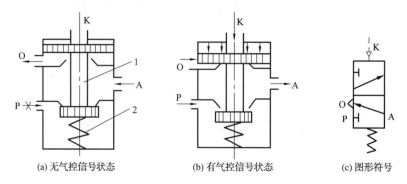

(a) 无气控信号状态   (b) 有气控信号状态   (c) 图形符号

图 11-18　单气控加压式换向阀的工作原理
1—阀芯;2—弹簧

如图 11-19 所示为双气控滑阀式换向阀的工作原理图。图 11-19(a)所示为有气控信号 K_2 时阀的状态,此时阀停在左边,其通路状态是 P 口与 A 口相通及 B 口与 O 口相通。图 11-19(b)所示为有气控信号 K_1 时阀的状态(此时信号 K_2 已不存在),阀芯换位,其通路状态变为 P 口与 B 口相通及 A 口与 O 口相通。双气控滑阀式换向阀具有记忆功能,即气控信号消失后,阀仍能保持在有信号时的工作状态。

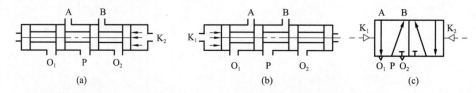

(a)   (b)   (c)

图 11-19　双气控滑阀式换向阀的工作原理

如图 11-20 所示为直动式单电控电磁阀的工作原理。它只有一个电磁铁。图 11-20(a)所示为常态情况,即激励线圈不通电,此时阀在复位弹簧的作用下处于上端位置。其通路状态为 A 口与 T 口相通,阀处于排气状态。当通电时,电磁铁 1 推动阀芯 2 向下移动,气路换向,其通路为 P 口与 A 口相通,阀处于进气状态,如图 11-20(b)所示。

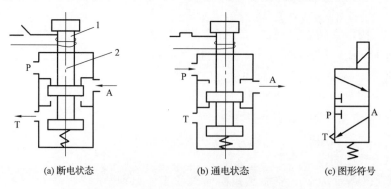

(a) 断电状态   (b) 通电状态   (c) 图形符号

图 11-20　直动式单电控电磁阀的工作原理

1—电磁铁;2—阀芯

2.压力控制阀

气动系统压力阀与液压系统压力阀一样,也可分为三大类:减压阀、顺序阀和溢流阀。

(1)减压阀(又称调压阀)

在气动系统中,一般由空气压缩机先将空气压缩,储存在贮气罐内,然后经管路输送给各个气动装置使用。因而贮气罐的空气压力往往比各台设备实际所需要的压力高些,同时其压力波动值也较大。因此需要用减压阀(调压阀)将其压力减到每台装置所需的压力,并使减压后的压力稳定在所需压力值上。

如图 11-21 所示是 QTY 型直动式减压阀。其工作原理是:当阀处于工作状态时,调节手柄 1、调压弹簧 2、3 及膜片 5,通过阀杆使阀芯 8 下移,进气阀口被打开,有压气流从左端输入,经阀口节流减压后从右端输出。输出气流的一部分由阻尼孔 7 进入膜片气室 6,在膜片 5 的下方产生一个向上的推力,这个推力总是企图把阀口开度关小,使其输出压力下降。当作用于膜片上的推力与弹簧力相平衡后,减压阀的输出压力便保持一定。

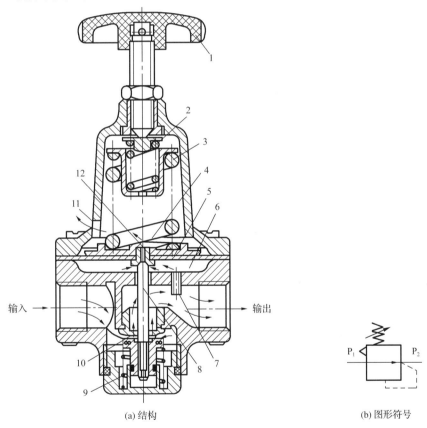

(a) 结构　　　　　　　　　　　　(b) 图形符号

图 11-21　QTY 型直动式减压阀

1—手柄;2、3—调压弹簧;4—溢流口;5—膜片;6—膜片气室;7—阻尼孔;
8—阀芯;9—复位弹簧;10—进气阀口;11—排气孔;12—溢流孔

当输入压力发生波动时,如输入压力瞬时升高,输出压力也随之升高,作用于膜片上的气体推力也随之增大,破坏了原来的力的平衡,使膜片向上移动,有少量气体经溢流孔12、排气孔 11 排出。在膜片上移的同时,因复位弹簧 9 的作用而使输出压力下降,直至达到新的平衡为止。重新平衡后的输出压力又基本上恢复至原值。反之,输出压力瞬时下降,膜片下移,使进气口开度增大,节流作用减小,输出压力又回升至原值。

调节手柄使调压弹簧恢复自由状态,输出压力降至零,阀芯在复位弹簧的作用下,关闭进气阀口,这样,减压阀便处于截止状态,无气流输出。

QTY 型直动式减压阀的调压范围为 $0.05 \sim 0.63$ MPa。为限制气体流过减压阀所造成的压力损失,规定气体通过阀内通道的流速为 $15 \sim 25$ m/s。

安装减压阀时,要按气流的方向和减压阀上所示的箭头方向,按照分水滤气器→减压阀→油雾器的安装次序进行安装。调压时应由低到高,直至规定的调压值为止。阀不用时应把手柄放松,以免膜片经常受压导致变形。

(2)顺序阀

顺序阀一般很少单独使用,往往与单向阀配合在一起,构成单向顺序阀,来控制两个执行元件的顺序动作。如图 11-22 所示为单向顺序阀的工作原理。当压缩空气由左端进入阀腔后,作用于活塞 3 上的压力超过弹簧 2 上的力时,将活塞顶起,压缩空气从 P 口经 A 口输出,如图 11-22(a)所示,此时单向阀 4 在压差力及弹簧力的作用下处于关闭状态。反向流动时,输入口 P 则变成排气口 O,输入口 A 的压力将顶开单向阀,由 O 口排气,如图 11-22(b)所示 。调节手柄 1 就可改变单向顺序阀的开启压力,以便在不同的开启压力下,控制执行元件的顺序动作。

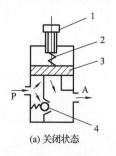
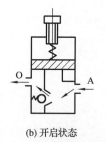
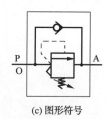

(a) 关闭状态   (b) 开启状态   (c) 图形符号

图 11-22 单向顺序阀
1—手柄;2—弹簧;3—活塞;4—单向阀

(3)溢流阀

在气压传动中,溢流阀大多作为安全阀使用,当贮气罐或回路中压力超过某调定值时,就要用安全阀向外放气。

如图 11-23 所示是安全阀的工作原理。当系统中气体压力在调定范围内时,作用在活塞 3 上的压力小于弹簧 2 的力,活塞处于关闭状态,如图 11-23(a)所示。当系统压力升高,作用在活塞 3 上的压力大于弹簧的预定压力时,活塞 3 向上移动,阀门开启排气,如图 11-23(b)所示。直到系统压力降到调定范围以下,活塞又重新关闭。开启压力的大小与弹簧的预压量有关。

3.流量控制阀

在气压传动系统中,有时需要控制气缸的运动速度,有时需要控制换向阀的切换时间和气动信号的传递速度,这些都需要通过调节压缩空气的流量来实现。流量控制阀就是通过改变阀的通流截面面积来实现流量控制的元件。流量控制阀包括节流阀、单向节流

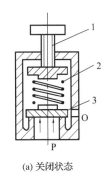
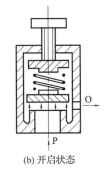
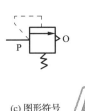

(a) 关闭状态　　　　　　(b) 开启状态　　　　　　(c) 图形符号

图 11-23　安全阀
1—手柄；2—弹簧；3—活塞

阀、排气节流阀等。节流阀和单向节流阀的工作原理与液压阀中的同类型阀相同，在此不再重复，下面只介绍排气节流阀。

如图 11-24 所示为排气节流阀的工作原理。其工作原理和节流阀类似，靠调节节流口 1 处的通流截面面积来调节排气流量，由消声套 2 来减小排气噪声。排气节流阀通常装在执行元件的排气口处，是调节进入大气中气体流量的一种控制阀。它不仅能调节执行元件的运动速度，还常带有消声器件，所以也能起降低排气噪声的作用。

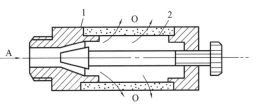

图 11-24　排气节流阀的工作原理
1—节流口；2—消声套

11.4.2　气动逻辑元件//

气动逻辑元件是一种通过元件内部可动部件的动作，改变气流流动的方向，从而实现一定逻辑功能的气体控制元件。气动逻辑元件种类很多，按工作压力分为高压、低压、微压三种。按阀芯的结构形式可分为截止式(气路的通断靠阀芯的端截面与阀口的开闭)、膜片式、滑阀式和球阀式等。本节仅对高压截止式逻辑元件加以简要介绍。

1."是门"和"与门"元件

图 11-25 为"是门"和"与门"元件的结构图。其中，P 为气源口，A 为信号输入口，S 为输出口。当 A 口无信号，阀芯 2 在弹簧及气源压力作用下上移，关闭阀口，封住 P→S 通路，S 口无输出。当 A 口有信号，膜片在输入信号作用下，推动阀芯下移，封住 S 口与排气孔 0 通道，同时接通 P→S 通路，S 口有输出。即 A 口有信号，S 口才有输出。

当气源口 P 改为信号口 B 时，则成为"与门"元件，即只有当 A 口与 B 口同时输入信号时，S 口才有输出，否则 S 口无输出。

2."或门"元件

图 11-26 为"或门"元件的结构图。当只有 A 口有信号输入时，阀片被推动下移，打开上阀口，接通 A→S 口通路，S 口有输出。或者，当只有 B 口有信号输入时，B→S 接通，S

口也有输出。即当 A 口或 B 口有信号输入时,S 口定有输出。

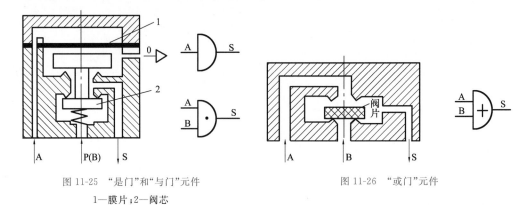

图 11-25 "是门"和"与门"元件　　　　图 11-26 "或门"元件
1—膜片;2—阀芯

3."非门"和"禁门"元件

图 11-27 为"非门"和"禁门"元件的结构图,A 口为信号输入孔,S 口为信号输出孔,P 口为气源孔。在 A 口无信号输入时,膜片 2 在气源压力作用下上移,开启下阀口,关闭上阀口,接通 P→S 通路,S 口有输出。当 A 口有信号输入时,活塞 1 在输入信号作用下,推动阀芯 3 及膜片下移,开启上阀口,关闭下阀口,S 口无输出,即 A 口无信号,S 口才有输出,此为"非门"元件。

若将气源口 P 改为信号口 B,该元件则成为"禁门"元件。在 A、B 口均有信号时,S 口无输出;在 A 口无信号输入,而 B 口有输入信号时,S 口就有输出,即 A 口输入信号起"禁止"作用。

4."或非"元件

图 11-28 为"或非"元件的工作原理图。P 口为气源口,S 口为输出口,A 口、B 口、C 口为三个输入口。当三个输入口均无信号输入时,阀芯在气源压力作用下上移,开启下阀口,接通 P→S 通路,S 口有输出。三个输入口只要有一个口有信号输入,都会使阀芯下移关闭阀口,截断 P→S 通路,S 口无输出。

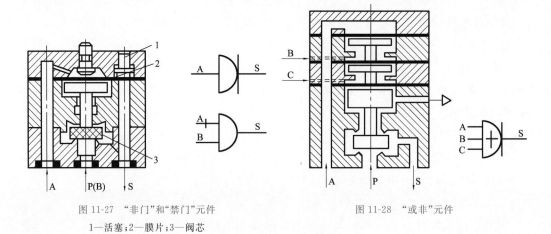

图 11-27 "非门"和"禁门"元件　　　　图 11-28 "或非"元件
1—活塞;2—膜片;3—阀芯

"或非"元件是一种多功能逻辑元件,用它可以组成"与门""或门""非门""双稳"等逻辑元件。

5.双稳元件

记忆元件包括单输出和双输出两种。双输出记忆元件称为双稳元件,单输出记忆元件称为单记忆元件。

如图 11-29 所示为双稳元件。当 A 口有控制信号输入时,阀芯带动滑块右移,接通 $P \rightarrow S_1$ 通路,S_1 口有输出,而 S_2 口与排气孔 O 相通,无输出。此时"双稳"处于"1"状态,在 B 口输入信号到来之前,A 口信号虽然已经消失,但阀芯仍保持在右端位置。当 B 口有输入信号时,则 $P \rightarrow S_2$ 相通,S_2 口有输出,$S_1 \rightarrow O$ 相通,此时元件处于"0"状态。在 B 口信号消失后,A 口信号未到来前,元件一直保持该状态。

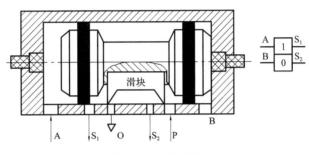

图 11-29　双稳元件

逻辑元件的输出功率有限,一般用于组成逻辑控制系统中的信号控制部分,或推动小功率执行元件。如果执行元件的功率较大,则需要在逻辑元件的输出信号后接大功率的气控滑阀作为执行元件的主控阀。

11.5 气动基本回路

气压传动系统和液压传动系统一样,同样是由不同功能的基本回路所组成的。熟悉常用的气动基本回路是分析和设计气压传动系统的基础。

11.5.1 方向控制回路

1.单作用气缸换向回路

如图 11-30(a)所示为常用的二位三通阀控制回路,当电磁铁通电时靠气压使活塞杆伸出,断电时靠弹簧作用缩回。如图 11-30(b)所示为三位五通阀换向回路,该阀具有自动对中功能,可使气缸停在任意位置,但定位精度不高、定位时间不长。

2.双作用气缸换向回路

如图 11-31 所示为小通径的手动阀控制二位五通阀换向回路;如图 11-32 所示为三位五通阀换向回路,该回路有中停功能。

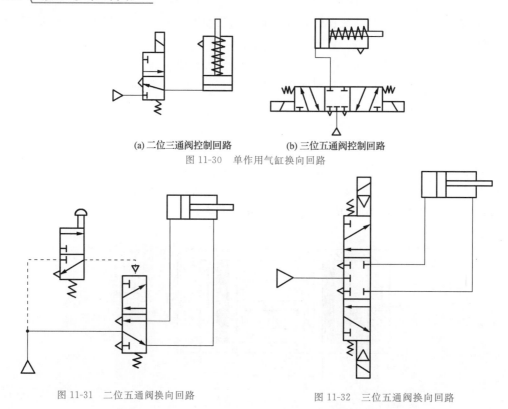

(a) 二位三通阀控制回路　　　　　　(b) 三位五通阀控制回路

图 11-30　单作用气缸换向回路

图 11-31　二位五通阀换向回路　　　　　　　图 11-32　三位五通阀换向回路

11.5.2　压力控制回路 //

1. 气源压力控制回路

如图 11-33 所示为气源压力控制回路,它用于控制气源系统中气罐的压力。常用外控溢流阀或电接点压力表来控制空气压缩机的转、停,使贮气罐内压力保持在规定的范围内。

2. 工作压力控制回路

为使气动系统得到稳定的工作压力,可采用如图 11-34(a) 所示回路。从气罐来的气经分水滤气器、减压阀、油雾器(三联件)供给气动设备使用。调节减压阀能得到气动设备所需要的工作压力。如回路中需要多种不同的工作压力,可采用图 11-34(b) 所示回路。

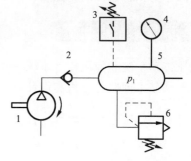

图 11-33　气源压力控制回路

1—空气压缩机;2—单向阀;3—压力开关;

4—压力表;5—贮气罐;6—安全阀

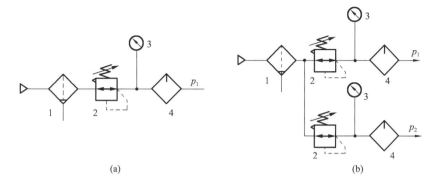

(a)　　　　　　　　　　　　　　(b)

图 11-34　工作压力控制回路

1—分水滤气器；2—减压阀；3—压力表；4—油雾器

3.高低压转换回路

在气动系统中有时需要实现高低压切换，可如图 11-35 所示利用换向阀和减压阀实现高低压转换输出的回路。

4.过载保护回路

如图 11-36 所示为过载保护回路。当活塞右行遇到障碍或其他原因使气缸过载时，左腔压力升高，当超过预定值时，打开顺序阀 3，使换向阀 4 换向，气控阀 1、2 同时复位，气缸返回，保护设备安全。在正常情况下，当活塞右行至压下行程阀 5 时，活塞反向运动。

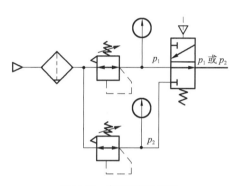

图 11-35　高低压转换回路

5.增压回路

一般气动系统的工作压力比较低，但在有些场合，受气缸尺寸的限制而得不到应有的输出力或局部需要使用高压，则需使用增压回路。如图 11-37 所示是采用气液增压缸的增压回路。

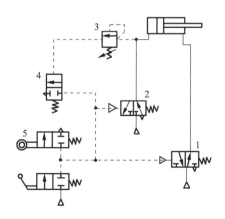

图 11-36　过载保护回路

1、2—气控阀；3—顺序阀；4—换向阀

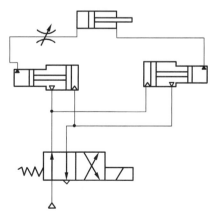

图 11-37　增压回路

11.5.3 速度控制回路 //

因气动系统使用的功率不大,故其调速的方法主要是节流调速。

1. 单作用气缸调速回路

如图 11-38 所示为单作用气缸调速回路,图 11-38(a)中,由两个单向节流阀分别控制活塞杆的升、降速度。图 11-38(b)中,气缸上升时可调速,下降时通过快速排气阀排气,使气缸快速返回。

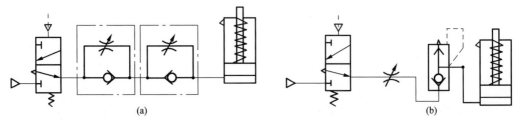

(a)　　　　　　　　　　　　　　　　　　　(b)

图 11-38　单作用气缸调速回路

2. 排气节流调速回路

如图 11-39 所示是通过两个排气节流阀来控制气缸伸缩速度的调速回路,可形成一种双作用气缸速度控制回路,从而实现双向节流调速。

3. 速度换接回路

如图 11-40 所示回路是利用两个二位二通阀与单向节流阀并联的速度换接回路。若杆伸出,则当挡块压下行程开关时发出电信号,使二位二通阀得电,改变排气通路,从而使气缸速度加快。

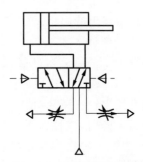

图 11-39　排气节流调速回路

4. 缓冲回路

由于气动执行元件动作速度较快,所以当活塞惯性力大时,可采用如图 11-41 所示缓冲回路。当活塞向右运动时缸右腔的气体经二位二通阀排气,直到活塞运动接近末端,压下机动换向阀时,气体经节流阀排气,活塞低速运动到终点。

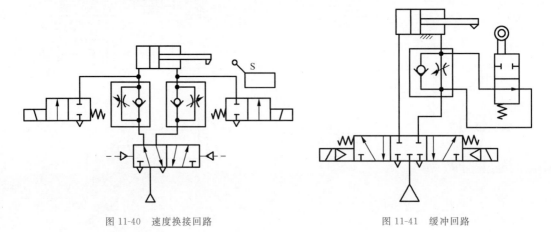

图 11-40　速度换接回路　　　　　　　　　　图 11-41　缓冲回路

5.气液联动调速回路

由于气体的可压缩性,运动速度不稳定,定位精度也不高,所以在气动调速及定位精度不能满足要求的情况下,可采用气液联动调速回路。如图 11-42 所示的回路即通过调节两个单向节流阀,利用液压油不可压缩的特点,实现两个方向的无级调速。

如图 11-43 所示回路为通过行程阀变速调节的回路。当活塞杆右行到挡块碰到机动换向阀后开始做慢速运动。改变挡块的安装位置即可改变开始变速的位置。

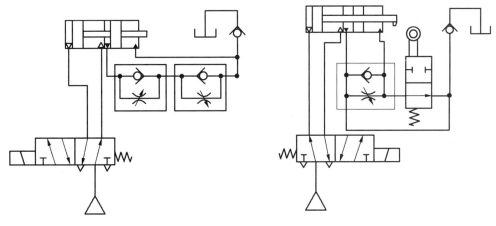

图 11-42　气液联动调速回路　　　　图 11-43　气液联动变速回路

11.5.4　其他基本回路 //

1.同步控制回路

如图 11-44 所示为简单的同步控制回路,采用刚性零件把两个气缸的活塞杆连接起来。

2.位置控制回路

如图 11-45 所示为串联气缸的位置控制回路,它由三个气缸串联而成,三个换向阀分别通电,右端气缸的活塞杆伸出,可到达三个不同的位置。

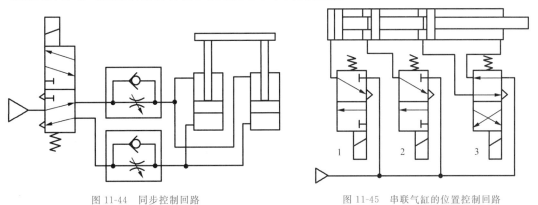

图 11-44　同步控制回路　　　　图 11-45　串联气缸的位置控制回路

3.连续往复动作回路

如图 11-46 所示为连续往复动作回路,包括行程阀发出信息的位置控制式连续往复动作回路(图 11-46(a))和两个延时阀发出信息的时间控制式连续往复动作回路

（图 11-46(b)）。

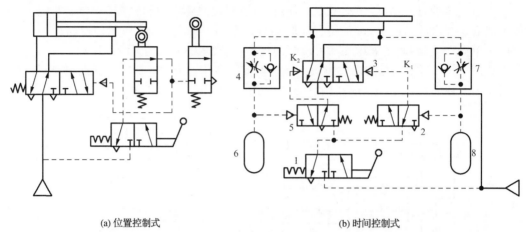

(a) 位置控制式　　　　　　　　(b) 时间控制式

图 11-46　连续往复动作回路

4. 安全保护回路

为了保护操作者的人身安全和保障设备的正常运转,常采用安全保护回路。如图 11-47 所示为双手操作回路。只有双手同时按下手控阀 1 和 2 时,主控阀 3 才换向。

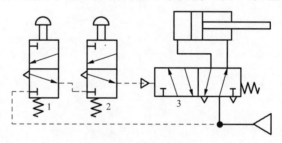

图 11-47　安全保护回路
1、2—手控阀;3—主控阀

5. 延时回路

图 11-48 所示为延时回路。图 11-48(a)是延时输出回路,当控制信号切换阀 4 后,压缩空气经阀 3 向贮气罐 2 充气。当充气压力经延时升高至使阀 1 换位时,阀 1 才有输出。图 11-48(b)中,按下阀 8,则气缸在伸出行程压下阀 5 后,压缩空气经节流阀到贮气罐 6 延时后才将阀 7 切换,气缸退回。

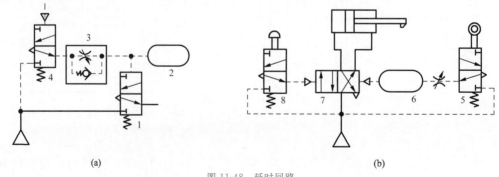

(a)　　　　　　　　　　　　　　(b)

图 11-48　延时回路

11.6　气压传动系统实例

气压传动技术是实现工业生产自动化和半自动化的方式之一,其应用遍及国民经济生产的各个领域。

气液动力滑台是采用气液阻尼缸作为执行元件,在机床设备中用来实现进给运动的部件。图 11-49 为气液动力滑台气压传动系统原理图,可完成两种工作循环:

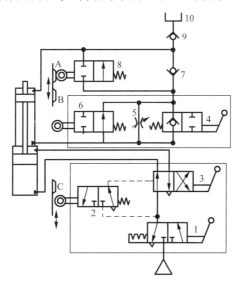

图 11-49　气液动力滑台气压系统
1、3、4—手动阀;2、6、8—行程阀;5—节流阀;7、9—单向阀;10—补油箱

1. 快进→慢进(工进)→快退-停止

当手动阀 1 处于右位、手动阀 4 处于左位时,可实现该动作循环,工作原理如下:

当手动阀 3 切换到右位时,在气压作用下气缸中活塞开始向下运动,液压缸中活塞下腔的油液经行程阀 6 的右位和单向阀 7 进入液压缸的上腔,实现了快进;当快进到活塞杆上的挡块 B 切换行程阀 6(使它处于左位)后,油液只能经节流阀 5 进入液压缸上腔,调节节流阀的开度,即可调节气液缸的运动速度,所以活塞开始慢进(工进);当慢进到挡块 C 使行程阀 2 处于左位时,输出气信号使手动阀 3 切换到左位,这时气缸活塞开始向上运动。液压缸上腔的油液经行程阀 8 的右位和手动阀 4 中的单向阀进入液压缸下腔,实现了快退。当快退到挡铁 A 切换行程阀 8 使油腔通道被切断时,活塞便停止运动。所以改变挡块 A 的位置,就能改变停止的位置。

2. 快进→慢进→慢退→快退→停止

当手动阀 1 处于右位、手动阀 4 处于右位时,可实现该动作的双向进给程序。其动作循环中快进→慢进的动作原理与上述相同。当慢进至挡块 C 切换行程阀 2 至左位时,输出气信号使手动阀 3 切换到左位,气缸开始先上运动,这时液压缸上腔的油液经行程阀 8 的右位和节流阀 5 进入液压缸下腔,即实现了慢退(反向工进进给)。慢退到挡块 B 离开行程阀 6 的顶杆而使其复位(处于右位)后,液压缸上腔的油液就经行程阀 6 右位而进入液压缸下腔,开始了快退,快退到挡块 A 切换行程阀 8 而使油液通路被切断时,活塞就停止运动。

图 11-49 中带定位机构的手动阀 1、行程阀 2 和手动阀 3 组成一只组合阀,手动阀 4、节流阀 5 和行程阀 6 亦为一只组合阀,补油箱 10 是为了补偿系统中的漏油而设置的(一般可用油杯来代替)。

习 题

11-1 油水分离器的作用是什么? 为什么它能将油和水分开?

11-2 油雾器的作用是什么? 试简述其工作原理。

11-3 简述冲击气缸的工作原理。

11-4 气动方向控制阀有哪些类型? 各具有什么功能?

11-5 减压阀如何实现减压(调压)?

11-6 试画出采用气液阻尼缸的速度控制回路原理图,并说明该回路的特点。

部分习题参考答案

第 1 章

1-5　$p=5$ MPa；$F=50$ N；重物上升高度为 0.6 mm。

第 2 章

2-6　$\Delta p=1.4$ MPa

2-7　$°E_{20}=3$；$\nu=21.12\times10^{-6}$ m^2/s；$\mu=0.018$ Pa·s

2-8　$x=\dfrac{4(F+mg)}{\rho g \pi d^2}-h$

2-9　6.37 MPa

2-10　$F_s=432$ N；$x=43.2$ mm

2-11　$v_1=0.1$ m/s；$v_2=0.036$ m/s；$q_2=396.3\times10^{-6}$ m^3/s$=23.78$ L/min

2-12　$\Delta p=2.90\times10^5$ Pa

2-13　$q=1\,462$ cm^3/s

2-14　真空度为 4 545 Pa

2-15　$H_{max}=1.8$ m

2-16　$F=0.64$ N；$F=0.55$ N

2-17　1.06 m/s，4.24 m/s；636，1 272

2-18　细长孔 $p_1=1$ MPa；薄壁孔 $p_1=2$ MPa

2-19　$q=1.96$ L/s

2-20　$v=0.358$ cm/s

2-21　$t=530$ s；$t=212$ s

第 3 章

3-8　(1)理论流量 $q_t=71.9$ L/min；

(2)实际流量 $q=68.3$ L/min；

(3)所需电动机功率 $P_i=13.32$ kW

3-9　油泵空载时输出流量约为理论流量即 $q_t=90$ L/min；

排量 $V=\dfrac{q_t}{n}=\dfrac{90}{1450}$ L/min$=62.1$ mL/min

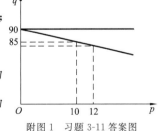

附图 1　习题 3-11 答案图

输出压力为 10 MPa 时，流量为 85 L/min，设输出压力为

12 MPa 时，流量为 q，$\dfrac{90-85}{90-q}=\dfrac{10}{12}$，$q=84$ L/min；输出压力为

12 MPa 时容积效率 $\eta_V=93.3\%$，$P_o=16.8$ kW，$P_i=20$ kW

3-10　(1)理论流量 $q_t=290$ L/min；(2)实际流量 $q=275.5$ L/min；(3)输出功率 $P_o=$

45.9 kW；电动机的驱动功率 $P_i=51$ kW

3-11 (1)容积效率 $\eta_V=0.9$;泵的驱动功率 $P_i=33$ kW;(2)输出流量 $q=44.7$ L/min;
泵的驱动功率 $P_i=13.8$ kW

第 4 章

4-4 $d=80$ mm;$D=113$ mm;输入功率 $P_i=526$ W

4-5 $p=0.693$ MPa;$q=314$ L/min

4-6 由活塞力平衡方程得 $p_2=31.9$ MPa;由连续方程得 $q_2=0.198\times10^{-3}$ m³/s

4-7 $\eta_V=93.6\%$

4-8 (1)$F=1\times10^5$ N;$v_1=0.1$ m/s(或 6 m/min);$v_2=0.08$ m/s(或 4.8 m/min)
(2)$F_2=2.25\times10^5$ N

第 5 章

5-5

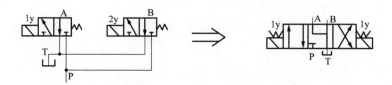

附图 2 习题 5-5 答案图

5-11 (1)当泵的出口压力等于溢流阀的调整压力时,夹紧液压缸使工件夹紧后,泵的出口压力等于溢流阀的调整压力($p_{B1}=p_y=5$ MPa),C 点的压力 p_{C1} 随着负载(夹紧力)压力上升,当 A 点的压力 p_{A1} 等于减压阀的调整压力 p_j 时,减压阀开始起作用以稳定其出口压力。此时,$p_{A1}=p_{C1}=p_j=2.5$ MPa。

(2)泵的出口压力由于工作缸快进而降低,当压力降到 1.5 MPa 时(工件原先处于夹紧状态),泵的出口压力由工作缸负载确定,$p_{B2}=1.5$ MPa$<p_y=5$ MPa,溢流阀关闭。由于单向阀的逆向截止作用,所以夹紧液压缸保压。$p_{C2}=2.5$ MPa。A 点的压力 p_{A2} 由 2.5 MPa 下降到 1.5 MPa。

(3)夹紧液压缸在夹紧工件前做空载运动时,由于夹紧液压缸的负载压力为零,所以减压阀全开,$p_{B3}=p_{A3}=p_{C3}=0$。

5-14 图 5-40(a)中,$p_p=9.0$ MPa;图 5-40(b)中,$p_p=2.0$ MPa。

5-16 两顺序阀串联:若阀的出口接油箱,或出口负载压力大于 10 MPa,则串联后总的进口压力为 10 MPa。

两顺序阀并联:当并联后阀的出口负载压力 $p_L<5$ MPa 时,并联后总的进口压力为 5 MPa;当并联后阀的出口负载压力 $p_L>10$ MPa 时,并联后总的进口压力为 p_L。

5-17 $q_1=12.9$ L/min;$q_2=5$ L/min

第 7 章

7-11 在图 7-31(a)、图 7-31(b)中均是 B 缸先动,因为 A、B 两液压缸完全相同,且负载 $F_1>F_2$,所以 B 缸先动;图 7-31(a)中液压缸的运动速度比图 7-31(b)中的低,因为前者为进油节流调速回路,后者为回油节流调速回路,并且同一节流阀位于进口可使液压缸得到比出口更低的速度。

7-12 快进时,双泵同时供油,速度为 $v=0.083\ 3$ m/s;压力表读数为 0.63 MPa;工进时,回路承载能力为 $F=80$ kN。

7-13 液压缸 1 运动,液压缸 2 不动;液压缸 1 和 2 都运动;液压缸 2 先动,当液压缸 2 运动结束后液压缸 1 开始运动。

7-14 $v=0.014\ 5$ m/s $q_y=4.25$ L/min;$\eta=19.33\%$

7-15 $\eta=5.33\%$;$p_2=10.8$ MPa。

第 8 章

8-6

动作名称	电气元件							说明
	1YA	2YA	3YA	4YA	5YA	6YA	YJ	
定位夹紧	−	−	−	−	−	−	−+	1.1、12 两个回路各自进行独立循环动作,互不干扰;2. 3YA、4YA 任一个通电,1YA 必通电;只有 3YA、4YA 都断电时,1YA 才断电
快进	+	−	+	+	+	+	+	
工进(大流量泵卸荷)	−	−	+	−	+	+	+	
快退	+	−	+	+	−	−	+	
松开拔销	−	+	−	−	−	−	−	
停止(大流量泵卸荷)	−	−	−	−	−	−	−	

8-7 电磁铁动作表(用"+"表示得电,"−"表示失电)。

动作 \ 电磁铁	1YA	2YA	3YA
快进	+	−	+
工进	+	−	−
快退	−	+	−
停止	−	−	−

8-8 电磁铁动作表(用"+"表示得电,"−"表示失电)。

动作 \ 电磁铁	1YA	2YA	3YA	4YA
快进	+	−	+	−
第一工进	+	−	−	−
第二工进	+	−	−	+
快退	−	+	+	−
原位停止	−	−	−	−

参考文献

1.杨曙东,何存兴.液压传动与气压传动.3版.武汉:华中科技大学出版社,2007

2.章宏甲,黄谊,王积伟.液压与气压传动.北京:机械工业出版社,2000

3.姜继海,宋锦春,高常识.液压与气压传动.北京:高等教育出版社,2002

4.许同乐.液压与气压传动.北京:中国计量出版社,2006

5.周忆,于今.流体传动与控制.北京:科学出版社,2008

6.左健民.液压与气压传动.北京:机械工业出版社,2005

7.张利平.液压传动与控制.西安:西北工业大学出版社,2005

8.张玉莲.液压和气压传动与控制.杭州:浙江大学出版社,2006

9.张世亮.液压与气压传动.北京:机械工业出版社,2006

10.李笑.液压与气压传动.北京:国防工业出版社,2006

11.丁树模.液压传动.北京:机械工业出版社,2007

12.许福玲,陈尧明.液压与气压传动.北京:机械工业出版社,2007

13.何存兴,张铁华.液压传动与气压传动.武汉:华中科技大学出版社,2000

14.屈圭.液压与气压传动.北京:机械工业出版社,2002

15.机械设计手册编委会.机械设计手册 单行本 液压传动与控制.北京:机械工业出版社,2007

16.丁树模.机械工程学.2版.北京:机械工业出版社,1996

17.盛永华.液压与气压传动.武汉:华中科技大学出版社,2005

18.孙文策.工程流体力学.大连:大连理工大学出版社,2003

附录　常用液压及气压传动图形符号

（摘自 *GB/T*786.1—2009/*ISO*1219—1:2006）

附表 1　　　　　　　　　　　　　　符号基本要素、管路及连接

名　称	符　号	说　明	名　称	符　号	说　明
供油管路,回油管路,元件外壳和外壳符号			组合元件框线		
内部和外部先导（控制）管路,泄油管路,冲洗管路,放气管路			两个流体管路的连接		
交叉管路		表明它们之间没有连接	连接管路		
液压源			气压源		

附表 2　　　　　　　　　　　　　　控制机构和控制方法

名　称	符　号	说　明	名　称	符　号	说　明
带有分离把手和定位销的控制机构			具有可调行程限制装置的顶杆		
带有定位装置的推或拉控制机构			用作单方向行程操纵的滚轮杠杆		
手柄式人力控制			踏板式人力控制		
单作用电磁铁		动作指向阀芯	动作指向阀芯,连续控制		动作背离阀芯
		单作用电磁铁			动作背离阀芯,连续控制

续表

名 称	符 号	说 明	名 称	符 号	说 明
双作用电气控制机构	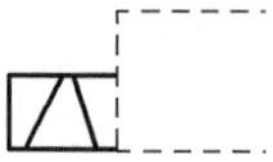	动作指向或背离阀芯	电气操纵的气动先导控制机构	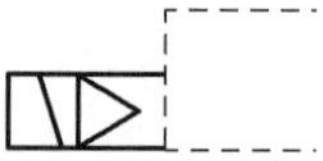	
		动作指向或背离阀芯,连续控制	电气操纵的带有外部供油的液压先导控制机构	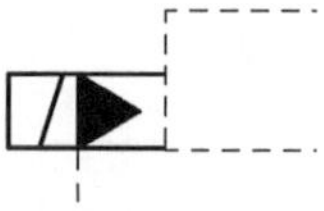	
电磁-液压先导加压控制					

附表 3　　　　　　　　　　　　泵、马达和缸

名 称	符 号	说 明	名 称	符 号	说 明
定量泵	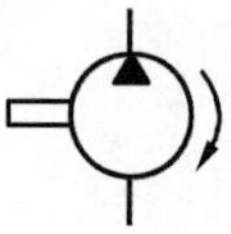	单向旋转	变量泵		
定量泵或马达	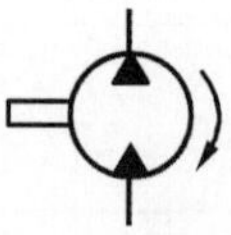	单向旋转	变量泵	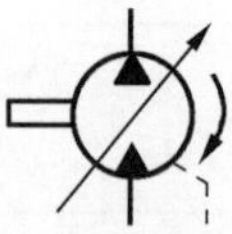	双向流动,带外泄油路单向旋转
双向变量泵或马达单元	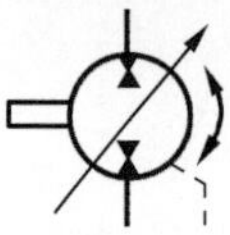	双向流动,带外泄油路,双向旋转	定量马达	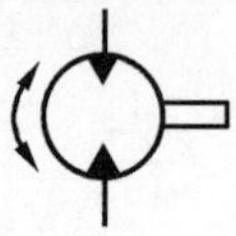	双向旋转
摆动气缸或摆动马达	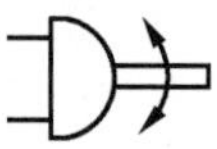	限制摆动角度,双向摆动	变量泵	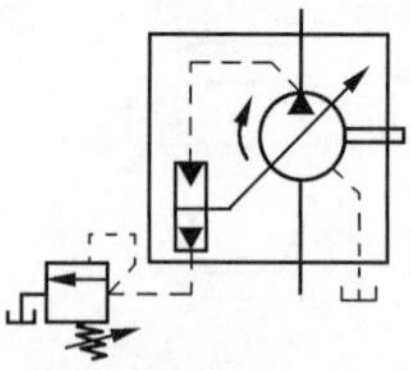	先导控制,带压力补偿,单向旋转,带外泄油路
双作用单杆缸	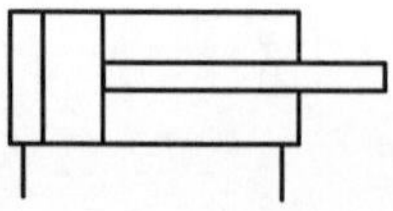		单作用单杆缸	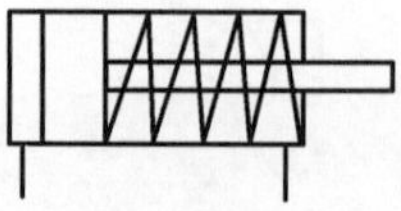	靠弹簧力返回行程,弹簧腔带连接口

续表

名　称	符　号	说　明	名　称	符　号	说　明
双作用双杆缸		活塞杆直径不同，双侧缓冲，右侧带调节	行程两端定位的双作用缸		
柱塞缸			双作用带状无杆缸		活塞两端带终点位置缓冲
单作用伸缩缸			双作用伸缩缸		
空气压缩机			马达		
真空泵			双向摆动马达		变方向定流量
单作用增压器	P_1　　P_2	将气体压力转换为更高液体压力	波纹管缸		
单作用压力介质转换器		将气体压力转换为等值的液体压力，反之亦然	软管缸		
双作用双活塞杆杆					

附表 4 控制元件

名　称	符　号	说　明	名　称	符　号	说　明
单向阀			二位二通方向控制阀		推压控制机构,弹簧复位,常闭
		带有复位弹簧的单向阀			电磁铁操纵弹簧复位,常开
		带复位弹簧的液控单向阀	二位三通方向控制阀		滚轮杠杆控制,弹簧复位
双单向阀		先导式			电磁铁操纵,弹簧复位,常闭
梭阀		压力高的入口自动与出口接通			电磁铁操纵,弹簧复位,定位销式手动定位
二位五通方向控制阀		踏板控制	三位五通方向控制阀		定位销式各位置杠杠控制
压力继电器		可调节的机械电子	压力传感器		模拟信号输出
可调节流量控制阀			分流器		将输入流量分成两路输出
可调节流量控制阀		单向自由流动	集流阀		保持两路输入流量相互恒定

续表

名　称	符　号	说　明	名　称	符　号	说　明
二位四通方向控制阀		单电磁铁操纵，弹簧复位，定位销式手动定位	三位四通方向控制阀		电磁铁操纵先导级和液压操作主阀，主阀及先导级弹簧对中，外部先导供油和先导回油
		电磁铁操纵液压先导控制，弹簧复位			弹簧对中，双电磁铁直接操纵，不同中位机能的类别
		液压控制，弹簧复位			液压控制，弹簧复位
溢流阀		直动式，开启压力由弹簧调节	减压阀		直动式，外泄型
		先导式，开启压力由弹簧调节			先导式，外泄型
顺序阀			电磁溢流阀		先导式，电气操纵预设定压力
直动式比例方向控制阀			先导式伺服阀		先导级带双线圈电气控制机构，双向连续控制，阀芯位置机械反馈到先导装置，集成电子器件

续表

名 称	符 号	说 明	名 称	符 号	说 明
比例溢流阀		直控式，通过电磁铁控制弹簧工作长度来控制液压电磁换向座阀	比例溢流阀		直控式，带电磁铁位置闭环控制，集成电子器件
比例溢流阀		直控式，电磁力直接作用在阀芯上，集成电子器件	比例溢流阀		先导控制，带电磁铁位置反馈
比例流量控制阀		直控式	流量控制阀响		用双线圈比例电磁铁控制，节流孔可变，特性不受黏度变化影响
压力控制和方向控制插装阀插件		座阀结构，面积比1∶1	压力控制和方向控制插装阀插件		座阀结构，常开，面积比1∶1
方向控制插装阀插件		座阀结构，面积比例≤0.7	方向控制插装阀插件		座阀结构，面积比例＞0.7
双压阀					
			定差减压阀		
快速排气阀			溢流减压阀		
截止阀			温度补偿型调速阀		
调速阀			旁通型调速阀		

附表 5　　　　　　　　　　　　　　　辅助元件

名　称	符　号	说　明	名　称	符　号	说　明
软管总成			三通旋转接头		
快换接头		不带单向阀，断开状态	温度计		
		带单向阀，断开状态	压力测量单元（压力表）		
		带双单向阀，断开状态	流量计		
		不带单向阀，连接状态	液位指示器（液位计）		
快换接头		带单向阀，连接状态	模拟信号输出压力传感器		
		带双单向阀，连接状态	温度调节器		
油箱			蓄能器		活塞式
		有盖			隔膜式
加热器					囊隔式

续表

名 称	符 号	说 明	名 称	符 号	说 明
过滤器	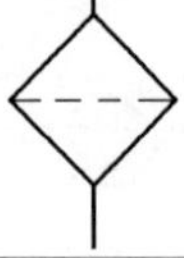		冷却器	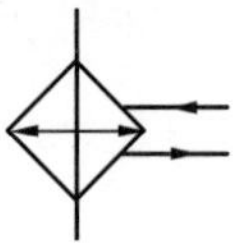	不带冷却液流道指示的冷却器
	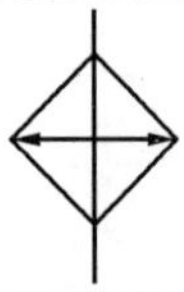	带旁路节流过滤器		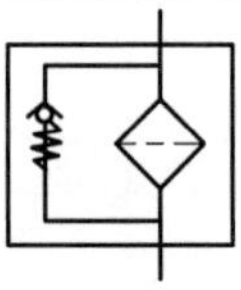	液体冷却的冷却器
	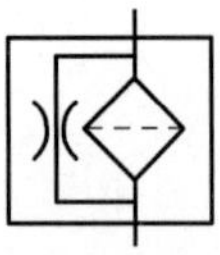	带旁路单向阀过滤器	离心式分离器	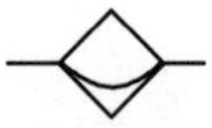	
流体分离器	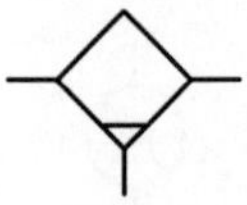	手动排水流体分离器	真空发生器	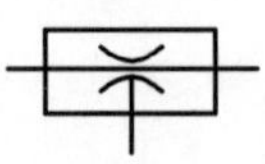	
	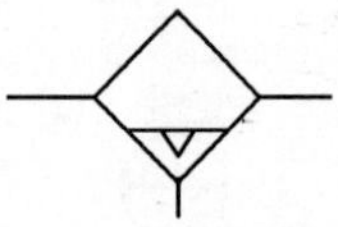	自动排水流体分离器	吸附式过滤器	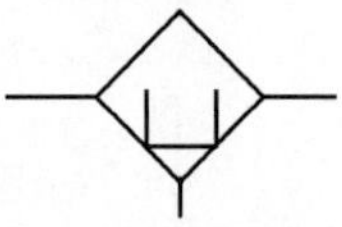	
空气过滤器	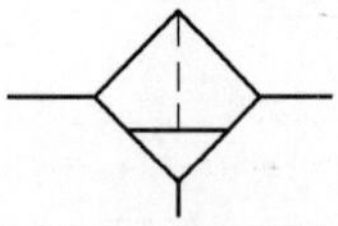	带手动排水分离器的过滤器	油雾分离器	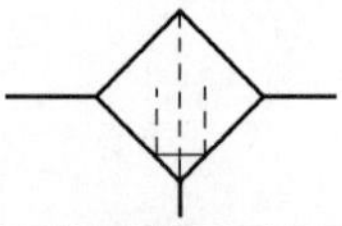	
	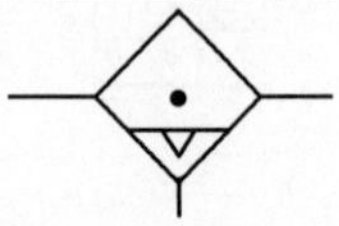	自动排水聚结式过滤器	空气干燥器	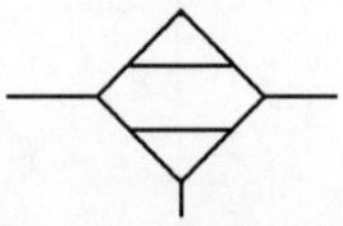	
油雾器	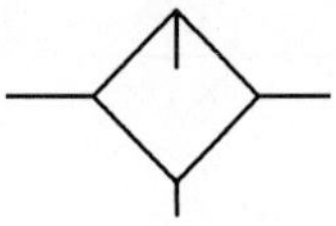		气罐	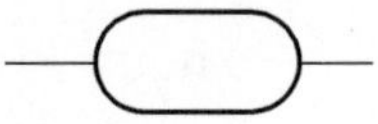	
	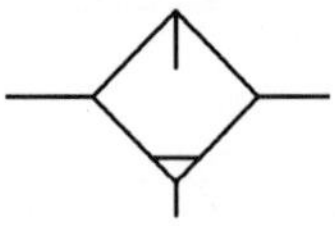	手动排水式油雾器	气源处理装置	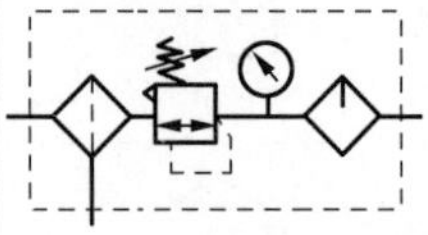	上图为详细示意图,下图为简化图

消声器	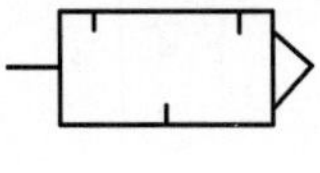		行程开关	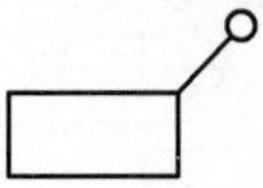	